浙江省高校领军人才培养计划项目
东海实验室开放基金（DH-2022KF01018）
自然资源部海底科学重点实验室开放课题基金（KLSG2201）

# COMSOL Multiphysics 在水声场计算中的应用

祝捍皓　王其乐◎编著

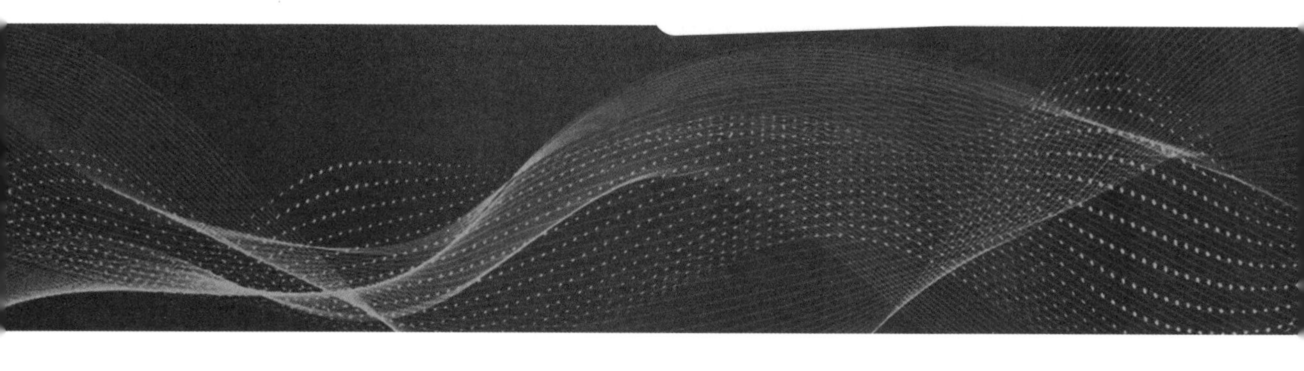

哈尔滨工程大学出版社
Harbin Engineering University Press

## 内容简介

本书作为国内首部系统介绍 COMSOL Multiphysics 在水声场计算中应用的书籍，主要内容分为两篇，上篇为软件简介及基础操作，下篇为结合水声工程领域实例讲解此软件的具体应用。其中，算例包括理想海洋环境下的二维水声场频域计算、复杂海底地形环境下的三维水声场频域计算、复杂海底地形环境下的水声场时域计算等典型水声场计算问题，涵盖了声场时-频分析、声线传播轨迹分析等常见声场分析类型。此外，为了进一步满足读者对海洋声场分析的学习需求，本书还适当增加了部分结合物理海洋现象的水声场计算实例。

本书可作为水声工程专业"计算声学""水声学原理""土工数值分析"等课程的参考教材，也可供水声工程、海洋技术等专业领域的高校教师、工程技术人员和科研人员参考阅读。

**图书在版编目(CIP)数据**

COMSOL Multiphysics 在水声场计算中的应用 / 祝捍皓，王其乐编著. -- 哈尔滨：哈尔滨工程大学出版社，2022. 12
ISBN 978-7-5661-3783-8

Ⅰ. ①C… Ⅱ. ①祝… ②王… Ⅲ. ①水声-计算-应用软件 Ⅳ. ①O427-39

中国版本图书馆 CIP 数据核字(2022)第 243879 号

COMSOL Multiphysics 在水声场计算中的应用
COMSOL Multiphysics ZAI SHUISHENGCHANG JISUAN ZHONG DE YINGYONG

选题策划 石 岭
责任编辑 张 昕
封面设计 李海波

出版发行 哈尔滨工程大学出版社
社 址 哈尔滨市南岗区南通大街 145 号
邮政编码 150001
发行电话 0451-82519328
传 真 0451-82519699
经 销 新华书店
印 刷 哈尔滨理想印刷有限公司
开 本 787 mm×1 092 mm 1/16
印 张 11.5
字 数 284 千字
版 次 2022 年 12 月第 1 版
印 次 2022 年 12 月第 1 次印刷
定 价 59.00 元
http://www.hrbeupress.com
E-mail:heupress@hrbeu.edu.cn

# 前　言

浅海中的声传播问题一直以来是水声领域研究的热点之一,是理解、预测和应用各种浅海声学现象的基础。随着各类水下探测应用需求被不断提出,对水下声传播问题的研究也得到了越来越广泛的关注。

任何声传播问题的研究基础都是合理的声场计算方法,经过五六十年的发展,目前水声传播研究领域内已建立起多种声场计算方法,如:简正波方法、射线方法、抛物方程方法、快速场方法等,以及一系列衍生计算方法。但上述方法都是在对波动方程和海洋环境作出一些假设和近似的基础上推导得到的,其通用性均受到了一定的限制,尤其是对于浅海水平变化波导下低频声传播问题的计算。随着人们对浅海水平变换波导下低频声传播问题的日益关注,积极建立通用性更强的浅海声场计算方法越发重要。

有限元法(FEM),作为可求解具有复杂边界条件下偏微分方程问题的一种通用数值解法,其求解思想是将所求解的物理域离散为有限个离散单元,利用有限的自由度求解得到离散单元内的物理量精确解,从而可以得到高精度的声场解。以往已有诸多学者在声场建模研究中将有限元法的计算结果作为标准解,但由于有限元法在计算声场、尤其是三维声场时需要占用巨大的计算机内存容量,因此长期以来并未得到广泛应用。随着近年来计算机性能的飞速提升,应用有限元法进行水声场计算的条件逐渐成熟,但目前关于应用有限元法计算水声场的成果仍然较少,其研究成果具有重要的学术和应用价值。

《COMSOL Multiphysics 在水声场计算中的应用》一书,深入浅出地介绍了有限元法在水声场计算中的原理及其在 COMSOL Multiphysics 软件中的典型应用案例。作为国内第一本系统介绍 COMSOL Multiphysics 在水声场计算中应用的专业书籍,其内容分为两篇:上篇主要介绍声场计算原理及软件基本操作,下篇结合水声场计算领域实例讲解软件具体应用。

全书章节安排、统稿、编著由浙江海洋大学海洋科学与技术学院祝捍皓副教授负责,参与本书编著的还有浙江海洋大学王其乐、肖瑞、朱军等。感谢中仿科技(CnTech)和 COMSOL 公司在本书编著过程中给予的帮助和支持。本书的基本操作部分参考了中仿科技相关资料,案例部分参考了 COMSOL 公司案例库,在此致以诚挚的谢意。

本书的出版得到了浙江省高校领军人才培养计划项目、东海实验室开放基金(DH-2022KF01018)、自然资源部海底科学重点实验室开放课题基金(KLSG2201)等的资助,在此深表谢意。

由于编著者水平有限,书中难免有疏漏和不足之处,恳请各位同行专家和广大读者批评指正!

编著者

2022 年 9 月

# 目　　录

## 上篇　COMSOL Multiphysics 软件简介及基础操作

## 下篇　水声场计算应用案例

# 上篇　COMSOL Multiphysics 软件简介及基础操作

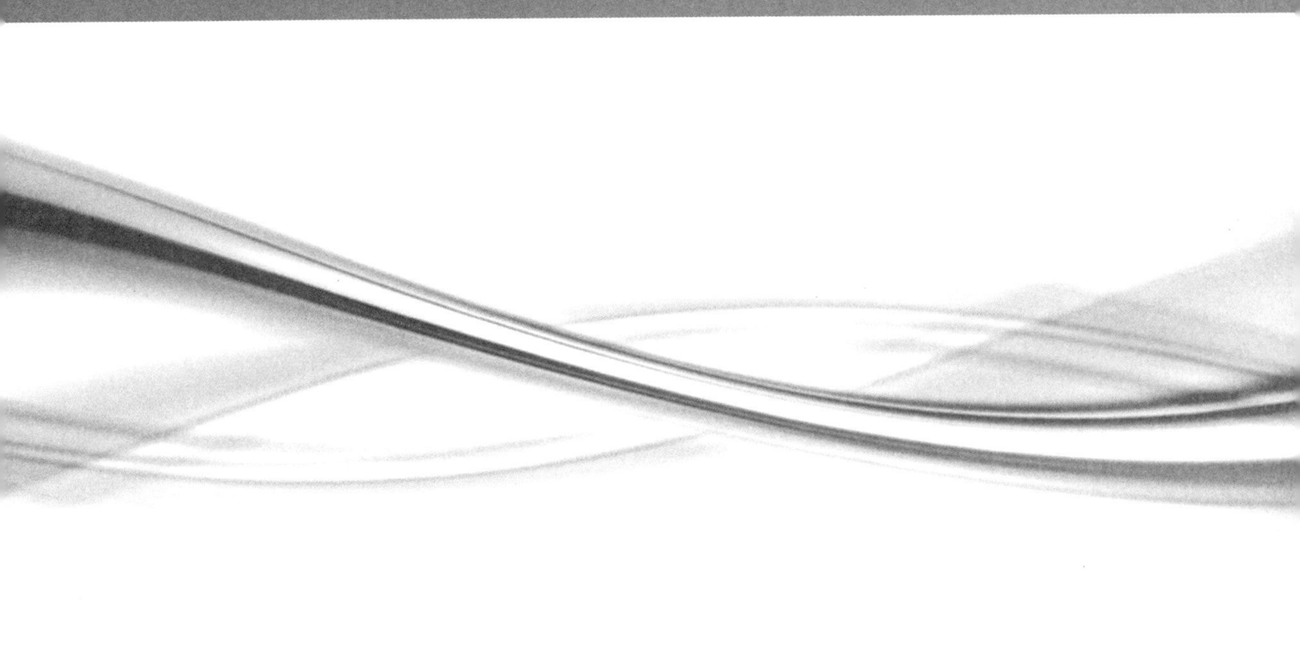

# 第1章　绪　　论

## 1.1　关于 COMSOL Multiphysics

COMSOL 公司在 1986 年成立于瑞典的斯德哥尔摩，目前已在比利时、丹麦、芬兰、法国、德国、挪威、瑞士、英国和美国等国家成立分公司。COMSOL 公司是全球多物理场建模与仿真解决方案的开拓者和领导者，工程师和科学家们利用它的旗舰产品 COMSOL Multiphysics，通过数值模拟，可以赋予设计理念以生命。它有无与伦比的能力，使所有的物理现象可以在计算机上完美重现。用户利用 COMSOL Multiphysics 程序平台优化可提高手机的接收性能，改进医疗设备的诊断精度，甚至可使汽车和飞机更加安全和节能。此外，用户还可以利用它寻找新能源、探索宇宙，可以说，COMSOL Multiphysics 是一个功能强大、应用广泛的可靠数值实验仿真平台。

在全球著名高校，COMSOL Multiphysics 已经成为教师讲授有限元法（FEM）以及物理场耦合分析的标准工具；在全球 500 强的企业中，COMSOL Multiphysics 被视为提升核心竞争力、增强创新能力、加速研发的重要工具。COMSOL Multiphysics 多次被美国国家航空航天局（NASA）技术杂志选为"本年度最佳上榜产品"，该杂志主编点评道，"当选为 NASA 科学家所选出的年度最佳 CAE① 产品的优胜者，这表明 COMSOL Multiphysics 是对工程领域最有价值和意义的产品"。

COMSOL Multiphysics 是一款大型的高级数值仿真软件，广泛应用于各个领域的科学研究以及工程计算，被当今科学界誉为"第一款真正的任意多物理场直接耦合分析软件"，适用于模拟科学和工程领域的各种物理过程。作为一款大型高级数值仿真软件，COMSOL Multiphysics 以有限元法为基础，通过求解偏微分方程（单场）或者偏微分方程组（多场）来实现对真实物理场的模拟仿真。COMSOL Multiphysics 以其高效的计算性能和杰出的多物理场直接耦合能力实现了任意多物理场精度的数值仿真，在全球领先的数值仿真领域里广泛应用于声学、生物科学、化学反应、电磁学、流体动力学、燃烧电池、地球科学、热传导、微系统、微波工程、光学、光子学、多孔介质、量子力学、射频半导体、结构力学、传动现象、波的传播等工程分析。

COMSOL Multiphysics 是多物理场耦合计算领域的伟大创举，它基于完善的理论基础，整合丰富的算法，兼具功能性、灵活性和实用性，并且可以通过附加专业的求解模块进行极为方便的应用拓展。COMSOL Multiphysics 提供了大量预定义的物理应用模式，涵盖声学、化工、流体流动、热传导、结构力学、电磁分析等多种物理场，模式中的材料属性、源项以及边界条件等可以是常数、任意变量的函数、逻辑表达式，或者直接是一个代表实测数据的插值函数等。同时用户可以自主选择需要的物理场并定义它们之间的关系。用户也可以输

① CAE 指计算机辅助工程。

入自己的偏微分方程,并指定它与其他方程或物理过程之间的关系。随着科学技术的不断进步、计算机的飞速发展,COMSOL Multiphysics 已发展为一款功能强大得多的物理场仿真软件。它拥有电磁学、结构力学、声学、光学、半导体、化工、传热等 20 多个核心专业模块,除了能够实现多物理场的任意耦合分析以外,还具有和第三方软件的接口,其中包含 CAD 软件、MATLAB 以及 Excel 等。

## 1.2 COMSOL Multiphysics 基本操作流程

(1)构思好所要仿真的模型,列出所需的偏微分方程组,写出已知的参数和必要的边界条件。

(2)打开 COMSOL Multiphysics,选择合适的模式。模式的选择依据所采用的具体偏微分方程组来设定。

(3)设定模型仿真中所需的常数,即模型中的已知常数。

(4)利用菜单中的“几何”和鼠标画出仿真建模的几何特征模型。

(5)设定仿真模型的边界条件和各物理场的已知参数。

(6)划分网格,选择合适的网格大小,按照菜单选项进行剖分。

(7)根据需要进行频域或者时域相应求解区间设置,然后求解。

(8)后处理。

选择具体求解模式后,系统将自动设定求解基本物理量,即每个格点的物理量参量是固定的,不能增加或删减。后处理就是利用计算所得到的基本物理量来计算可由基本物理量派生计算得到的其他相关物理量。

# 第2章　海洋声场建模技术简介

## 2.1　现有主要声场建模技术

21世纪以来,科学技术发展迅速,资源能量需求巨大,单单依靠陆地上资源,其储存量远远无法满足人类所需。因此走向海洋、认识海洋、经略海洋是目前大势所趋,也是当前各大国既定的国家战略方针。可以说,21世纪就是海洋的世纪。近年来,全球各地围绕海洋资源的争端日益凸显,海洋问题已经成为各国的主要矛盾之一。我国是濒海大国,捍卫国家领土主权和海洋权益是我国当前的紧迫任务,因此,党的十八大、十九大、二十大报告中都提出了建设海洋强国的重大战略任务。

目前声波是唯一能够被用作水下信息远程传播的载体,水声技术作为海洋科技中的核心技术之一,无论是在海上军事领域,还是在涉海民用、商用领域都占据不可替代的地位,其用途极为广泛,例如潜艇和鱼类探测、鱼群的探测跟踪、海洋资源(石油、天然气等)的开发、海底地形的预报等。

相较于声波在空气中的传播,水下声传播更为复杂。海洋作为一种时刻运动的介质,其海面的状况、海底的地形、海洋的温盐深以及许多物理海洋现象(涡旋、内波、锋面等)都对海洋声传播产生或多或少的影响,这给海洋声场计算带来了极大困难。目前常用的声场建模技术包括简正波模型、快速场(FFP)模型、抛物方程模型、射线声学模型和多路径展开模型等。图2.1给出其中几种水声传播模型之间的概要关系,表2.1给出了上述水声传播模型各自的使用范围。

### 2.1.1　简正波模型

简正波方法由Pekeris提出,用于解决水平分层的声传播问题,因此水平分层的波导又被称为Pekeris波导。在水平分层介质中,波动方程可以分离变量,对边值问题利用Hankel变换进行求解,可以得到声场的积分表示:

$$\varphi(r,z)=A\int_{-\infty}^{+\infty}\frac{\mathrm{H}_0^{(1)}(\xi r)}{W(\xi,z_0)}\psi_1(\xi,z_1)\psi_2(\xi,z_2)\xi\mathrm{d}\xi \tag{2.1}$$

式中　$A$——常数,取决于声源强度;

$W=\psi_1\dfrac{\partial\psi_2}{\partial z}-\psi_2\dfrac{\partial\psi_1}{\partial z}$;

$z_1=\min(z,z_0)$;

$z_2=\max(z,z_0)$;

$\psi_1$、$\psi_2$——对Helmholtz方程分离变量后关于$z$的常微分方程满足海面边界和海底边界的解,即

$$\frac{\mathrm{d}^2}{\mathrm{d}z^2}Z(\xi,z)+[k^2(z)-\xi^2]Z(\xi,z)=0 \tag{2.2}$$

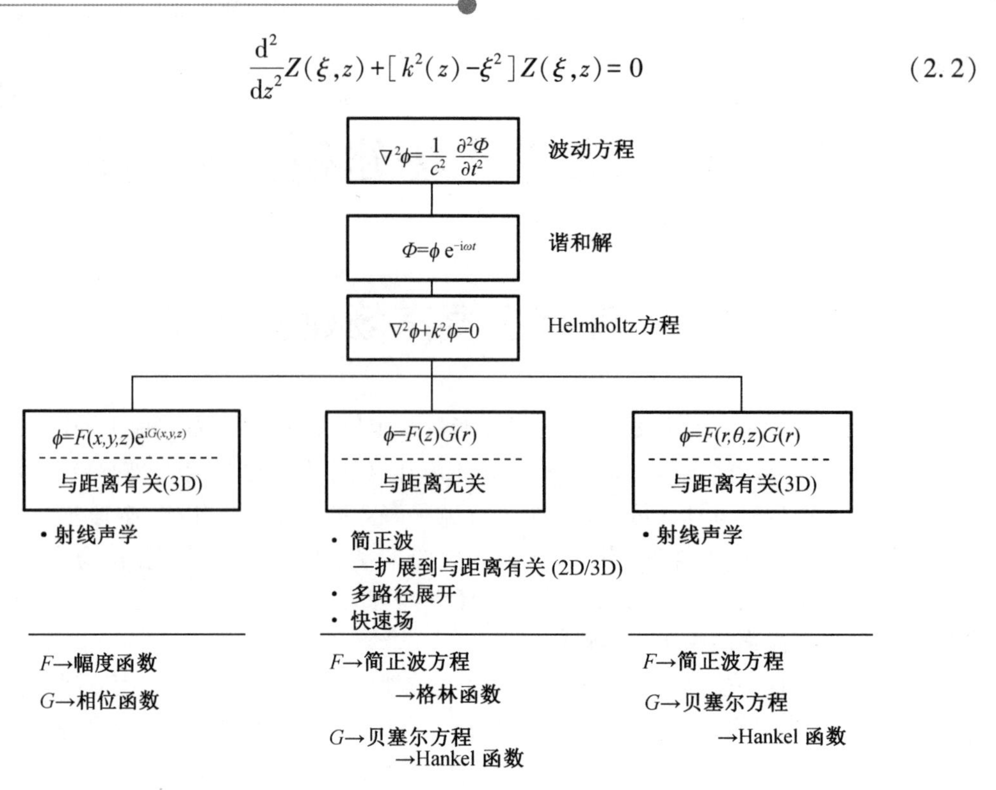


图 2.1 水声传播模型理论方法之间的关系概要

表 2.1 水声传播模型的使用范围

| 模型类别 | 应用 | | | | | | | |
|---|---|---|---|---|---|---|---|---|
| | 浅海 | | | | 深海 | | | |
| | 低频 | | 高频 | | 低频 | | 高频 | |
| | RI | RD | RI | RD | RI | RD | RI | RD |
| 射线声学 | ○ | ○ | ◑ | ● | ◑ | ◑ | ● | ● |
| 简正波 | ● | ◑ | ● | ◑ | ● | ◑ | ◑ | ○ |
| 多路径展开 | ○ | ○ | ◑ | ○ | ◑ | ○ | ● | ○ |
| 快速场 | ● | ○ | ● | ○ | ● | ○ | ◑ | ○ |
| 抛物方程 | ◑ | ● | ○ | ○ | ◑ | ● | ◑ | ◑ |

注:低频指频率≤500 Hz; RI:指距离与环境无关;
高频指频率>500 Hz; RD:指距离与环境有关;
● 指既物理适用又计算可行;
◑ 指有精度上或运行速度上的限制;
○ 指既物理不适用又计算不可行。

对积分式(2.1)的求解有两种方法:一是对 Hankel 函数进行远场近似,则积分可以转化成傅里叶变换的形式,可采用快速傅里叶变换(FFT)的方法进行求解,此种求解方法即快速场方法,下一节将对其进行介绍;二是简正波方法,在 $\xi$ 的复平面上利用留数定理进行积分式的求解,有

$$\varphi(r,z)=2\pi\mathrm{i}A\sum_n\frac{\psi_1(\xi_n,z_1)\psi_2(\xi_n,z_2)}{(\partial W/\partial\xi)\big|_{\xi=\xi_n}}\xi_n\mathrm{H}_0^{(1)}(\xi_n r)+A\int_\gamma\frac{\mathrm{H}_0^{(1)}(\xi r)}{W(\xi,z_0)}\psi_1(\xi,z_1)\psi_2(\xi,z_2)\xi\mathrm{d}\xi \tag{2.3}$$

等式右侧第一项求和式为简正波的表示形式，也是离散谱部分，$\xi_n$ 对应本征值：$\xi_n$ 为实数时，对应传播的简正波；$\xi_n$ 为复数时，对应衰减的简正波，其幅度随着距离的增加呈指数规律衰减。考虑远距离的声传播，前者占主要部分。等式右侧第二项积分式表示分支割线对积分的贡献，对应声场中的侧面波部分，也是连续谱部分，它随距离增加所呈的衰减比球面衰减要快，仅对声源近处的声场有贡献。对于使用海底阻抗边界条件的声传播问题（如海底为弹性），实际解由三个谱域组成：连续谱（Continuous Spectrum，$0<\xi<k_2$）、离散谱（Discrete Spectrum，$k_2<\xi<k_1$）和渐消谱（Evanescent Spectrum，$k_1<\xi$）。在海水和海底中，渐消谱域内的声波在垂直方向按指数规律衰减，对于 Pekreis 波导，此域内没有极点存在；当海底为弹性海底时，此域内的波为 Scholte 表面波。在地震学中，沿着固体层边界传播的波为 Stoneley 波。

简正波理论从波动方程出发，给出了严格的解析解，理论上适合计算任意声速分布的水平分层介质传播问题，并且有成型的快速算法。简正波理论的基础工作在于求解常微分方程[公式(2.2)]和寻找复平面上的孤立奇点（即本征方程 $W(\xi,z_0)=0$ 的根），也就是本征函数和本征值的计算，除常用的 WKB 近似外，还可以利用数值方法进行求解。本征函数和本征值的计算直接影响着声场的计算精度和计算效率。

在与距离有关的海洋环境中，波动方程一般不能被分离变量，也就不再存在传统意义下的简正波，当海洋环境随水平距离变化不太大时，仍可以借鉴水平分层介质问题的求解思路，假定声场还具有类似简正波的结构。Pierce 和 Milder 将简正波理论扩展至水平缓变环境中的传播，提出绝热简正波理论（ANM），其应用前提是：环境水平方向上的变化足够缓慢，使声场还可以用简正波的形式描述；不同阶的简正波沿着不同路径传播，彼此之间没有能量交换。

ANM 在传播环境变化剧烈或传播距离远时不再适用，这是因为 ANM 除没有考虑不同阶简正波之间的耦合限制外，应用中主要限制就是简正波的截止问题。声波在具有楔形海底的海域中传播时，会出现明显的截止效应：在一定“截止”距离上，简正波依次不断消失，由传播型变成衰减型，大部分能量透射入海底介质。这时可以利用耦合简正波理论（CNM）。它是将整个海域在水平距离上划分为许多个与距离无关的小区域，这样在每个小区域内就可以给出简正波的本征函数形式，从而给出方程的非齐次形式，最终对各区域中的声场利用边界条件衔接起来并联立求解。典型的耦合简正波程序是 COUPLE。

后来一些学者将耦合简正波理论与抛物方程方法结合起来，提出一个全新的声场计算模型：耦合简正波-抛物方程方法（CMPE）。CMPE 方法在垂直方向采用本地简正波，这就克服了抛物方程方法只能计算远场，且在频率较高时垂直网格的划分必须加密，使得计算时间呈几何级数增加而难以用于解决高频问题的缺点；在水平方向采用抛物方程方法求解简正波系数方程，可以减小由于耦合简正波理论的分段水平均匀近似带来的误差，耦合系数中考虑海底倾斜的影响，可以利用大的水平步长进行步进求解，同时可以方便地应用于三维声传播问题。

对于水平不变和水平变化相对缓慢的海区，国外近年来发展的声场计算模型很多，在这方面，我国学者提出了广义相积分（WKBZ）理论、波束位移射线简正波（BDRM）理论和基于 WKBZ 的绝热简正波理论，这些理论在深海和浅海的环境中，实现了声场的快速、精确预报。但是对于水平变化较大的海洋环境，必须考虑水平变化对声场的影响，这些算法精度上不再满足要求。

### 2.1.2 快速场模型

在水声学中,快速声场理论也叫“波数积分法”。水平分层介质的波数积分原理是由Pekeris首先引入水声学中的,他使用了简单的两层和三层环境模型处理水平分层波导中的声传播。Jardetzky以及Ewing、Jardetzky和Press又使用这一技术研究层数很少的波导中地震波的传播。

在快速声场理论中,对公式(2.1)中的Hankel函数进行大宗量渐近展开:

$$\mathrm{H}_0^{(1)}(\xi r) \approx \sqrt{\frac{2}{\pi \xi r}}\mathrm{e}^{\mathrm{i}(\xi r-\pi/4)} \quad \xi r \gg 1 \tag{2.4}$$

声场势函数可写为

$$\varphi(z,r)=\sqrt{\frac{2}{\pi r}}\mathrm{e}^{-\mathrm{i}\pi/4}\int_{-\infty}^{\infty}G(z,z_0,\xi)\mathrm{e}^{\mathrm{i}\xi r}\sqrt{\xi}\,\mathrm{d}\xi \tag{2.5}$$

上式为傅里叶变换形式,可以经过离散转化成离散傅里叶变换形式,采用FFT算法进行声场的快速求解。

对于海底分层很少的情况,可以用待定的声场幅度来表示边界条件组成线性方程组,然后通过解析的方法来求解。但对于更为复杂的环境模型,如环境参数随深度变化、存在声速梯度等,解析的方法就不再合适了,必须采用数值方法进行求解。数值求解方法有三种:传播矩阵法(Propagator Matrix Approach)、不变嵌入法(Invariant Embedding Approach)和直接全局矩阵法(Direct Global Matrix Approach,DGMA)。

早期的快速场模型不考虑环境参数随距离变化的情况,代表性的计算模型是Schmidt开发的计算模型——SAFARI。随后,原作者发展了其升级版本OASES,这个版本基于直接全局矩阵法的波数积分方法模拟水平分层波导中的声波/地震波的传播,在两种情况中,OASES都能处理弹性海底的影响。波数积分方法在使用上有很多不便,计算结果与参数选取(如采样长度、波数范围)有很大关系。

两项早期的研究提出计算与距离有关的传播损失的可能性。第一种与距离有关的方法中,首先,Gilbert和Evans在海洋环境随距离离散变化的情况下,用广义格林函数方法精确求解单向波动方程。他们获得了显式步进解,即任意给定距离段上的声源分布由前一段距离末端的声场来描述。他们的程序称为与距离有关的快速场程序(RDFFP),在计算上是精细的。其次,Seong使用波数积分与Galerkin边界元(BEM)的混合方法(称为SAFRAN模型)将快速声场理论技术扩展到与距离有关的海洋环境。另一种与距离有关的建模方法,将海洋环境分割成一系列与距离无关的单元,称为“超元”。Goh和Schmidt在包括弹性液体分层的液体波导的声传播建模中扩展了谱超元方法,这种方法综合运用了有限元、边界积分和波数积分,求解与距离有关海洋环境中的Helmholtz方程;使用全局多散射解或单散射步进解,提供了波动方程的准确双向解;编制了相应的声场计算软件CORE。

### 2.1.3 抛物方程模型

抛物方程(Parabolic Equation,PE)方法是当前处理与距离有关环境中声传播问题的最有效技术。这种方法在计算流体中的声场时得到了广泛的应用和快速的发展,并且现在已经扩展到了用于对弹性海底的处理。1977年,Tappert和Hardin首次将抛物方程方法引入水声界,从此学者们对抛物方程方法进行了深入的研究和不断的改进。

在柱坐标系、轴对称的情况下,三维的 Helmholtz 方程可简化为二维的 Helmholtz 方程:

$$\varphi_{rr}+\frac{1}{r}\varphi_r+\varphi_{zz}+k^2(r,z)\varphi=0 \tag{2.6}$$

引入变换 $\varphi(r,z)=u(r,z)v(r,z)$,代入公式(2.6)进行变量分离,再进行远场近似和忽略高阶项,并取向外辐射波部分,最终可得到标准形式的抛物方程:

$$\left(\frac{\partial}{\partial r}+\mathrm{i}k_0-\mathrm{i}k_0\sqrt{1+X}\right)u=0 \tag{2.7}$$

式中,$X=[n^2(r,z)-1]+\frac{1}{k_0^2}\frac{\partial^2}{\partial z^2}$。

前面介绍的抛物方程方法主要是解决流体中的声传播问题,假如海底为弹性海底,抛物方程方法需要扩展到弹性介质中的声传播问题,并且要能够很好地进行流体/弹性边界的处理。

Landers 和 Claerbout 得出了用旋度场和散度场表示的矢量抛物方程;McCoy 也发展了在局部不均匀各向同性的线性弹性固体中的应力波传播的抛物方程。这种理论要求将传播方向限制在一个以基本传播指向为中心的锥形内,或被描述为窄角传播,同时要求衍射、折射的影响和扩散波与弯曲波的能量转换很小,在经过几个波长的距离后它们之间的耦合能被忽略。在应力波垂直入射介质参数不连续的界面时这种理论并不适用,因为这种情况会产生反射而破坏了波前向传播的假设。

目前,比较流行的处理弹性海底的抛物方程方法有两类:一类是以 Lee 等为代表的用声波势函数表示的弹性抛物方程方法;另一类是以 Collins 为代表的用位移表示的弹性抛物方程方法。

1989 年,Shang 和 Lee 发展了数值计算模型来解决与距离有关的环境中二维流体固体界面问题,但该模型仅限于二维水平的流体/弹性边界,并且只适用于窄角声传播计算问题。Nagem 和 Lee 等利用基于理论推导得到的不均匀弹性介质中的三维波动方程,提出了两种数值求解方法:一种是利用数值 ODE 方法,另一种是综合利用 ODE 方法和有限差分方法。后者是对矩阵元素中出现的深度方向的偏微分算子用中心差分和前向差分表示,对流体/弹性边界条件进行一阶的 ODE 近似,实现同时对水中和弹性海底声场的求解。Lee 等又扩展了 Shang 和 Lee 的模型,使之能处理三维水平的流体/弹性边界问题,他们采用的方法是近似把适合流体/弹性边界的 Helmholtz 方程转化成适合抛物方程求解的形式,随后又推导出耦合的三维流体/弹性介质中波传播的数学模型(不规则弹性海底)。1999 年,Sheu 等利用有限差分方法求解上述模型;2002 年,Nagem 和 Lee 扩展了水平分层的流体/弹性模型到不规则的流体/弹性模型。但是经过仔细认真地推导,他们发现前面这些弹性抛物方程的推导存在较大的错误,Li(导师为 Lee 和 Chen)指出并修正了这个错误,在之前研究的基础之上,重新建立了三维的弹性抛物方程模型,处理不规则的流体/弹性海底,进行了仿真计算。但是利用压缩波和剪切波势函数建立的弹性抛物方程在流体/弹性边界的处理上非常繁杂,尤其是对于不规则流体/弹性边界,处理的繁杂程度更显著;另外他们的结果缺乏有效的验证。

### 2.1.4 射线声学模型

利用射线声学模型来进行声场计算的历史可追溯到 20 世纪 60 年代早期,那时的简正波方法与射线声学方法深受科研人员的欢迎。但是，如今的射线声学模型受欢迎的程度已大不如前，其主要原因是由于射线声学模型是建立在高频近似基础上的，只有当折射率在波长尺度的空间范围内变化甚小时才能给出可用结果，因此射线理论适用于分析高频声传播问题，对于低频以及一些焦散问题，处理较困难。

人们在射线理论得到数学阐述前就已经了解了射线模型的传播特性。光学孕育了最早的射线理论，早在麦克斯韦方程之前，人们就已经用射线理论来理解光的传播。Lichte 将不同浅海环境下的测量数据与模型结果进行了对比，这是水声领域中最早的有关射线理论的研究之一，他认为深海低频声学通道可以实现超远程传播，如今的射线声学模型在光学、电磁学和地震学等所有涉及波传播的领域仍然十分重要。

接下来对射线声学模型方程进行简单的数学推导，我们从直角坐标系 $x=(x, y, z)$ 的 Helmholtz 方程出发：

$$\nabla^2 p+\frac{\omega^2}{c^2(x)}p=-\delta(x-x_0)$$

式中 $c(x)$——声速；

$\omega$——$x_0$ 处的声源角频率。

为了得到射线方程，我们寻求 Helmholtz 方程如下形式的解：

$$p(x)=\mathrm{e}^{\mathrm{i}\omega\tau(x)}\sum_{j=0}^{\infty}\frac{A_j(x)}{(\mathrm{i}\omega)j}$$

$p(x)$ 称为射线级数。它通常是发散的，但可以证明，在某些情况下它是精确解的一种渐进近似。取射线级数的导数可得

$$p_x=\mathrm{e}^{\mathrm{i}\omega\tau}\left[\mathrm{i}\omega\tau_x\sum_{j=0}^{\infty}\frac{A_j}{(\mathrm{i}\omega)^j}+\sum_{j=0}^{\infty}\frac{A_{j,x}}{(\mathrm{i}\omega)^j}\right] \tag{2.8}$$

$$p_{xx}=\mathrm{e}^{\mathrm{i}\omega\tau}\left\{[-\omega^2(\tau_x)^2+\mathrm{i}\omega\tau_{xx}]\sum_{j=0}^{\infty}\frac{A_j}{(\mathrm{i}\omega)^j}+2\mathrm{i}\omega\tau_x\sum_{j=0}^{\infty}\frac{A_{j,x}}{(\mathrm{i}\omega)^j}+\sum_{j=0}^{\infty}\frac{A_{j,xx}}{(\mathrm{i}\omega)^j}\right\} \tag{2.9}$$

由此可以得出

$$\nabla^2 p=\mathrm{e}^{\mathrm{i}\omega\tau}\left[(-\omega^2|\nabla\tau|^2+\mathrm{i}\omega\ \nabla^2\tau)\sum_{j=0}^{\infty}\frac{A_j}{(\mathrm{i}\omega)^j}+2\mathrm{i}\nabla\tau\sum_{j=0}^{\infty}\frac{\nabla A_j}{(\mathrm{i}\omega)^j}+\sum_{j=0}^{\infty}\frac{\nabla^2 A_j}{(\mathrm{i}\omega)^j}\right] \tag{2.10}$$

将这一结果代入上述 Helmholtz 方程，并使 $\omega$ 的同次项相等，就可得到如下关于函数 $\tau(x)$ 和 $A_j(x)$ 的无穷序列方程：

$$\begin{cases}O(\omega^2):|\nabla\tau|^2=c^{-2}(x)\\ O(\omega):2\nabla\tau\cdot\nabla A_0+(\nabla^2\tau)A_0=0\\ O(\omega^{1-j}):2\nabla\tau\cdot\ \nabla A_j+(\nabla^2\tau)A_j=-\nabla^2 A_{j-1}\quad j=1,2,\cdots\end{cases} \tag{2.11}$$

式中关于 $\tau(x)$ 的 $O(\omega^2)$ 方程称为程函方程；关于 $A_j(x)$ 的方程称为迁移方程。

至此，我们将一个简单的线性偏微分方程转变为一个非线性偏微分方程（即程函方程）和无限个线性偏微分方程（即迁移方程）。但现在可以进行标准简化，即除了保留射线级数的第一项以外，其他所有项都被忽略，这实际上是采用高频近似。

从对现有海洋声场计算模型的分析中可以得出，现有主流声场计算方法在应用时均有一定限制，无法同时适用于各类复杂海洋模型下的声场计算，在一定程度上阻碍了该研究

方向的进一步发展。

有限元法,作为求解具有复杂边界条件下偏微分方程问题的一种通用数值解法,其求解思想是将所求解的物理域离散为有限个离散单元,利用该有限的自由度求解得到离散单元内的物理量精确解。其应用于声场计算时,由于并未对波动方程进行任何近似,因而可以得到高精度的声场解,以往已有诸多学者在声场建模研究中将有限元法的计算结果作为标准解。但由于有限元法在计算声场,尤其是三维声场时,需要占用巨大的计算机内存容量,因此长期以来并未得到广泛应用。近年来随着计算机性能的飞速提升,应用有限元法进行三维声场计算的条件逐渐成熟,因此可利用其开展相关声场计算研究。

## 2.2 COMSOL Multiphysics 在海洋声场建模中的应用

### 2.2.1 有限元法介绍

有限元法是 COMSOL Multiphysics 建模的核心方法,在进行压力声学或者固体力学声场仿真时,都通过剖分网格的方式进行有限元计算。但是对于射线声学,其采用射线追踪的方式进行计算,因此不需要对模型进行网格划分,以下对有限元法做简要介绍。

1960 年,美国波音公司的工程师 Clough 在研究飞机结构系统中的平面弹性问题时,第一次提出并使用了“The Finite Element Method”(有限元法)的名称,随后大量的学者和工程师开始使用这一离散方法来处理结构分析、流体、热传导等复杂工程问题。其求解首先将物理域离散成有限个单元,各单元以节点相连,然后利用各单元间的关系形成一系列有限元方程组,求得单元内的精确解或近似解,从而把复杂边值问题转换为大型方程组的求解问题。

Buckingham 曾经对包括考虑地声影响在内的各种可用的海洋声传播模型做了全面的总结。Kuo 等用有限元法研究了时域脉冲信号的传播问题。Merphy 和 Chin-Bing 针对海洋声传播问题提出了有限元计算模型 FOAM。Kampanis 和 Dougalis 利用标准线性迭代求解器描述了有限元法在轴对称波导中的计算能力。Athanassoulis 等把有限元 FENL 程序的计算结果和耦合简正波模型得到的结果进行了比对。Isakson 等给出了典型与距离有关波导问题的时域和频域解,并且 Isakson 利用商业软件提出了不平整边界的二维浅海波导问题的有限元模型。

2010 年,Chiruvai 等总结过去的研究成果,认为海洋波导中有限元模型具有以下四方面重要应用:

(1)模拟远场辐射边界条件,在这方面 Fix 和 Marin 做了细致的研究。

(2)模拟可穿透海底辐射边界条件,这方面的研究不多,Buckingham 用有限元法做了一定的工作。

(3)模拟点源声场,这一重要应用在以往的文献中也没有引起足够的重视。

(4)部分频率和声场区域的有限元解效率高,但是当求解区域很大或者为中高频段时,消耗计算机内存非常大。Chiruvai 计算了理想海洋波导、水平分层波导以及简单不均匀波导中的点源声场,给出了4 km以内传播损失结果,与耦合简正波模型的结果对比,二者基本一致。

国内关于有限元声学理论的研究集中在Helmholtz方程的有限元数值求解方面。涉及海洋声场预报的相关文献不多,北京大学的李军提出了一种基于有限元法的浅海声场预报方案且予以编程实现,浅海声场模型中使用DtN边界条件模拟无穷远场,矩阵计算中使用稀疏矩阵技术,并对矩阵的计算和组装做了讨论,给出具体的计算公式,仿真结果与耦合简正波模型有很好的一致性,证明了有限元法在海洋声传播问题中应用的可行性。西北工业大学声学工程研究所的刘宗伟、孙超、郭国强建立了浅海低频声信道的有限元模型,仿真算例中有限元法和抛物方程方法得出的传播损失结果一致,在计算垂直阵列的声压级表现出了更多的灵活性,但是仿真海底条件均为液态海底,与实际海洋海底条件相差较多,还有较大研究空间。

### 2.2.2 有限元理论基础

使用有限元法求解偏微分方程,主要的思想是将带有边界条件下的高阶偏微分的基本方程转化为弱形式表达的积分方程。有限元方程的弱形式相较于高阶偏微分方程的区别在于,高阶偏微分方程对所计算方程变量的连续性要求较高;而有限元法则能通过将其转化为积分方程的弱形式方程很好地降低对变量连续性的要求,并且可以采用数值离散的方法对方程进行求解。下面将介绍波动方程向弱形式的转化过程,波动方程的基本形式如公式(2.12)所示:

$$\nabla^2 p-\frac{\partial^2 p}{\partial^2 t}=0 \tag{2.12}$$

为了将波动方程用弱形式表示,假设声场位于空间 $V$,因此在公式(2.12)中对应声压 $p$ 的波动方程可以由公式(2.13)表示。同时假设空间 $V$ 中声压 $p$ 和法向速度 $v$ 的边界条件如公式(2.14)所示:

$$\frac{\partial}{\partial t}\left(\frac{1}{\rho c^2}\frac{\partial p}{\partial t}\right)+\nabla\cdot\left(\frac{1}{\rho}\nabla p\right)+\nabla\cdot\frac{f}{\rho}-\frac{\partial\omega(r,t)}{\partial t}=0 \tag{2.13}$$

$$\begin{cases}p-p_0=0\\ \dfrac{1}{\rho}\dfrac{\partial p}{\partial n}+a_0=0\end{cases} \tag{2.14}$$

式中 $p$——声压;

$c$——声速;

$\rho$——密度;

$f$——体积外力;

$\omega$——注入有限空间中的质量加速度;

$p_0$、$a_0$——边界处的声压值以及法向加速度。

根据加权余量法,将权函数 $q(r)$ 代入公式(2.13)和公式(2.14)中,并将两公式求和得到公式(2.15)。由于公式(2.15)相较于公式(2.12)只包含了对声压 $p$ 在空间坐标系中的一阶求导,因此它被称为波动方程的弱形式方程。

$$\iiint_V\left[q\frac{\partial}{\partial t}\left(\frac{1}{\rho c^2}\frac{\partial p}{\partial t}\right)+\frac{\nabla q\cdot\nabla p}{\rho}+q\ \nabla\cdot\frac{f}{\rho}-qw\right]\mathrm{d}V+\iint_{SV}qa_0\mathrm{d}S=0 \tag{2.15}$$

同时假设空间 $V$ 已被划分为有限的离散单元并且具有 $N$ 个节点，那么在空间 $V$ 内，声压 $p(r,\ t)$ 在时间域上的表示如下：

$$p(r,t)=\boldsymbol{N}^{\mathrm{T}}(r)\boldsymbol{p}'(t) \tag{2.16}$$

式中 $\boldsymbol{N}(r)$——由在每个节点单元上的 $N_n(r)$ 排列而成的列向量；

$\boldsymbol{p}'(t)$——由每个节点上声压 $p_n(t)$ 组成的列向量。

通常在求解公式(2.15)的过程中，假设权函数 $q_m(r)=N_m(r)$，其中 $m=1,2,\cdots,N$，并将其代入公式(2.15)中可以得到公式(2.17)的波动方程的有限元形式：

$$\iiint_V \left[\frac{N_m}{\rho c^2}\sum_{n=1}^{N} N_n \frac{\partial^2 p_n}{\partial t^2}+\frac{\boldsymbol{\nabla} N_m}{\rho}\cdot\boldsymbol{\nabla}\sum_{n=1}^{N} N_n p_n + N_m\left(\boldsymbol{\nabla}\cdot\frac{f}{\rho}-w\right)\right]\mathrm{d}V+\iint_{SV} N_m a_0 \mathrm{d}S=0 \tag{2.17}$$

公式(2.17)简化为

$$\sum_{n=1}^{N} M_{mn}p_n+\sum_{n=1}^{N} K_{mn}p_n-g_m=0$$

$$M_{mn}=\iiint_V \frac{N_m N_n}{\rho_0 c^2}\mathrm{d}V$$

$$K_{mn}=\iiint_V \frac{\boldsymbol{\nabla} N_m\cdot\boldsymbol{\nabla} N_n}{\rho_0}\mathrm{d}V$$

$$g_m=-\iiint_V N_m\left(\boldsymbol{\nabla}\frac{\boldsymbol{f}}{\rho_0}-w\right)\mathrm{d}V-\iint_{SV} N_m \bar{a}\mathrm{d}S$$

式中 $M_{mn}$——$m$、$n$ 两点间的质量；

$K_{mn}$——$m$、$n$ 两点间的刚度；

$g_m$——声源的贡献。

在有限元中认为单元内的声压值只与所在单元的节点有关，图 2.2 所示为对有限元空间进行三角形剖分后的网格结构。

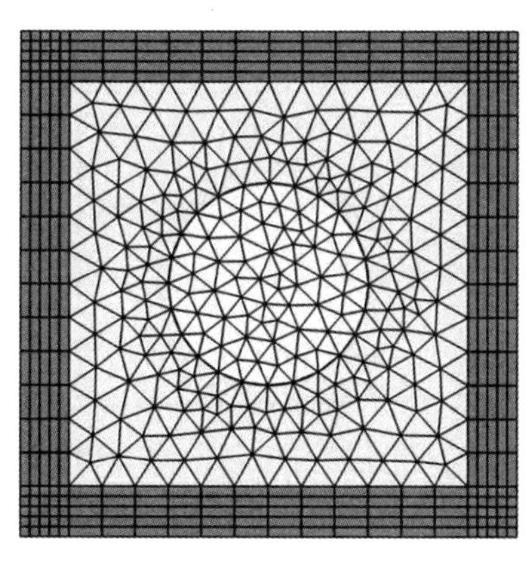

图 2.2　对有限元空间进行三角形剖分后的网格结构

图中有限元空间被分割为有限个三角单元，节点 $i$、$j$、$k$ 为其中一个三角单元的顶点，坐标分别为 $(x_i,\ y_i)$、$(x_j,\ y_j)$、$(x_k,\ y_k)$，节点上的声压值为待求量 $p_i$、$p_j$、$p_k$。单元内任意点的声压值 $p(x,\ y)$ 可以由公式(2.18)表示：

$$p(x,y)=N_i^e(x,y)p_i+N_j^e(x,y)p_j+N_k^e(x,y)p_k \tag{2.18}$$

式中,$N_i^e(x,y)$为$p_i$对$(x,y)$点的声压贡献。

因此对于有限空间$V$中的任意点$(x,y)$,其所在的三角形顶点处的$N_n$为$N_n^e$,其他节点处的$N_n$为0,可以将公式(2.18)写为

$$p(x,y)=\boldsymbol{N}^{\mathrm{T}}(x,y)\boldsymbol{p}$$

式中 $\boldsymbol{N}$——由贡献权重组成的列向量;

$\boldsymbol{p}$——由各节点声压值组成的列向量。

### 2.2.3 完美匹配层介绍

众所周知,海洋的水域范围较大,声学海洋学一般需要研究几千米甚至数十千米的海域,在仿真软件中按照实际尺寸仿真显然是不现实的。因此如何在有限尺寸下实现半无限海域的模拟成为一个关键问题。

研究人员总结了多种减小该类误差影响的方法,其中最重要的方法是完美匹配层(Perfectly Matched Layer,PML)方法。1994年,Berenger首先提出了高效的二维匹配层概念,其用于吸收来自各个方向、各种频率的声波而不发生任何反射或者说只有微量的反射。完美匹配层可由两种不同的途径得到:第一种是增大边界介质的阻尼系数,使声波在边界附近剧烈衰减,从而部分消除人为设置边界的影响;另一种是通过复坐标变换得到。1997年,Francis针对PML在数学上对复坐标做了一个伸展变换,得到了改进的复Helmholtz方程。Mario等将PML应用到水下轴对称弹性目标体的散射模型以及上斜坡声传播模型的边界条件中,得到了较为理想的吸收效果。COMSOL Multiphysics采取完美匹配层来吸收声波,以此达到仿真半无限海域的目的。

计算声压的最后一步是把幅度与每条声线联系起来,也就是解迁移方程,现在我们重写如下:

$$2\ \nabla\tau\cdot\nabla A_0+(\nabla^2\tau)A_0=0 \tag{2.19}$$

也可以写成如下形式:

$$\nabla\cdot(A_0^2\ \nabla\tau)=0 \tag{2.20}$$

考虑任意场$\boldsymbol{F}$和任意体积$V$,高斯定理说明计算体积内散度场的积分可以转化为该体积表面的流量场积分:

$$\int_V \nabla\cdot\boldsymbol{F}\mathrm{d}V=\int_{\partial V}\boldsymbol{F}\cdot\boldsymbol{n}\mathrm{d}S \tag{2.21}$$

式中,$\boldsymbol{n}$是指向外部的法向向量,因此我们可以得到

$$\int_{\partial V}A_0^2\ \nabla\tau\cdot\boldsymbol{n}\mathrm{d}S=0 \tag{2.22}$$

依据能量守恒定律有

$$\int_{\partial V_0}\frac{A_0^2}{c}\mathrm{d}S=\int_{\partial V_1}\frac{A_0^2}{c}\mathrm{d}S=\mathrm{const} \tag{2.23}$$

如果我们让射线束变得无穷小,并指定任意$s=0$参考值,则可以得到

$$A_0(s)=A_0(0)\sqrt{\frac{c(s)}{c(0)}\cdot\frac{J(0)}{J(s)}} \tag{2.24}$$

考虑一个柱对称海洋中的点源声场,接下来我们考虑两个临近起始角声线边界构成的"射线束",并以$\mathrm{d}\theta_0$进行切分,横截面积即斜边$j\mathrm{d}\theta_0$,满足以下关系:

$$J = r\left[\left(\frac{\partial z}{\partial \theta_0}\right)^2 + \left(\frac{\partial r}{\partial \theta_0}\right)^2\right]^{1/2} \tag{2.25}$$

再一次,从几何关系中得到以下等式:

$$J = \frac{r}{\cos\theta}\frac{\partial z}{\partial \theta_0} = \frac{r}{\sin\theta}\frac{\partial r}{\partial \theta_0} \tag{2.26}$$

式中,$\theta$ 是射线在接收处的角度。有时这种或者其他一些多样的表达将有利于数值运算。

利用有限差分进行近似:

$$J(s) = \frac{r_i(s)}{\sin\theta}\frac{r_{i+1}(s) - r_i(s)}{\delta\theta_0} \tag{2.27}$$

式中,$r_i(s) = r(s;\theta_0)$ 和 $r_{i+1}(s) = r(s;\theta_0 + \delta\theta_0)$ 代表构成射线束中的射线。

# 第3章　COMSOL Multiphysics 软件功能

## 3.1　操 作 界 面

在声学模块中,大多数物理场接口都基于有限元法,但也有例外,如对流波动方程接口使用间断 Galerkin(DG-FEM)方法,射线声学接口使用射线追踪方法。图 3.1 所示是 COMSOL Multiphysics 的实际操作界面,操作界面大致可以分为五个区域,接下来对五个区域逐一进行介绍。

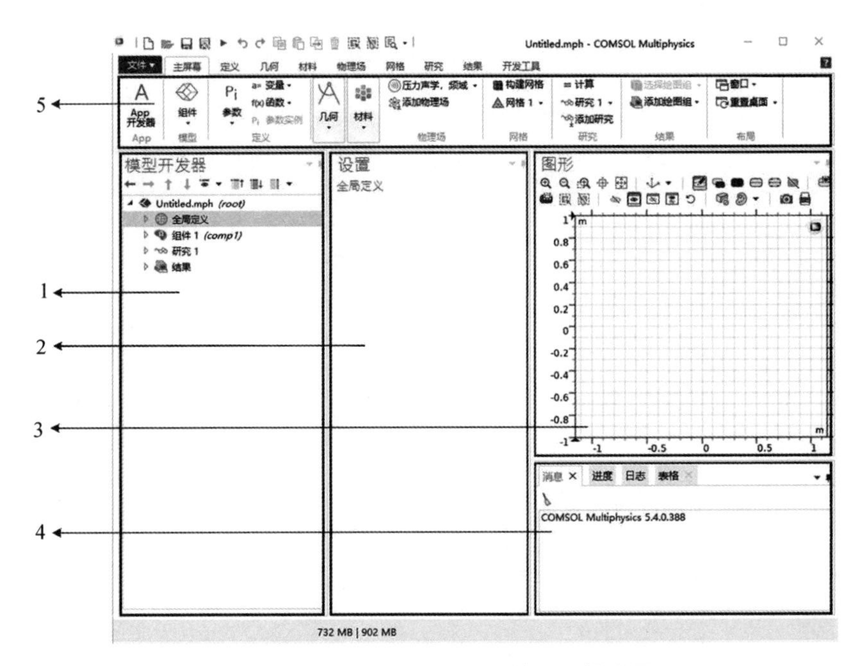


图 3.1　COMSOL Multiphysics 的实际操作界面

区域 1 为模型开发器区域。图中显示了四个树节点(全局定义、组件、研究、结果),这四个树节点下面还有各自的干节点、枝节点。实际建模也基本按照区域 1 中树节点的顺序。区域 1 中包含了构建和求解模型以及处理结果所需的所有功能和操作。

区域 2 为设置区域。在区域 1 中选中需要操作的节点后,与该节点相关的模型大小、位置等参数皆在区域 2 中进行设置。

区域 3 为图形区域。模型的构建、修改等操作,都会在该区域中以图形或者图片的方式呈现出来。

区域 4 为记录区域。该区域会显示仿真过程中的重要模型信息,主要是对模型求解时间、进度等信息进行实时记录,让操作者对模型的计算过程有一个清晰的了解。

区域5为功能区域。区域5的功能和区域1是完全一样的,只是看操作者习惯在哪个区域操作。

## 3.2 文 件

操作界面左上角的“文件”中包含操作者经常用到的按钮,如图3.2所示,这里对其做简单的介绍。

图3.2 文件及其所包含的常用按钮

(1)新建。点击“新建”,可以再次选择空间维度、物理场等,重新建立一个模型。如果当前的模型设置不正确或者需要再次建立模型时,可以选择“新建”。

(2)打开。点击“打开”后,会让操作者选择需要打开的某一文件。一般情况下操作者打开的文件类型为“.mph”文件,偶尔特殊情况时不是“.mph”文件,此时就需要在文件名后选择“所有文件”,如图3.3所示,才能够看到不是“.mph”类型的文件。

图3.3 在文件名后选择“所有文件”

(3)最近打开的文件。最近打开的文件,按照时间顺序显示最近使用的四个文件以及文件的存放路径等相关信息。

(4)保存。点击“保存”,更新储存当前的模型。

(5)另存为。如果操作者需要将当前的模型重新储存到另外的文件夹里,或者以另外的名称储存时,可以选用“另存为”按钮。

(6)首选项。点击“首选项”后的界面如图 3.4 所示,点击其中的“文件”,这里需要将临时文件夹设置为个人计算机中空间最大的盘。这是因为计算模型有时会占用巨大的临时内存,虽然模型计算结束保存后,临时内存会自动清空,但是如果没有足够大的硬盘用于临时内存,模型仍然是计算不出来的。

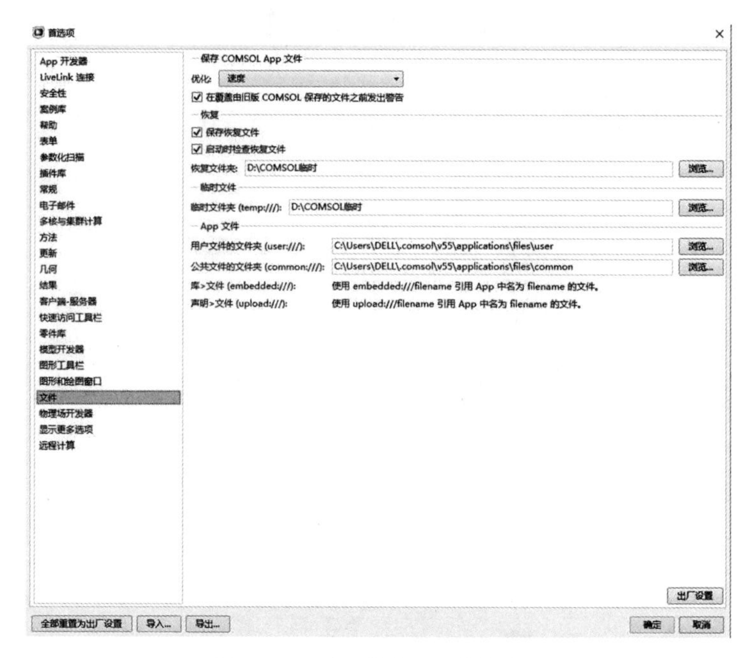

图 3.4　点击“首选项”后的界面

# 3.3　模型开发器

## 3.3.1　全局定义

“全局定义”如图 3.5 所示,其中包括“参数”和“材料”两个干节点。

(1)参数。“参数”使用的频率最高,在这里可以定义声源大小、模型尺寸、介质属性、网格大小等。定义参数对于 COMSOL Multiphysics 的初学者很有必要。“全局定义”,顾名思义,是指参数在此处定义后,在后面的参数设置中就可以直接用简单明了的字母来代替参数值。另外如果我们需要更改某一个参数,在这里直接更改后,下面涉及的此参数都会随之更改。注意,参数名称在设置时是区分大小写的。

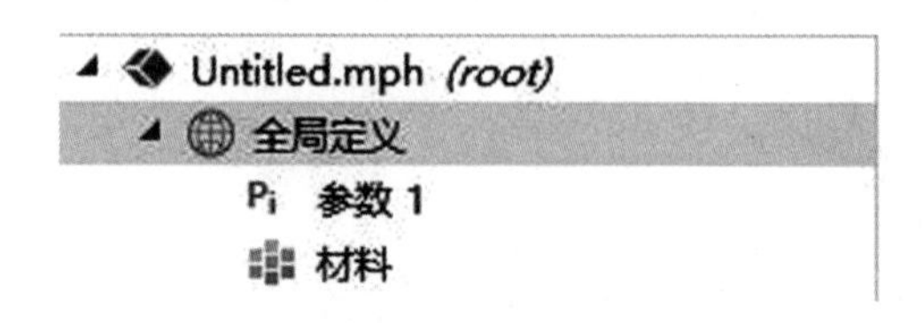


图 3.5　全局定义

(2)材料。系统中有一些比较常用的“材料”是定义好的,在这里可以直接添加使用,比如水、空气等。

除了“参数”和“材料”外,右键单击“全局定义”还可以添加其他干节点,如图 3.6 所示。我们可以使用“解析”“插值”和“分段”来指定材料属性。插值函数可用于描述由表格或文件定义的材料属性,这些表格或文件包含离散点上的函数值。解析函数可用于将材料属性指定为一个或多个变元的函数,或指定为自变量(如声速)。有时 COMSOL Multiphysics 中的单极点源满足不了仿真需求,我们可以在这里添加函数自己定义声源。本书在下篇的水声场计算应用案例中将会有相关介绍。

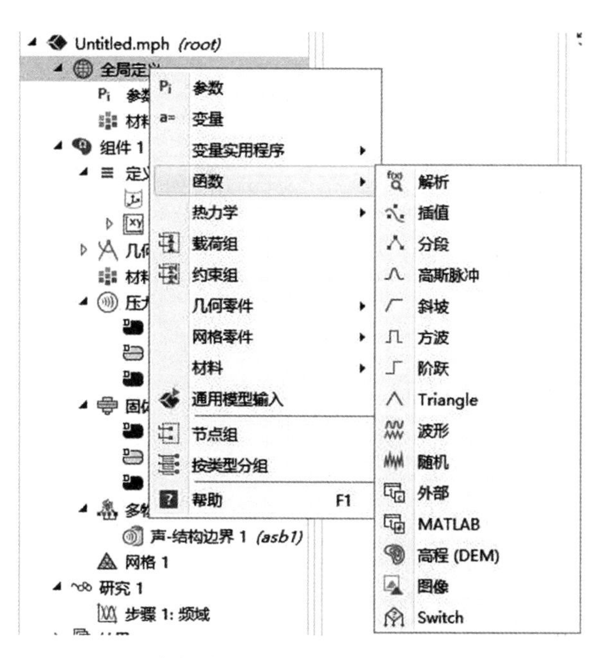


**图 3.6 右键单击“全局定义”添加其他干节点**

### 3.3.2 组件

点击“组件”,如图 3.7 所示,组件主要包括“定义”“几何”“压力声学,频域”“固体力学”“多物理场”“网格”等几个干节点。其中“压力声学,频域”和“固体力学”用户根据所需应用的物理场自行选择。只有两种物理场同时出现时,才需要用到“多物理场”这一干节点,其是两种物理场的交界,这一干节点可以用来检验我们是否正确设置了不同物理场。

(1)定义。点击“定义”,如图 3.8 所示,这里一般用到“完美匹配层”和“视图”。“视图”主要用来调整模型比例,当仿真所设置的模型参数比例过大或者过小时,调整视图比例,可在不改变模型参数的情况下使后续操作更加方便。“完美匹配层”用来模拟半无限海域,从而达到吸收声波的效果。由于计算能力的限制,我们不可能将模型设置为真实海洋的尺寸,因此我们将完美匹配层的参数设置成与研究域一致,可以实现有限尺寸下对半无限海域的仿真。

(2)几何。“几何”干节点是用来添加几何模型的,右键单击“几何”会看到图 3.9、图 3.10 所示的各种图形,用户可以根据需要添加。除了圆、正方形、矩形等常见图形外,“几何”还提供了“多边形”“插值曲线”“布尔操作”和“分割”等可以用来建立不规则模型的功能。

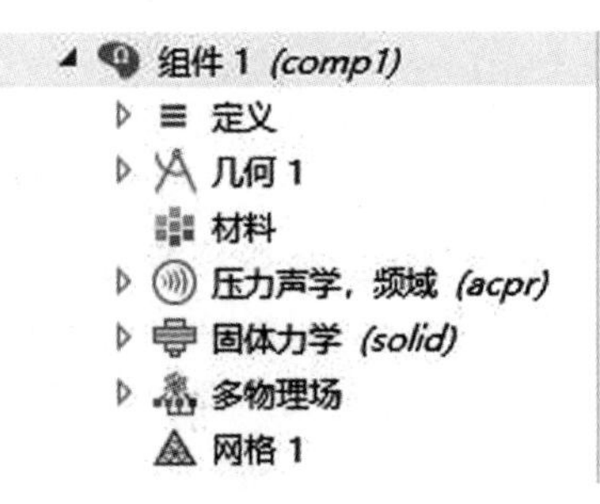


图 3.7　组件

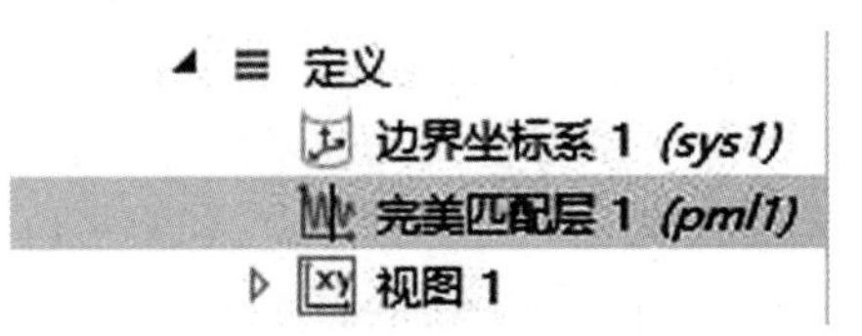


图 3.8　定义

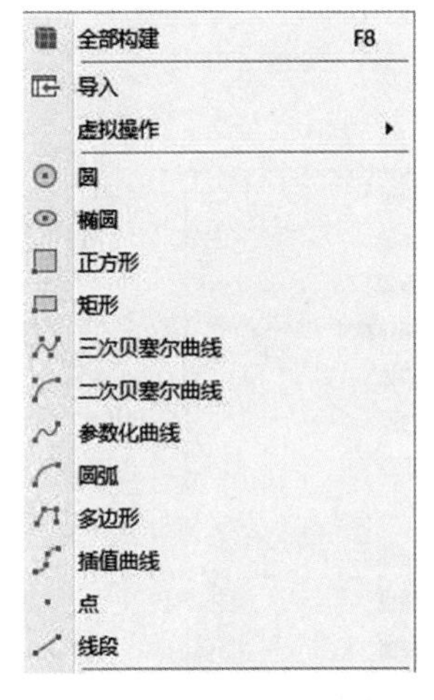


图 3.9　右键单击“几何”(1)

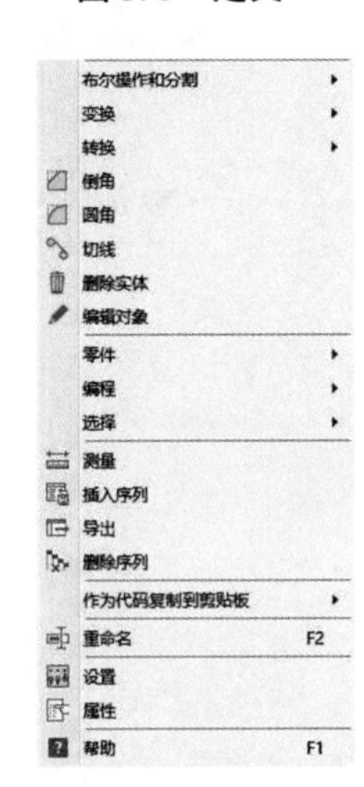


图 3.10　右键单击“几何”(2)

(3)压力声学,频域。“压力声学,频域”干节点用来设置液体介质(海水层和液态海底)的参数,如图 3.11。其中“压力声学”枝节点用来定义声速、密度、衰减系数等。在“几何”中构建好模型后,“硬声场边界”枝节点一般默认是“硬声场边界”,海水面需要设置“软声场边界”时可以右键单击“干节点”添加。另外,单极点源也可以通过右键单击“干节点”添加。

当我们建立时域模型时,干节点相应变为“压力声学,瞬态”,除了个别区域,整体操作流程与“压力声学,频域”差别不大。

(4)固体力学。“固体力学”干节点和“压力声学,频域”干节点类似,如图 3.12 所示。它用来设置固体介质(固态海底)的参数。“线弹性材料”枝节点用来设置纵波和横波声速、密度,右键单击“线弹性材料”添加阻尼来设置衰减系数。

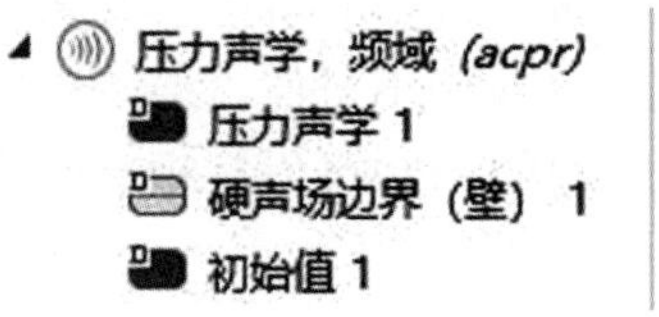

压力声学，频域 (acpr)
压力声学 1
硬声场边界（壁） 1
初始值 1

图 3.11　压力声学,频域

固体力学 (solid)
线弹性材料 1
自由 1
初始值 1

图 3.12　固体力学

需要说明的是,这里的“压力声学,频域”和“固体力学”两个物理场都是在前期添加的,用户可根据需要自行添加。对于海洋声场仿真模型,我们的研究对象为海水或者海底,所以用“压力声学,频域”和“固体力学”两个干节点较多。

(5)多物理场(图3.13)。“声-结构边界”就是压力声学和固体力学的交界面,如果两个物理场设置正确,点击“声-结构边界”,这里会自动显示交界面。

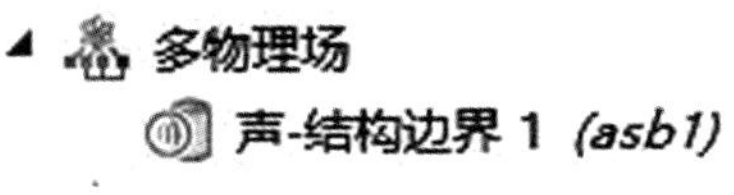

多物理场
声-结构边界 1 (asb1)

图3.13 多物理场

(6)网格。网格干节点是COMSOL Multiphysics模拟仿真中的关键部分。在声学模块中,大多数物理场接口都基于有限元法,但也有例外,如对流波动方程接口使用间断Galerkin方法,对射线声学接口使用射线追踪方法。网格剖分与模型求解时间、模型占用内存及硬盘大小、模型求解精度等密切相关。因此,突出的剖分网格能力对我们求解模型会起到事半功倍的效果。但这需要长期的实践历练和经验积累。本书中给出了笔者个人对剖分网格的理解的介绍,但由于经验和能力的限制,个人的网格剖分方法并不一定是最优的,仅供读者参考。具体的网格剖分方法会在下面的章节中进行详细介绍。

### 3.3.3 研究

“研究”这部分是计算模型时进行的相关设置。前面的操作全部完成后,点击“计算”开始计算模型。如果计算频域模型,需要输入频率的大小,如果在参数中已经设置好频率,那么在这里直接输入相应字母即可,如图3.14所示。如果需要同时计算多个频率,则需要点击“范围”,输入起始频率、步长、终止频率,如图3.15所示。计算的频率越大,计算负担就会越重,因此用户需要根据个人计算机的能力设置步长。

图3.14 频域模型中“研究设置”

如果计算时域模型,那么在这里需要输入计算时长、步长等。我们可以根据声速和模型大小来判断大致需要的时长。选择合适的时长非常重要,一方面可以保证求解结果的精度,另一方面可以避免给计算机增加额外的负担。“时间单位”处可以选择计算模型相应的时间单位。时域模型中“研究设置”如图3.16所示。

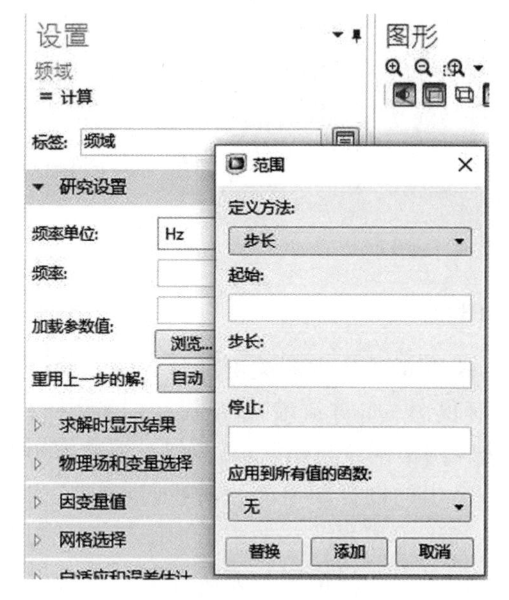

图 3.15　范围设置

图 3.16　时域模型中"研究设置"

## 3.3.4　结果

结果这部分很重要，计算完成后，我们可以在这里构建所需要的结果。这里进行简要的介绍。

如图 3.17 所示，每一个模型计算完成后，结果干节点下都会带有一定的枝节点，用户也可以根据需要右键单击"结果"再添加枝节点。

如图 3.18 所示为右键单击"结果"显示添加的枝节点。

(1)一维绘图组。"一维绘图组"用来画线图或者点图，即显示模型中某一点或者某一条线的数据，例如传播损失曲线图、时域信号波形接收图等。

(2)二维绘图组。"二维绘图组"用来画平面图，即显示模型中二维平面上的数据，例如传播损失平面图、声能流平面图、时域信号传播图等。

(3)三维绘图组。"三维绘图组"用来画 3D 图或者 $N$×2D 图以及二维轴对称模型下平面旋转 360°后的 3D 图。三维模型下显示的即为模型本身的数据图。

绘图时要有具体的绘图对象，很多情况下，我们并不是直接对整个模型直接进行绘图。例如，完美匹配层是用来模拟半无限海域的，并不是研究域，不需要对完美匹配层中的数据进行绘制，所以要提前在数据集中设置好研究对象。

右键单击图 3.17 中的"数据集"，显示内容如图 3.19 所示。"一维"开头的选项只适用于一维模型，"二维"开头的选项只适用于二维模型，"三维"开头的选项只适用于三维模型。例如，画传播损失曲线，如果模型为二维或者二维轴对称模型，则选择"二维截线"；如果模型为三维模型，则选择"三维截线"。

"解"是用来选择研究域的，如图 3.20 所示。点击"解"节点下的"选择"可以选择特定研究域。例如，当我们需要将海水层和海底层分开研究时，就需要右键单击"数据集"再添加一个"解"，以此来区分研究域。

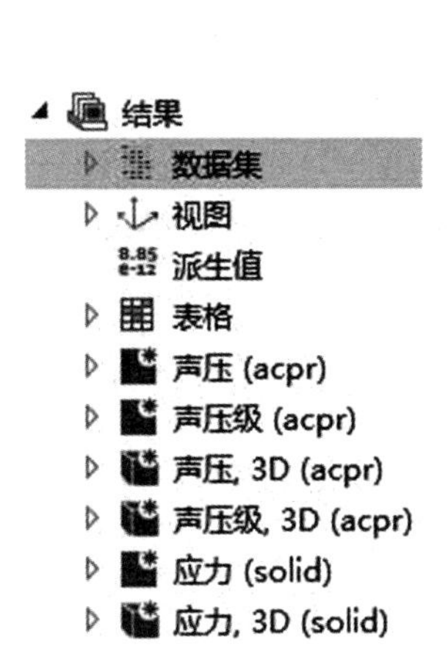


图 3.17 “结果”干节点

图 3.18 右键单击“结果”显示添加的枝节点

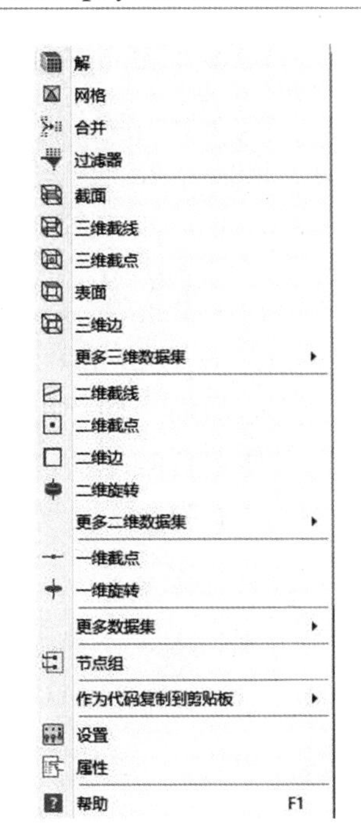


图 3.19 右键单击“数据集”显示内容

将 COMSOL Multiphysics 的数据导出也是非常重要的步骤，因为 COMSOL Multiphysics 的生成图难以满足科研工作的需求，我们必须将数据导出，在其他的绘图软件中进行绘制。如图 3.21 所示，COMSOL Multiphysics 不仅可以将数据导出，也可以导出已经生成的图、网格和表格等。

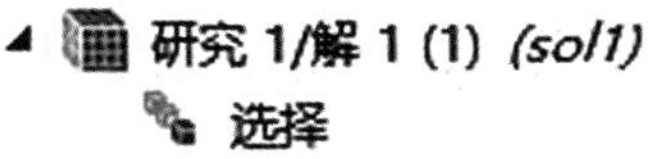

研究 1/解 1 (1) *(sol1)*

选择

图 3.20 “解”

图 3.21 导出

这一部分的重要程度不亚于模型构建。首先我们需要选择想要的维度图，例如一维绘图、二维绘图等；其次绘图的目标分为声压、传播损失、加速度等，也需要用户选择，因为在不同的情况下需要对不同的指标进行观察；最后在图形构建出来后，还需要对图形的颜色、结构分布等进行调整。这些都需要在这部分完成。用户要想绘出一个清晰直观的图形，就需要对 COMSOL Multiphysics 多加练习，熟悉其中的操作流程。

## 3.4 图形区域

COMSOL Multiphysics 中的操作流程都会在最右侧的图形区域中可视化显示。特别是在三维情况下，模型分块区域较多，设置参数时准确选中某一面或者域比较困难，此时需要借助图形区域的工具。由于二维和二维轴对称的图形区域相对比较简单，且三维图形区域的功能基本包含前两者，所以我们这里仅以三维模型下的图形区域为例进行介绍。

图形工具栏如图 3.22 所示，第一排从左至右前三个依次为，放大（ ）、缩小（ ）、特定区域放大（ ）。

的作用是将结果中选择的研究域缩放到图形区域； 的作用是将整个模型缩放到研究域。 的作用是将模型按照空间坐标系 xyz 缩放到图形区域； 的作用分别是将模型的 xy、yz、xz 面呈现到图形区域； 的作用是旋转模型按钮。

第二排，透明（ ），就是将实体模型透明化，这样方便选取研究对象，因为直接对实体模型选取研究对象时很难选中；线框渲染（ ）和“透明”很类似，是用来辅助选取研究域的；快照（ ）可以将当前图形区域内的图像输出到计算机中，可以选择 TIFF、PNG、JPEG 等输出格式。

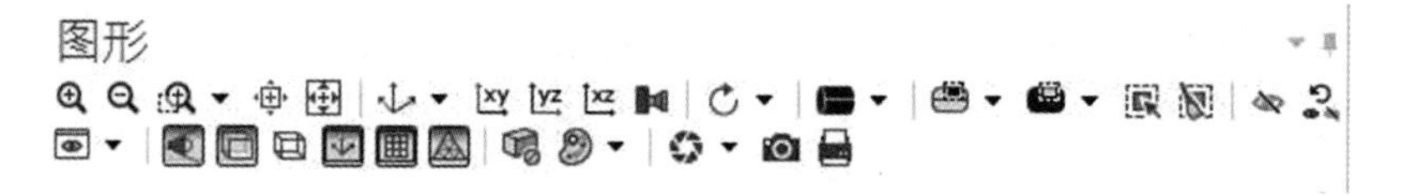


图 3.22　图形工具栏

# 第4章　物　理　场

## 4.1　声学物理场模块

声学部分共有压力声学(A)、弹性波(B)、声-结构相互作用(C)、气动声学(D)、热黏性声学(E)、超声波(F)、几何声学(G)7个模块,如图4.1所示。

如果仿真模型的几何尺寸和波长相当,此时可用波动声学来考虑,采用A、C、D、E四个模块;如果仿真模型几何尺寸远大于波长,我们应当考虑用F、G两个模块。超声波与几何声学并非采用有限元法离散目标物理场的方式求解方程,因此两个接口的计算内存需要相对较低,更适用于求解高频声学问题。

### 4.1.1　压力声学

压力声学是流体(如水、空气、羊毛等多孔材料、人体组织等)中的声学。压力声学模块用来处理纵波,有时固体中同时含有纵波和横波,当横波可以忽略不计时,也可采用压力声学模块。压力声学模块又包含四个接口,如图4.2所示。

声学
压力声学
弹性波
声-结构相互作用
气动声学
热黏性声学
超声波
几何声学

图4.1　声学

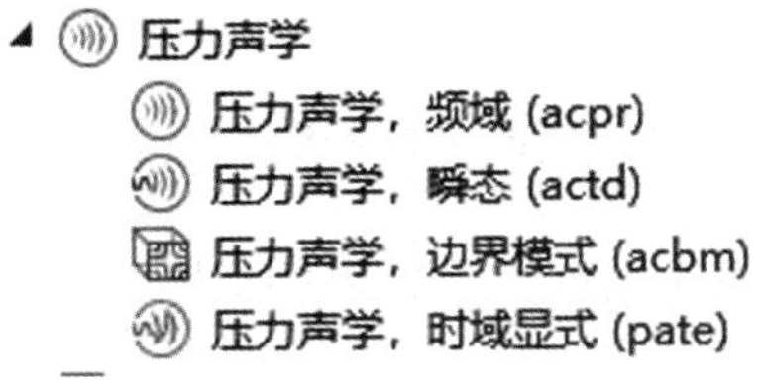

压力声学
压力声学, 频域 (acpr)
压力声学, 瞬态 (actd)
压力声学, 边界模式 (acbm)
压力声学, 时域显式 (pate)

图4.2　压力声学模块的四个接口

压力声学模块用于对经典压力声学问题建模。控制方程存在不同的数值公式。基于有限元法的物理场接口求解压力的声学变化时,在频域中求解 Helmholtz 方程,在时域中求解标量波动方程。内置的域条件可用于以均质方式模拟多孔材料和狭窄区域中的损耗。此外,该模块还提供背景场等源。边界条件包括源、无反射辐射条件、阻抗条件、周期性条件、外场计算条件,以及壁或穿孔板等内部边界条件。其还提供基于边界元法的"压力声学,边界模式"接口,用于频域建模。在时域中,"压力声学,时域显式"接口使用基于间断伽辽金法的公式和时域显式求解器。该接口非常适用于模拟包含许多波长的大型瞬态线性声学问题。

(1)"压力声学,频域"接口。"压力声学,频域"接口用于计算静态背景条件下流体中声波传播的压力变化,适用于对压力场呈谐波变化的所有频域进行仿真。该物理场接口可用于模拟由标量压力变量描述的线性声学,其中包含的域条件可对均匀损耗(即多孔材料流体模型)以及狭窄区域中的损耗建模。域特征包括背景入射声场,以及单极域源和偶极域源。声波的平面波衰减特性可以输入为用户定义的物理量,或定义为本体黏滞损耗和热损耗。该物理场接口用于在给定频率的频域中求解 Helmholtz 方程,或者用于特征频率或模态分析的研究。

(2)“压力声学,瞬态”接口。“压力声学,瞬态”接口用于在模拟静态背景条件下流体中的声波传播的压力变化计算,适用于对任意瞬态场和源进行瞬态仿真;可用于模拟由标量压力变量描述的线性和非线性声学;可通过多种方式引入非线性特性,例如,通过耦合到非线性结构模型,或使用内置的非线性声学 Westervelt 模型;还可以通过建立背景压力场来模拟散射问题。该物理场接口在时域中求解标量波动方程,并提供用于执行瞬态模态研究以及模式降阶的模型,还可以基于可用边界条件在频域中进行求解。

(3)“压力声学,边界模式”接口。“压力声学,边界模式”接口通过在给定边界上执行边界模式分析,计算并标识波导和管道中的传播和非传播模式。在指定入口处的声源或分析管道中的横向声学模式等情况中,该接口非常有用。该物理场接口可求解边界上的 Helmholtz 特征值方程,搜索给定频率的面外波数。

(4)“压力声学,时域显式”接口。“压力声学,时域显式”接口用于求解包含多个波长的大型瞬态线性声学问题,适用于对任意瞬态源和物理场进行瞬态仿真。该接口包含用于模拟散射问题的背景声场选项;提供吸收层条件用于设置有效的无反射边界条件;通过组合外场计算特征与“时域到频域 FFT”研究步骤,计算外场。基于间断伽辽金法,使用时域显式求解器,这种方法非常节省内存,应用领域包括室内声学中音频脉冲的瞬态传播,或者模拟相对于波长较大的对象的散射现象。

该接口通过假设绝热状态方程来求解线性欧拉方程,因变量是声压和声速扰动。接口不包含由本体损耗引起的衰减机制,边界上的损耗可以通过阻抗型损耗的阻抗条件进行建模。

### 4.1.2 “声-结构相互作用”模块

“声-结构相互作用”模块提供的多物理场接口用于计算固体中的弹性波与流体中的压力波的相互作用,如图 4.3 所示。这些物理场接口包含预定义的多物理场边界条件,可用于定义耦合。其提供的多个物理场接口用于模拟压电材料及其与固体和流体的耦合,以及多孔弹性波、固体和流体的相互作用。此外,该模块还提供相关物理场接口,用于模拟壳中弹性波与流体中声波之间的相互作用,具体取决于许可的产品。

“声-固相互作用,频域”多物理场接口将“压力声学,频域”与“固体力学”接口相结合,可以将流体域中的声压变化与固体域中的结构变形联系起来,例如,用于确定声音通过弹性结构的传播,或求解扬声器中存在的耦合振动声学现象。声-结构相互作用是一种多物理场现象,其中声压导致固体域上产生流体载荷,结构加速度作为跨流-固边界的法向加速度作用于流体域。该物理场接口支持为流-固边界轻松定义专用的多物理场耦合条件,并设置固体域中的流体载荷以及结构加速度对流体的影响;适用于频域和特征频率研究。

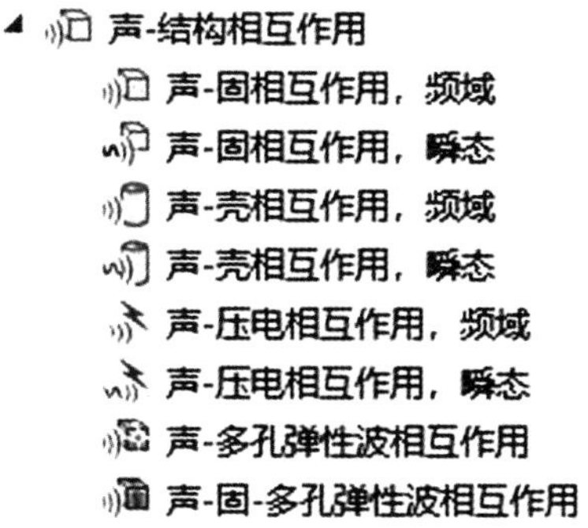

- 声-结构相互作用
  - 声-固相互作用，频域
  - 声-固相互作用，瞬态
  - 声-壳相互作用，频域
  - 声-壳相互作用，瞬态
  - 声-压电相互作用，频域
  - 声-压电相互作用，瞬态
  - 声-多孔弹性波相互作用
  - 声-固-多孔弹性波相互作用

图 4.3 “声-结构相互作用”模块

“声-固相互作用,瞬态”多物理场接口将“压力声学,瞬态”与“固体力学”接口相结合,可以将流体域中的声压变化与固体域中的结构变形联系起来,例如,确定声音通过弹性结构的传播,或求解扬声器中存在的耦合振动声学现象。声-结构相互作用是一种多物理场现象,其中声压导致固体域上产生流体载荷,结构加速度作为跨流-固边界的法向加速度作用于流体域。该物理场接口支持为流、固边界轻松定义专用的多物理场耦合条件,并设置固体域中的流体载荷以及结构加速度对流体的影响;支持瞬态研究,但也支持利用可用的边界条件在频域中求解。

### 4.1.3 “几何声学”大模块

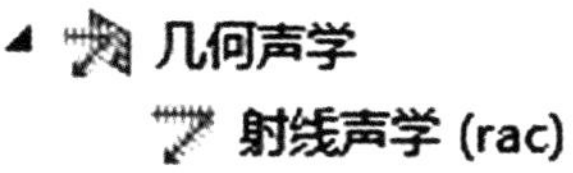

“几何声学”模块包含“射线声学”物理场接口(图 4.4)。这个接口中物理场在声波波长小于特有的几何特征的高频限制条件下有效,这一频率高于房间的 Schroeder 频率。这个接口除了可用于房间和音乐厅的声学建模外,还可用于海洋声学和大气声学等;通过不同的吸收模型来包含边界处的声学属性。

- 几何声学
  - 射线声学 (rac)

图 4.4 “几何声学”模块

“射线声学”物理场接口用于计算声学射线的轨迹、相位和强度。“射线声学”物理场接口在高频限制条件下有效,此时声波波长小于典型的几何特征。此接口可用于对室内、音乐厅和许多户外环境中的声学建模。传播射线的介质属性可以在域内连续变化,也可以在边界上不连续变化。此接口可以在外部边界上指派各种壁条件,包括镜面反射和漫反射的组合。阻抗和吸收可能取决于入射线的频率、强度和方向。此接口还可以对材料不连续处的透射和反射进行建模,背景速度也可以指派给任何介质。

### 4.1.4 其他声学模块

“弹性波”模块用于计算弹性波在固体中的传播,以及弹性波和压力波在多孔材料中的耦合传播。对于固体中传播的弹性波问题,可以在频域和时域中求解,而对于多孔材料中传播的弹性波问题,只能在频域中求解。此外,模块还提供基于间断伽辽金法使用时域显式求解器的专用接口,这种方法非常节省内存。固体域或多孔域可以从众多内置多物理场耦合中选择一种耦合到流体域。

“气动声学”模块用于计算受稳态背景流场影响的声波的传播(也称为对流声学)。根据流体的物理属性,此模块的物理场接口中线性方程存在不同的公式,其中包括用于势流无旋流体中的无损声学建模的线性势流方程,用于任意理想气体流动中的无损声学建模的线性欧拉方程,以及用于任意流体流动中的详细声学传播建模的线性纳维-斯托克斯方程等,如图4.5所示。将这些接口与结构相耦合,可以在流体流动的情况下对结构进行详细的振动分析,例如频域中的流固耦合分析,包括执行特征频率分析。

"热黏性声学"模块(图4.6)的接口用于计算显式包含热损耗和黏滞损耗的声波传播。该模块物理场接口用于求解线性化连续性方程、纳维-斯托克斯方程和能量方程(无背景流动的情况)。对狭窄区域中的声传播建模时,这一描述是必需的,这些区域中(如换能器、移动设备、MEMS换能器和助听器等)的黏滞损耗和热损耗是非常重要的。这些物理场接口包含预定义耦合,可用于模拟固体弹性波与流体声学之间的相互作用。根据获得许可的产品,这些物理场接口还可用于模拟壳弹性波与流体热黏性声学之间的相互作用。

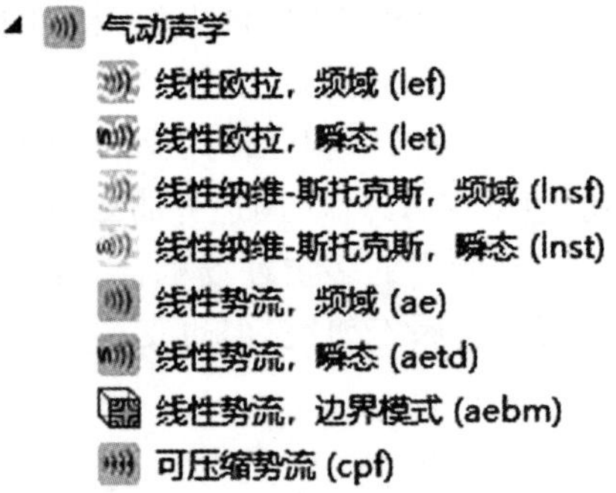

气动声学
- 线性欧拉,频域 (lef)
- 线性欧拉,瞬态 (let)
- 线性纳维-斯托克斯,频域 (lnsf)
- 线性纳维-斯托克斯,瞬态 (lnst)
- 线性势流,频域 (ae)
- 线性势流,瞬态 (aetd)
- 线性势流,边界模式 (aebm)
- 可压缩势流 (cpf)

图4.5 "气动声学"模块

热黏性声学
- 热黏性声学,频域 (ta)
- 热黏性声学,瞬态 (tatd)
- 热黏性声学,边界模式 (tabm)
- 声-热黏性声学相互作用,频域
- 热黏性声-固相互作用,频域
- 热黏性声-壳相互作用,频域

图4.6 "热黏性声学"模块

"超声波"模块(图4.7)的接口用于计算声波在较长距离(相对于波长)的瞬态传播。频率超出人类听觉范围的声扰动归类为超声波,这意味着超声波的波长较短。不过,"超声波"模块下的接口并不限于高频传播,通常还可应用于其他大型的声学问题。

超声波
- 对流波动方程,时域显式 (cwe)

图4.7 "超声波"模块

## 4.2 海洋声场计算常用物理场

COMSOL Multiphysics中的声学模块功能非常强大,但在海洋声场建模仿真中主要采用的是"压力声学""声-结构相互作用"和"射线声学"。"压力声学"物理场接口用来计算海水中的声场,"声-结构相互作用"模块适用于海底为固态海底时计算海水和海底相互作用的声场模型,"射线声学"物理场接口适用于高频声传播模型的声线轨迹描述。

(1)声学→压力声学

"压力声学"这一物理场接口用于经典压力声学问题建模,求解压力下的声学变化;在频域中求解Helmholtz方程,在时域中求解标量波动方程。"压力声学"物理场接口以声速、密度来表示非固体材料属性,同时"声学"模块中所拥有的声源设置,使"压力声学"物理场接口可以用来仿真声源在海水中的传播规律。

(2)结构力学→固体力学

“固体力学”物理场接口是以杨氏模量等物理量来表示材料属性的,同时其中也存在剪切波速度、压力波速度、密度的材料属性表示,可以用于在声学参数中进行固态海底的仿真。

(3)几何声学→射线声学

“射线声学”物理场接口用于计算声学射线的轨迹、相位和强度。“射线声学”物理场接口在高频限制条件下有效,此时声波波长小于典型的几何特征。此接口可用于对室内、音乐厅和许多户外或水下环境的声学进行建模。

表 4.1 列举了本书在海洋声场仿真时常用的物理场接口。

**表 4.1 本书在海洋声场仿真时常用的物理场接口**

| 物理场接口 | 标记 | 空间维度 | 可用的预设研究类型 |
|---|---|---|---|
| 压力声学 | | | |
| 压力声学,频域 | acpr | 所有维度 | 特征频率;<br>频域;<br>频域,模态;<br>边界模式分析 |
| 压力声学,瞬态 | actd | 所有维度 | 特征频率;<br>频域;<br>频域,模态;<br>边界模式分析 |
| 声-结构相互作用 | | | |
| 声-固相互作用,频域 | — | 三维;<br>二维;<br>二维轴对称 | 特征频率;<br>频域;<br>频域,模态 |
| 声-固相互作用,瞬态 | — | 三维;<br>二维;<br>二维轴对称 | 特征频率;<br>频域;<br>瞬态 |
| 几何声学 | | | |
| 射线声学 | rac | 三维;<br>二维;<br>二维轴对称 | 射线追踪;<br>瞬态 |

## 4.3 几 何 特 征

COMSOL Multiphysics 提供了一系列的创建基本几何特性和基本几何操作的方法,表 4.2 所示为该软件提供的三种维度下的基本几何。

**表 4.2　三种维度下的基本几何**

| 维度 | 基本几何 |
| --- | --- |
| 三维 | 圆柱体、圆锥体、球体、长方体、贝塞尔曲线、偏心圆锥、六面体、参数化曲线、参数化曲面、四面体、圆环、多边形、插值曲线、椭球、点、线段、螺线、金字塔 |
| 二维 | 圆、椭圆、正方形、点、矩形、贝塞尔曲线、圆弧、多边形、插值曲线、线段 |
| 一维 | 线段间隔、点 |

## 4.3.1　基本几何

(1)圆柱体(图 4.8):右键单击“几何”在“3D 几何”节点下选择并添加“圆柱体”,即可进入圆柱体设定窗口。这里需要指定对象类型(实体或曲面)、大小与形状(半径、高度)、位置(确定底部圆心坐标)、轴(确定轴的方向,可以通过直角坐标或球坐标定义)、旋转角和层(创建“三明治”结构,指定每一层的厚度)等具体几何建模参数。

(2)圆锥体(图 4.9):右键单击“几何”在“3D 几何”节点下选择并添加“圆锥体”,即可进入圆锥体设定窗口。这里需要指定对象类型(实体或表面)、大小与形状(底半径、高度、顶半径)、位置(确定底部圆心坐标)、轴(确定轴的方向,可以通过直角坐标或球坐标定义)、旋转角和层(创建“三明治”结构,指定每一层的厚度)等具体几何建模参数。

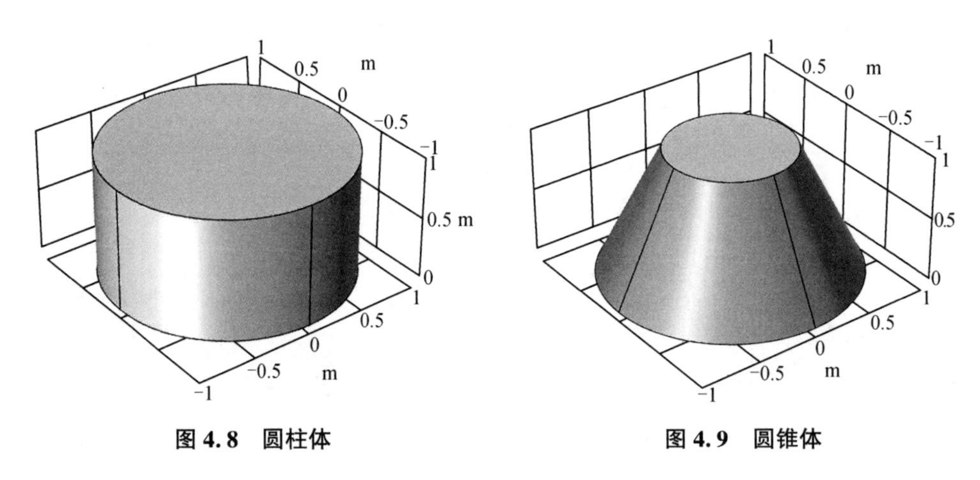

图 4.8　圆柱体　　　　图 4.9　圆锥体

(3)球体(图 4.10):右键单击“几何”在“3D 几何”节点下选择并添加“球体”,即可进入球体设定窗口。这里需要指定对象类型(实体或表面)、大小(半径)、位置(确定底部圆心坐标)、轴(确定轴的方向,可以通过直角坐标或球坐标定义)、旋转角和层(创建“三明治”结构,指定每一层的厚度)等具体几何建模参数。

(4)长方体(图 4.11):右键单击“几何”在“3D 几何”节点下选择并添加“长方体”,即可进入长方体设定窗口。这里需要指定对象类型(实体或表面)、大小与形状(宽度、深度、高度)、位置(确定左下角或中心点位置)、轴(确定轴的方向)、旋转角和层(创建“三明治”结构,指定每一层的厚度)等具体几何建模参数。

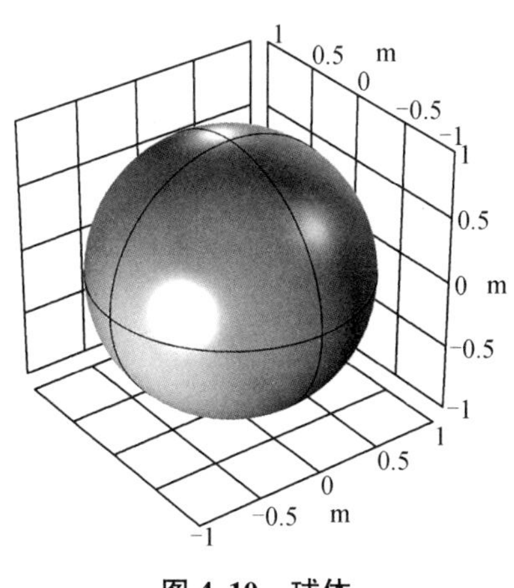


图 4.10 球体

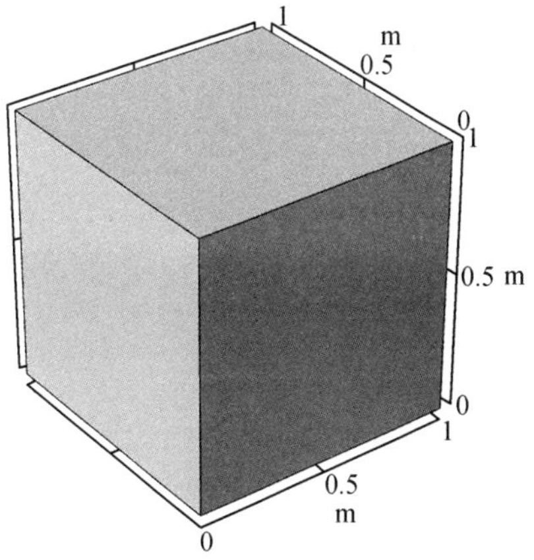

图 4.11 长方体

(5)偏心圆锥(图 4.12):右键单击“几何”,在“3D 几何”节点下选择并添加“更多体素”→“偏心圆锥”,即可进入偏心圆锥设定窗口。这里需要指定对象类型(实体或表面)、尺寸与形状(由 $a$ 半轴与 $b$ 半轴确定圆锥底部椭圆形状,由高度、比率确定上下椭圆周长比率关系,由顶部位移确定顶部椭圆中心相对于底部椭圆中心的位置)、位置(确定底部椭圆中心位置)、轴(确定轴的方向)和旋转角等具体几何建模参数。

(6)六面体(图 4.13):右键单击“几何”,在“3D 几何”节点下选择并添加“更多体素”→“六面体”,即可进入六面体设定窗口,通过定义 8 个顶点的坐标,生成所需六面体。这里需要指定对象类型(实体或曲面)和端点。确定六面体,8 个端点需要分组设置,端点 1~4 按顺时针方向确定底部端点坐标,端点 5~8 按顺时针方向确定顶部端点坐标。

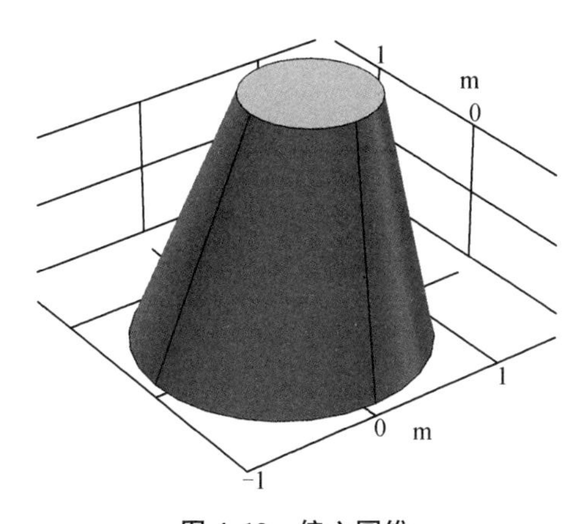


图 4.12 偏心圆锥

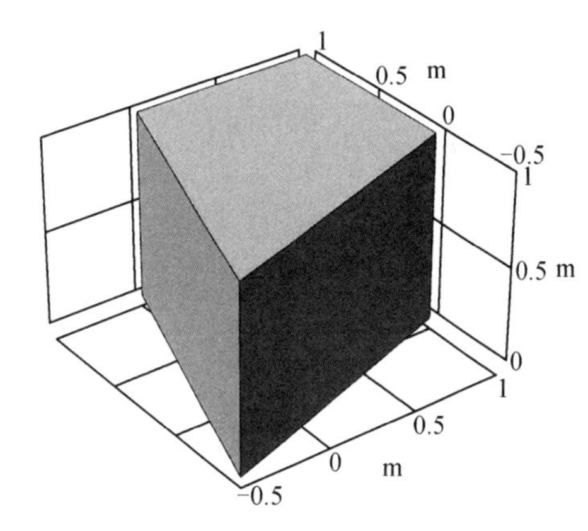


图 4.13 六面体

(7)四面体(图 4.14):右键单击“几何”,在“3D 几何”节点下选择并添加“更多体素”→“四面体”,即可进入四面体设定窗口,通过定义 4 个顶点的坐标,生成所需四面体。这里需要指定对象类型(实体或曲面)和端点。确定四面体有 4 个端点需要分组设置,端点 1~3 按顺时针方向确定底部端点坐标,端点 4 为顶点坐标。

(8)圆环(图 4.15):右键单击“几何”,在“3D 几何”节点下选择并添加“更多体素”→“圆环”,即可进入圆环设定窗口。这里需要指定对象类型(实体或曲面)、尺寸与形状(主半径确定圆环轴线半径,小半径确定圆环截面半径,旋转确定圆环旋转角度)、位置(确定圆环中心位置)、轴(确定轴的方向)和旋转角等具体几何建模参数。

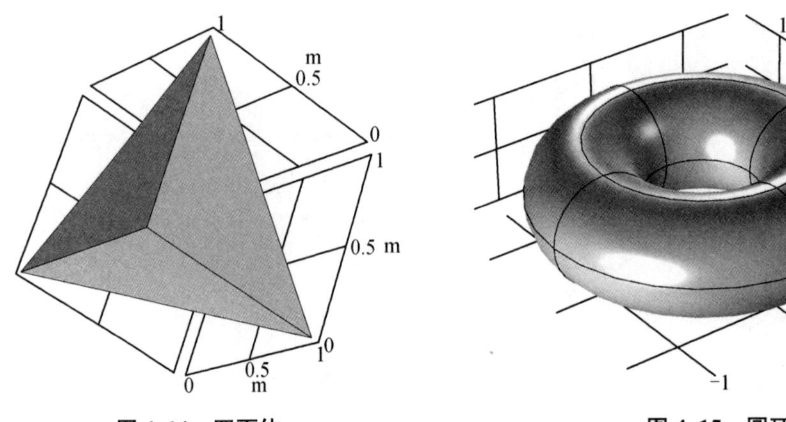


图 4.14　四面体　　　　图 4.15　圆环

(9)椭球(图 4.16):右键单击“几何”,在“3D 几何”节点下选择并添加“椭球”,即可进入椭球设定窗口。这里需要指定对象类型(实体或表面)、大小与形状($a$、$b$、$c$ 半轴)、位置(确定球心坐标)、轴(确定轴的方向,可以通过直角坐标或球坐标定义)、旋转角和层(创建“三明治”结构,指定每一层的厚度)等具体几何建模参数。

(10)金字塔(图 4.17):右键单击“几何”,在“3D 几何”节点下选择并添加“金字塔”,即可进入金字塔设定定窗口。这里需要指定对象类型(实体或表面)、大小与形状(基长度、高度、比率、顶部位移)、位置(确定底部中心坐标)、轴(确定轴的方向,可以通过直角坐标或球坐标定义)、旋转角和层(创建“三明治”结构,指定每一层的厚度)等具体几何建模参数。

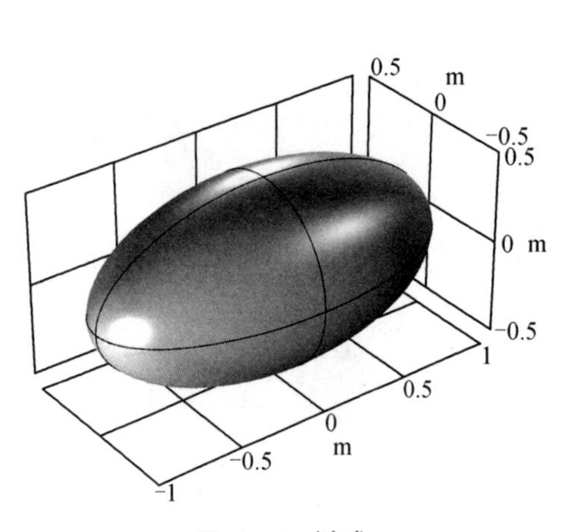


图 4.16　椭球

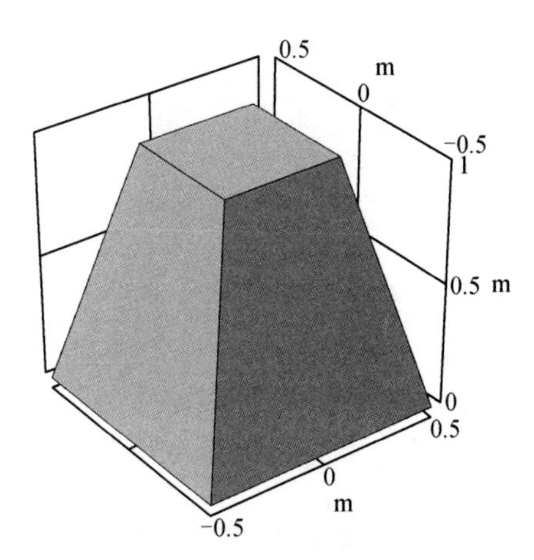


图 4.17　金字塔

### 4.3.2 几何操作特征

1. 布尔操作和分割

“布尔操作和分割”包括并集( )、交集( )、差集( )、组合( )、分割对象( )、分割域( )、分割面( )、分割边( )。下面对前六项进行介绍。

(1)并集:创建几何对象并集运算,右键单击“几何”,在“几何”节点下选择并添加“布尔操作和分割”→“并集”,可以将多个几何对象组合成一个几何对象。如需要保留几何内部边界,则勾选“保留内部边界”前的方框。

(2)交集:创建几何对象交集运算,右键单击“几何”,在“几何”节点下选择并添加“布尔操作和分割”→“交集”,可以得到多个几何对象重复的部分。如需要保留几何内部边界,则勾选“保留内部边界”前的方框。

(3)差集:创建几何对象差集运算,右键单击“几何”,在“几何”节点下选择并添加“布尔操作和分割”→“差集”,可以得到从一个几何对象中减去其他几何对象所剩余的部分。如需要保留几何内部边界,则勾选“保留内部边界”前的方框。

(4)组合:创建几何对象组合运算,右键单击“几何”,在“几何”节点下选择并添加“布尔操作和分割”→“组合”,通过输入公式实现几何对象的布尔运算。事实上,并集、交集、差集都可以表示成布尔运算表达式,+、-、* 分别表示并集、交集、差集;在设置公式编辑框输入公式,可以一次性实现上述三种操作的组合操作。如需要保留几何内部边界,则勾选“保留内部边界”前的方框。

(5)分割对象:创建几何对象分割运算,右键单击“几何”,在“几何”节点下选择并添加“布尔操作和分割”→“分割对象”,可以利用工具对象来分割。如需要保留要分割的对象、工具对象,则勾选相应方框。

(6)分割域:创建几何分割域运算,右键单击“几何”,在“几何”节点下选择并添加“布尔操作和分割”→“分割域”,可以用顶点间的线段,穿过顶点的线、边,延伸边、对象等来分割要分割的域。

2. 变换

“变换”包括复制( )、旋转( )、移动( )、缩放( )、镜像( )、阵列( )。

(1)复制(图 4.18):创建几何对象复制运算,右键单击“几何”,在“几何”节点下选择并添加“变换”→“复制”,并在复制设定窗口指定输入对象。如需要保留原始几何模型,则勾选“保留输入对象”前的方框,然后在位移编辑框中输入预复制对象的移动距离。

(2)旋转(图 4.19):创建几何对象旋转运算,右键单击“几何”,在“几何”节点下选择并添加“变换”→“旋转”,并在旋转设定窗口指定输入对象。如需要保留原始几何模型,则勾选“保留输入对象”前的方框,然后在旋转角编辑框中输入旋转角度,以及旋转轴上点与旋转轴控制几何对象的转轴相对位置与方向。

(3)移动(图 4.20):创建几何对象移动运算,右键单击“几何”,在“几何”节点下选择并添加“变换”→“移动”,并在移动设定窗口指定输入对象。如需要保留原始几何模型,则勾选“保留输入对象”前的方框,然后,在位移编辑框中输入移动距离。

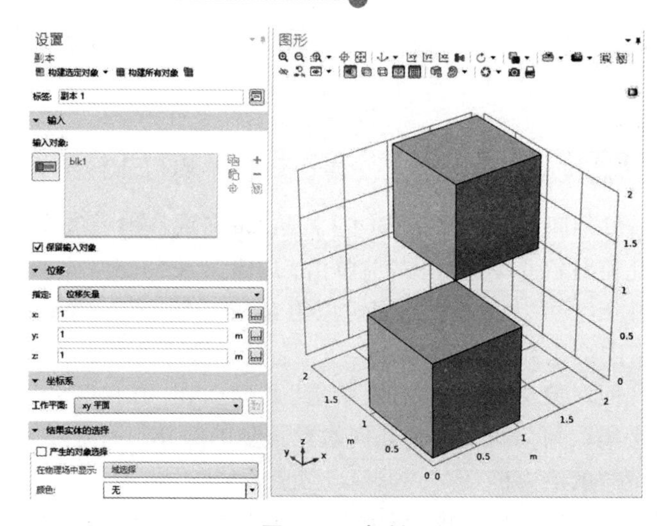


图 4.18　复制

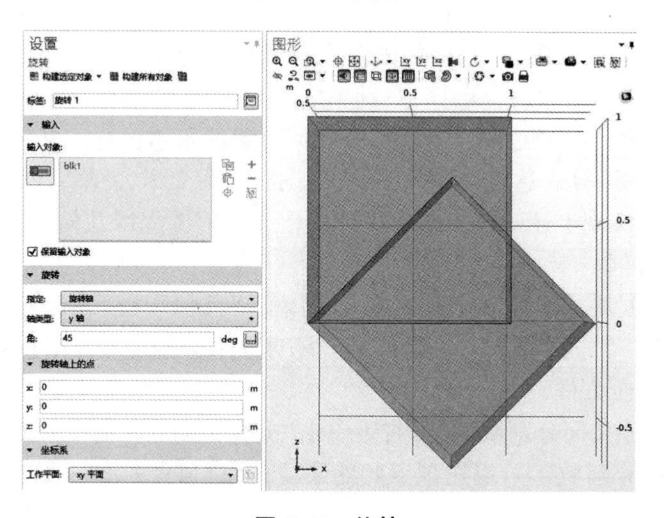


图 4.19　旋转

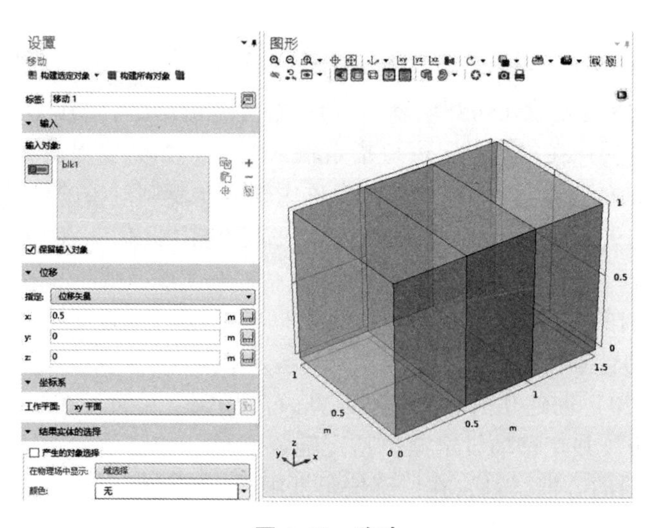


图 4.20　移动

(4)缩放(图 4.21):创建几何对象缩放运算,右键单击“几何”,在“几何”节点下选择并添加“变换”→“缩放”,并在缩放设定窗口指定输入对象。如需要保留原始几何模型,则勾选“保留输入对象”前的方框。最后,在“缩放中心”中输入移动距离。

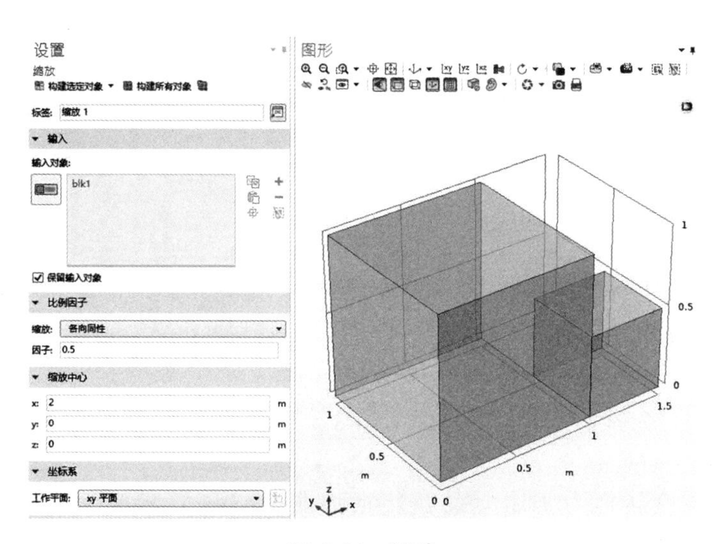


图 4.21 缩放

(5)镜像(图 4.22):创建几何对象镜像运算,右键单击“几何”,在“几何”节点下选择并添加“变换”→“镜像”,并在镜像设定窗口指定输入对象。如需要保留原始几何模型,则勾选“保留输入对象”前的方框。最后通过“反射面上的点”与“反射面法矢”确定镜像运算的对称面。

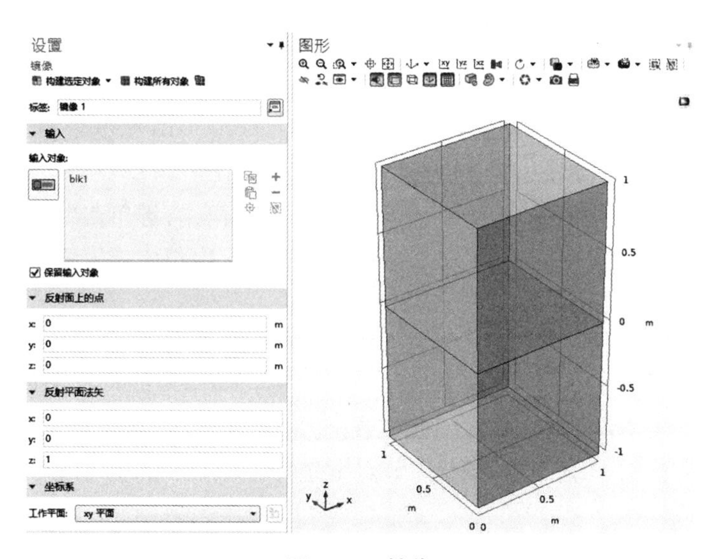


图 4.22 镜像

(6)阵列(图 4.23):创建几何对象阵列运算,右键单击“几何”,在“几何”节点下选择并添加“变换”→“阵列”,并在阵列设定窗口指定输入对象。然后,在“大小”编辑框设定标签的“阵列类型”中选择“三维”或者“线性单元”,用于确定在 x、y、z 方向的复制个数。最后,在位移编辑框复制对象和原始对象的距离。

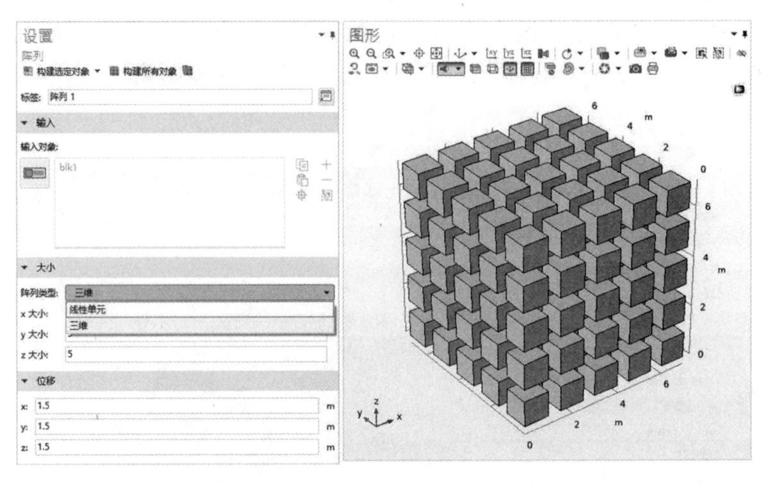


**图 4.23　阵列**

3. 转换

“转换”操作包括转换为实体（ ）、转换为曲面（ ）、转换为曲线（ ）、转换为点（ ）、转换为 COMSOL Multiphysics 对象（ ）、拆分（ ）。下面对其中几项进行介绍。

(1)转换为实体:联合并转换多个几何对象至单个实体几何,右键单击“几何”,在“几何”节点下选择并添加“转换”→“转换为实体”,并在转换为实体设定窗口中指定输入对象。如需要保留输入对象,则勾选“保留输入对象”前的方框。

(2)转换为曲面:联合并转换多个几何对象至单个曲面几何,右键单击“几何”,在“几何”节点下选择并添加“转换”→“转换为曲面”,并在转换为曲面设定窗口中指定输入对象。如需要保留输入对象,则勾选“保留输入对象”前的方框。

(3)转换为曲线:联合并转换多个几何对象至单个曲线几何,右键单击“几何”,在“几何”节点下选择并添加“转换”→“转换为曲线”,并在转换为曲线设定窗口中指定输入对象。如需要保留输入对象,则勾选“保留输入对象”前的方框。

(4)转换为点:联合并转换多个几何对象至单个点几何,右键单击“几何”,在“几何”节点下选择并添加“转换”→“转换为点”,并在转换为点设定窗口中指定输入对象。如需要保留输入对象,则勾选“保留输入对象”前的方框。

(5)拆分:可以把一个包含几个子域的实体分离,也可以分离由几个面、曲线和点构成的面、曲线和点。在组合几何体中,这个操作并不影响几何结构的形状和属性等,其仅是将一个大组合对象分离定义成多个对象。而在装配几何体中,其内部的边界就会转变为成对的外部边界。右键单击“几何”,在“几何”节点下选择并添加“拆分”,即可进入拆分设定窗口进行相应设置。

4. 工作平面

工作平面是一个放在 3D 空间中的 2D 平面,利用工作平面可方便地通过拉伸（ ）、回转（ ）、扫掠（ ）来构建 3D 几何对象。

(1)拉伸:2D 工作面的几何对象可以通过“拉伸”得到 3D 的实体,点通过拉伸可以变成线,线通过拉伸可以变成面。用户在工作面上右键单击,选择并添加“拉伸”之后,需要首先选中被拉伸的对象,并指定拉伸的距离、在 x 和 y 轴方向的缩放比例、在 x 和 y 方向的偏移量,以及扭转角度[以 deg(度)为单位]等,最后选择“创建选定”功能即可;还可以通过设定偏移和比例关系得到复杂的拉伸实体。

(2)回转:2D 工作面绕着某个对称轴可以旋转成 3D 实体,也可以旋转点、线。用户在工作面上右键单击,选择并添加“回转”之后,需首先选中被选择对象,并指定角度(起始角和结束角),以及旋转轴上的点与方向。

(3)扫掠:2D 工作面的几何对象可以通过“扫掠”得到 3D 实体。用户在“几何”节点下右键单击,选择并添加“扫掠”之后,需要指定扫掠面与样条曲线,然后再定义横截面动作。若“扫掠”结合参数化曲线,则可得到类似螺线管之类的几何结构。

5. 其余操作

(1)倒角/圆角( / ):在两个边的交点上可产生圆角/倒角。用户需要指定圆角/倒角的点、圆角半径或者倒角长度等。

(2)删除实体( ):从几何模型中删除几何对象或者实体,用户在“几何”节点下右键单击,选择并添加“删除实体”,即可进入删除实体设定窗口;在几何实体层数中可选择对象、域、边界或点进行删除。

(3)测量( ):选定一个几何对象,几何测量设定中会显示该几何对象的几何属性,如面积、边长、点坐标等。用户可通过选择不同标签(对象、域、边界、边、点等)来选择不同的对象,得到其对应的几何属性。

# 第5章　网格剖分指南

本章详细介绍了在 COMSOL Multiphysics 5.4 版本中各种网格剖分技巧和使用办法。COMSOL Multiphysics 可以创建自由网格、映射网格、扫掠网格、边界层网格等。用户利用这些网格剖分工具和方法,可以生成三角形和四边形(2D)、四面体、六面体、棱柱、棱锥等网格单元,并且可以很方便地将四边形转换成三角形(2D),将六面体、棱柱、棱锥转换成四面体(3D)。该软件同时还提供自适应网格、网格可视化、装配体网格剖分等功能。

剖分网格对于声场建模仿真非常重要,特别是对于计算量较大、形状不规则的模型,突出的剖分能力可以达到事半功倍的效果。虽然剖分网格有最基本的规则,但是对于某些特定的区域采用特定的剖分网格方式,在保证计算精度的前提下能够最大限度地减少计算量。

本书主要针对 COMSOL Multiphysics 在水声领域的应用进行阐述。首先要明确的是,“压力声学”采用有限元法来计算声场,而“射线声学”则是采用射线追踪的方式(并不是有限元法)来计算。因此在“射线声学”模型里对网格的大小要求并不高,甚至可以不剖分。所以本章主要针对水声领域中模型的网格剖分,对剖分网格的原理、目的逐一进行阐述。剖分网格的具体步骤将在下篇的案例中详细介绍。

## 5.1　网格剖分原理

直接对整个模型进行声场计算,很显然是极其复杂的,而有限元法为我们提供了一种切实可行的路径,COMSOL Multiphysics 中网格剖分的基本原理就是有限元法。1960 年,Clough 在平面弹性论文中首次使用“有限元法”这个名称。1965 年,冯康发表了论文《基于变分原理的差分格式》,这篇论文是国际学术界承认我国独立发展有限元法的主要依据。1970 年,随着计算机和软件的发展,有限元法随之发展起来。有限元法的基本原理就是首先将物理区域离散为许多小的单元,这些小单元通过节点相互连接,然后计算每个小单元的近似解,最后通过单元节点将解连接起来求整个模型区域的解。

声场计算有很多方法,例如,快速场方法、抛物方程方法、简正波方法和射线方法等。其中快速场方法仅适用于水平分层以及近场求解,抛物方程法不能计算水平变化较为剧烈的声场,简正波方法在处理水平非均匀问题上受到限制,射线方法一般适用于高频求解问题。上述的计算方法基本上都是通过各种假定和近似从而牺牲其通用性实现的。

有限元法可以把环境划分为一些离散的单元,各单元以节点相连,单元的声场代表离散化的自由度,从而把复杂的问题转化为大型方程组的求解问题。因此有限元法处理复杂海洋环境时能够计算出非常精确的数值解。当前声场计算中的弹性海底、不规则海底等问题都可以在有限元法中解决。离散化使利用有限元法计算时占用巨大内存,所以早期有限元法并没有很好地应用于海洋声场仿真中。近些年随着计算机的计算能力飞速提升,利用有限元法计算大型模型的条件逐渐成熟。

## 5.2 网格剖分目的

有限元网格剖分有两个目的：表征几何和表征求解域。使用更多的单元通常意味着：更精确地近似和求解；更长的求解时间和更多的内存需求。当在频域下分析声学问题时，网格的大小非常重要，如果想得到精确的结果，网格就必须能够解析几何特征和波长。基本原则是最大网格尺寸小于或等于 $\lambda/N$，其中 $\lambda$ 为波长，$N$ 可取 5～10。一般来讲，在物理场变化越快的区域就越需要设置更密的网格，从而才能得出更加近似的解。

## 5.3 网格干节点

如图 5.1 和图 5.2 所示，在二维模型中右键单击“网格”可以添加“自由三角形网格”（图 5.3）和“自由四边形网格”（图 5.4）。二者并没有本质的区别，只是三角形会比四边形小一点，因此剖分的程度更密集一点。某些不规则模型是无法剖分成四边形网格的，只能剖分成三角形网格。

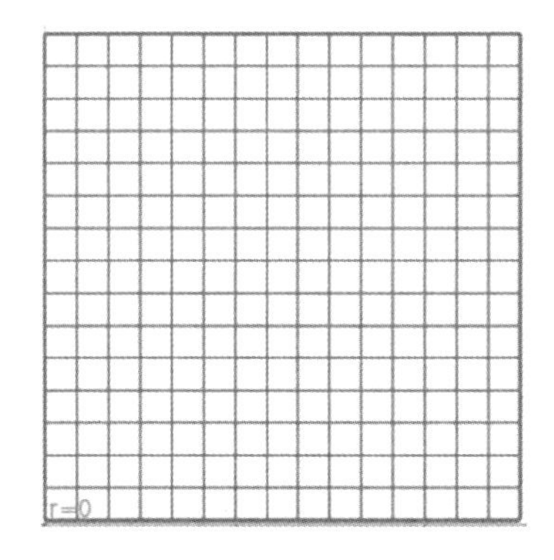

图 5.1　二维模型中的网格

图 5.2　二维模型中右键单击“网格”

（1）映射：完美匹配层并不是我们的研究域，因此无须对完美匹配层进行网格剖分，只需要利用映射对网格进行投射。这样做既可以达到吸收声波的效果，又可以减少计算量。

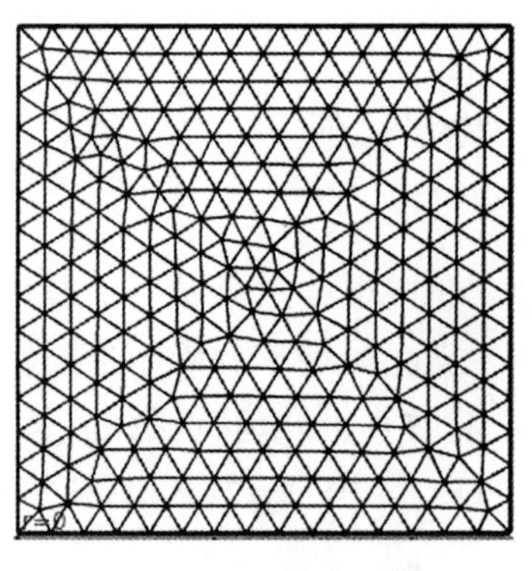

图 5.3　自由三角形网格

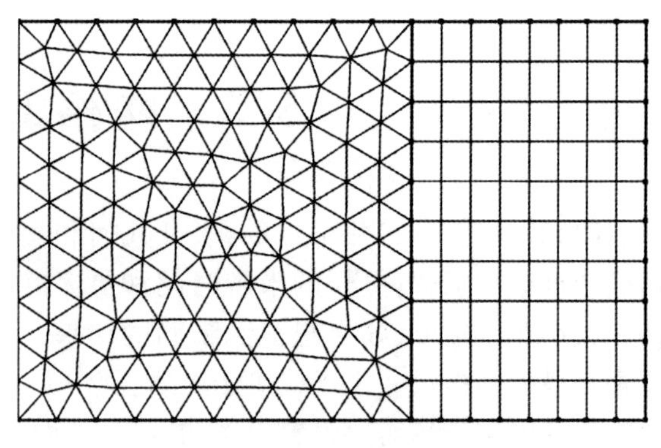

图 5.4　自由四边形网格

(2)大小(图 5.5):“大小”可以在“自由三角形网格”中右键单击添加,而不需要在“网格”处添加。这样做的目的是,让每一个“自由三角形网格”都由“大小”来限制。“单元大小”的设置区域如图 5.6 所示,“预定义”剖分网格是简单地对网格进行剖分。一般通过设置单元大小参数进行剖分网格。图 5.6 所示是设置网格单元大小的界面,一般只需要将“最大单元大小”设置为 $\lambda/N$,“最小单元大小”设置为小于“最大单元大小”就可以。

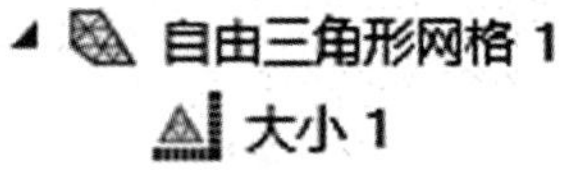

自由三角形网格 1

大小 1

图 5.5　“大小”

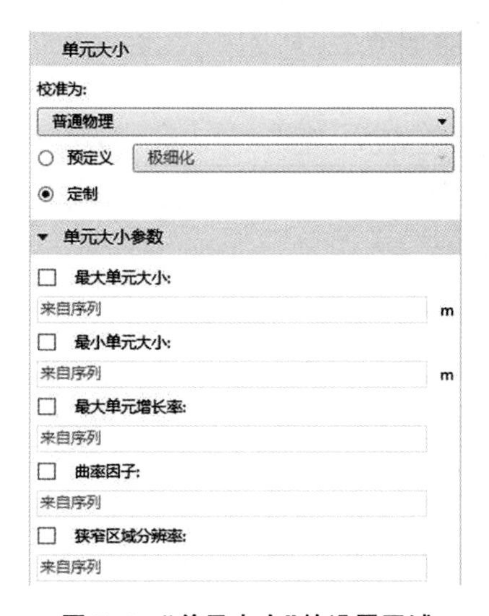


图 5.6　“单元大小”的设置区域

“最大单元增长率”代表从小网格过渡到大网格的增长速率。当模型不是很规则时,剖分出来的网格大小会不一致,“最大单元增长率”越大,过渡的速率越快,则大网格就会越多;反之,过渡的速率越慢,小网格就会越多。所以,增长速率过快可能会导致局部区域结果解析不清楚;增长速率过慢可能会导致小网格过于密集,计算量变大。

“曲率因子”代表有弧度区域的网格稀疏程度。例如,圆或者球的周边,曲率因子越小时,有弧度的地方网格就会越密集;曲率因子越大时,有弧度的地方网格就会越稀疏。

“狭窄区域分辨率”指的是相对于整个模型尺寸较小的特定区域,例如,通道或者管道等。狭窄区域分辨率越大,模型的狭窄区域网格剖分程度越密集;狭窄区域分辨率越小,模型的狭窄区域网格剖分程度越稀疏。

总体而言,在水声场建模中处理的模型都相对较大,过于狭窄或者弯曲的情况较少,所以我们设置“最大单元大小”和“最小单元大小”比较频繁。

(3)分布:和“大小”类似,“分布”用来限制映射的大小。映射的“分布”一般设置为8左右即可。“分布”一定要选中非映射边,如图5.7所示,只可以选中映射的上下两条边,不能选中左右两条边。

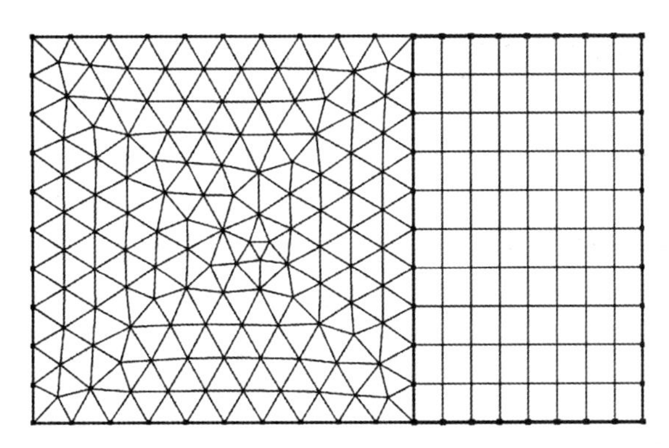

图5.7 “分布”选中非映射边

需要保存模型时我们可以点击“清除网格”,这样做的目的是减小内存占用。清除网格并不会影响结果的保存,也不会影响网格中已经设置好的参数,只是清除掉网格,再次打开模型时点击“全部构建”就可以完成先前已经设置好的网格剖分。

三维模型与二维模型不同的是,模型中只有“自由四面体网格”用来剖分,如图5.8所示。

(1)扫掠:“扫掠”和“映射”的作用类似,都用来吸收声波。“映射”只能应用于二维平面,“扫掠”是在三维模型中对完美匹配层的整个域进行剖分。如图5.9所示,左侧为“研究域”,右侧为“完美匹配层”区域,即为“扫掠”后的网格剖分情况。

全部构建 F8
自由四面体网格
扫掠
边界层
更多操作
大小
大小表达式
分布
角细化
缩放
重置物理场引导的序列
删除序列
统计信息
导入
作为代码复制到剪贴板
复制 Ctrl+Shift+D
删除 Del
重命名 F2
设置
属性
帮助 F1

图5.8 三维模型中右键单击“网格”选项

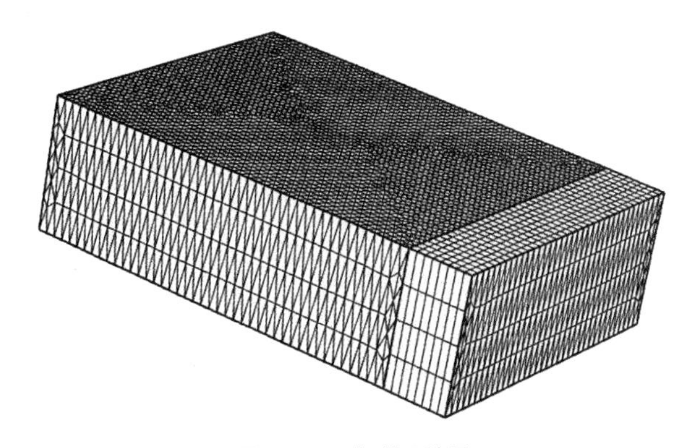

图5.9 “扫掠”效果

# 第6章　后处理指南

本章详细介绍了 COMSOL Multiphysics 5.4 版本中各种后处理操作技巧及使用方法。COMSOL Multiphysics 可以生成一维绘图组:点图、线图、全局数据图、表图等;二维绘图组:表面图、等值云图、流线、矢量图、粒子追踪图等;三维绘图组:切片图、云图、表面图、边界或求解域图、流线、矢量图、粒子追踪图等。此外,该软件还可以进行任意一点曲线结果显示、积分后处理、动画生成和通过拉伸或旋转将低维度结果显示成高维度图形等后处理操作。

COMSOL Multiphysics 有四种绘图组:一维、二维和三维绘图组以及极坐标绘图组。每种绘图组中各有一系列绘图模式,可对各种常见后处理结果图像进行处理。为了方便用户分析结果时可自由地切换到不同结果图,一个模型文件中可以同时保存多个绘图组,每个绘图组中可以同时设定多种绘图,实现不同后处理结果图像的组合显示。

## 6.1　解

在求解时,一般情况下系统会自动在"研究"的设置区域的"研究设置"中选择"生成默认绘图"和"生成收敛图",如图 6.1 所示,这样计算完成后就会在"结果"中自动显示声压、声压级等简单的绘图信息;也可以手动取消"生成默认绘图"和"生成收敛图",这样计算完成后"结果"中就不会生成绘图信息。

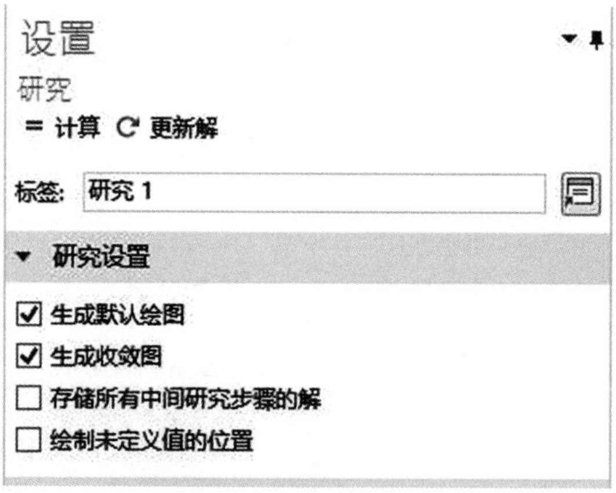

图 6.1　"研究设置"

# 6.2 点 图

## 6.2.1 定义点数据集

用户可在指定解中得到指定点的结果,并保存到"数据集"中,供后续调用。"点"在不同模型中的选择不同。右键单击"数据集",如图 6.2 所示。如果我们的研究对象为三维模型,则在三维模型中绘制点图时选择图 6.2 中的"三维截点"供调用,二维、一维模型以此类推。

点击"三维截点",可以定义截点的位置,如图 6.3 所示,定义方法有四种,"坐标"与"栅格"定义方法类似,都是定义某一个点。"来自文件"是指从外部导入". txt"文件,然后定义"三维截点"。"规则栅格"则用于在模型中定义一系列的点,如图 6.4 所示为选择"规则栅格"绘图后的结果。如果想在模型的某个不规则边上定义一个点,但又不知道准确的坐标,就可以在附近定义一个点,然后勾选"捕捉到最近边界"即可。

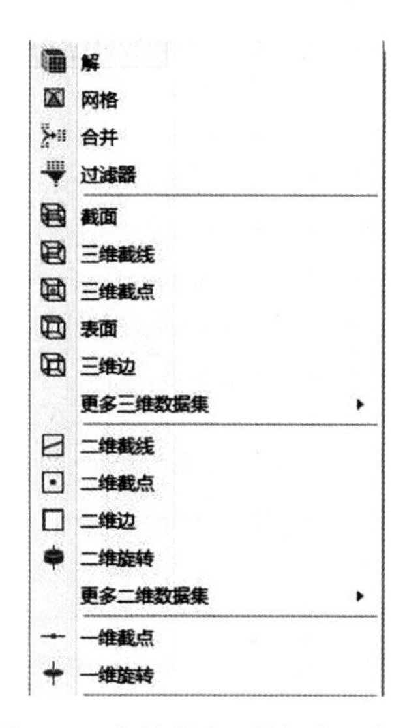


图 6.2 右键单击"数据集"选项

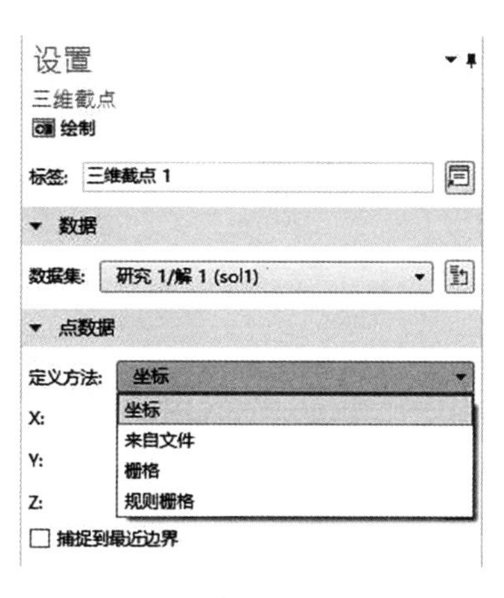


图 6.3 "三维截点"的四种定义方法

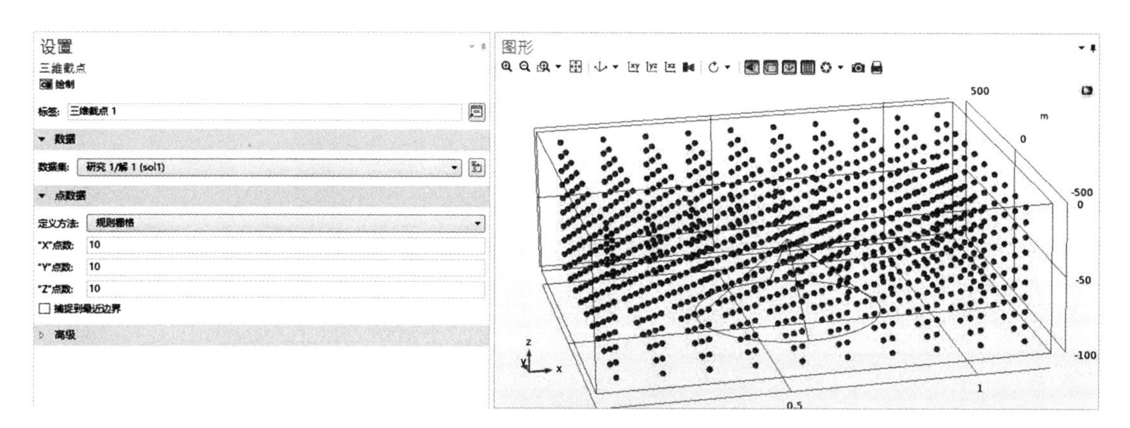


图 6.4 选择"规则栅格"绘图后的结果

### 6.2.2 添加“一维绘图组”

定义点成功后,右键单击“结果”,添加“一维绘图组”,点和线都属于一维的范围,无论操作模型是几维,线图和点图都需要用“一维绘图组”来绘制。点击“一维绘图组”,如图6.5所示。

(1)标签。“标签”的作用是定义此项绘图的名称。例如,如果此项绘图为传播损失曲线图,我们就可以将标签中的文字修改为“传播损失曲线图”。

(2)数据。“数据”中的“数据集”用来选择需要的显示结果,“研究1/解1”无须定义,模型求解后会自动出现。其他的对象都需要提前在“结果”→“数据集”中定义好。“参数选择”为“选择频率”,我们在求解频域中的模型时,有时一次会求解多个频率,所以这里可以选择频率进行绘图,如图6.6所示。

①全部:指所有的求解频率。

②第一个:指求解的第一个频率,相当于最低频率。

③最后一个:指求解的最后一个频率,相当于最高频率。

④来自列表:指从所有的求解频率中任意选择一个。

以上是在频域中的数据情况。在时域中,情况有所不同。如图6.7所示,“数据集”的选择相差不多,不同的是在时域下需要选择时间。“全部”到“手动”与频域中的选择类似,“内插”指在任意求解的时间节点范围内的时间值。

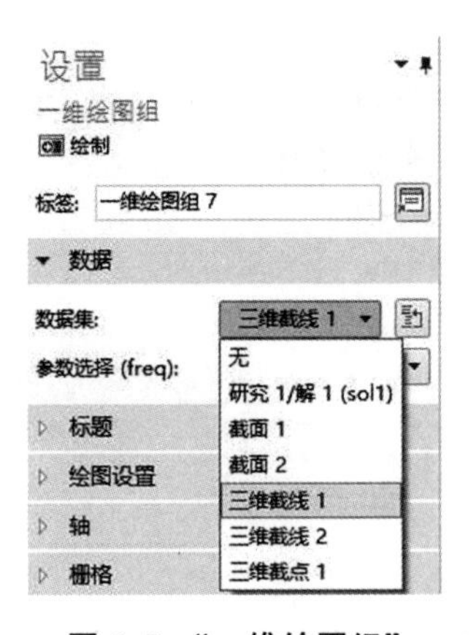


图6.5 “一维绘图组”

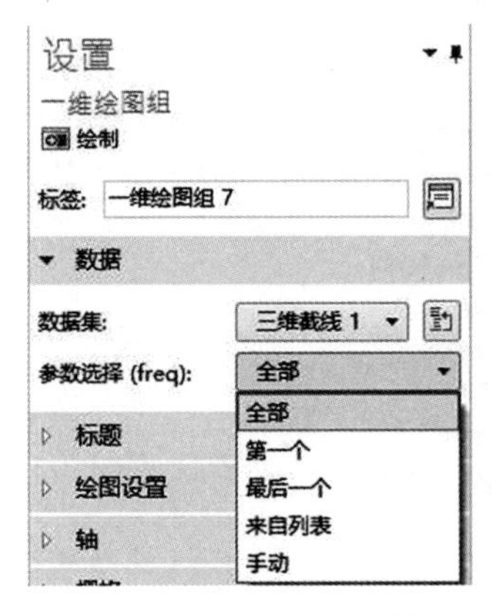


图6.6 频域中参数选择

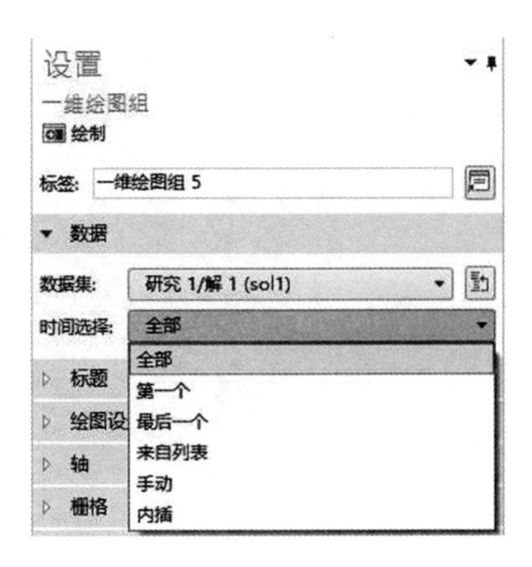


图6.7 时域中的“时间选择”

(3)标题。标题指的是设定右侧绘制图形上方的标题，分为“标题类型”“颜色”“数字格式”。

①标题类型(图6.8)：“自动”是图形绘制完成后，系统会自动给一个标题，比如绘图物理量的公式等；“定制”是选中系统已经给定的选项，例如类型、描述、表达式、单位等，用户可以选中其中某几个选项绘制标题；“手动”是用户自己为图形设置一个标题，这也是最方便、最直接的方式。

②颜色(图6.9)：用户可以选择标题的颜色为“黑色”“蓝色”“青色”“灰色”“绿色”等，也可以定制自己需要的颜色。

图6.8 “标题类型”

图6.9 “颜色”

③数字格式(图6.10)：当标题中含有阿拉伯数字时，需要在这里确定标题的格式，有“自动”“工程”“科学”“秒表”“科学秒表”等。

(4)绘图设置(图6.11)。“绘图设置”中“x轴标签”和“y轴标签”不勾选时，系统会自动编写；勾选时用户可以手动修改。一般绘制图形后，y轴只有一个在左侧，勾选标签“双y轴”后，左右两侧都会有y轴，勾选“翻转x轴和y轴”，可以将两轴的顺序翻转。

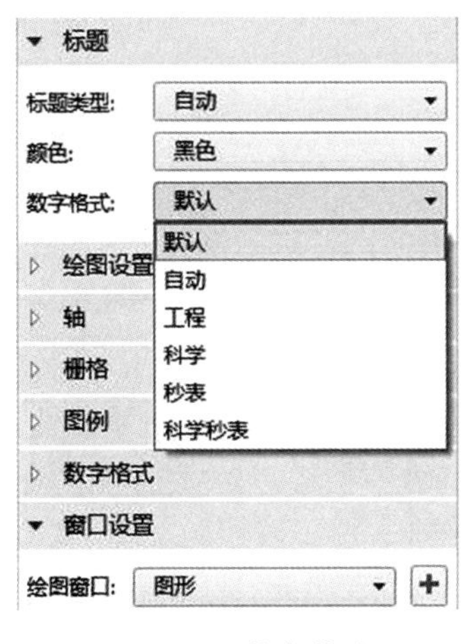


图6.10 “数字格式”

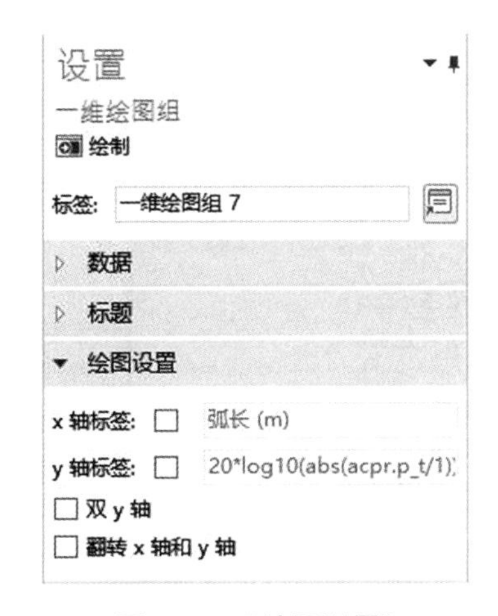


图6.11 “绘图设置”

(5)轴。如图 6.12 所示,不勾选“手动轴限制”时,系统会自动根据需要显示的结果计算出轴的大小范围。用户也可以勾选“手动轴限制”,手动输入 x 轴和 y 轴的大小范围。勾选“保留纵横比”后,两个轴的值域会限定在勾选前的比例关系。勾选“x 轴对数刻度”和“y 轴对数刻度”后,原来的十进制坐标轴会改为对数坐标轴。

(6)栅格。如图 6.13 所示,在这里可以设置图形中是否添加栅格背景,方便视觉上对比大小。不勾选“手动间距”,系统会自动计算得到一个间距;勾选“手动间距”后,可以手动输入格点间距。‘额外的“x”’和‘额外的“y”’通过设定一些特殊的网格线,在图像中标识出一些重点线或区域结果。

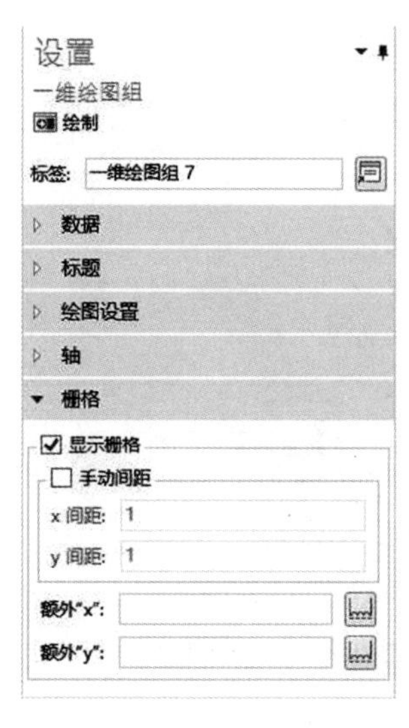

图 6.12 “轴”

图 6.13 “栅格”

(7)图例(图 6.14)。“图例”中勾选“显示图例”,绘图完成后会添加“图例”。“位置”用于选择添加“图例”的位置,除了选择已经设定好的位置,也可以选择“手动”定义特殊位置。

(8)数字格式(图 6.15)。“数字格式”主要是设置 x 轴和 y 轴刻度值的数字格式精度,有“自动”“工程”“科学”等。

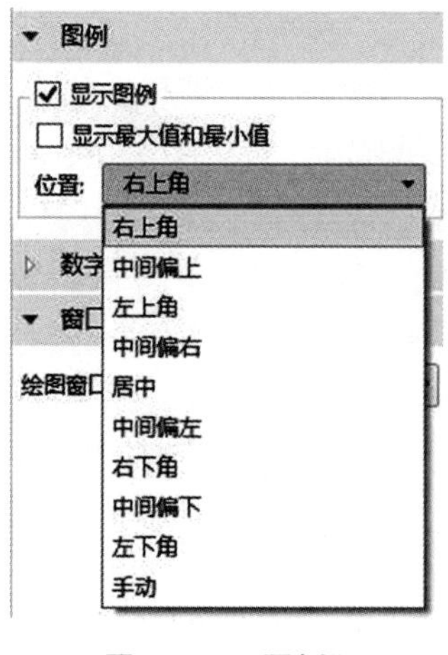


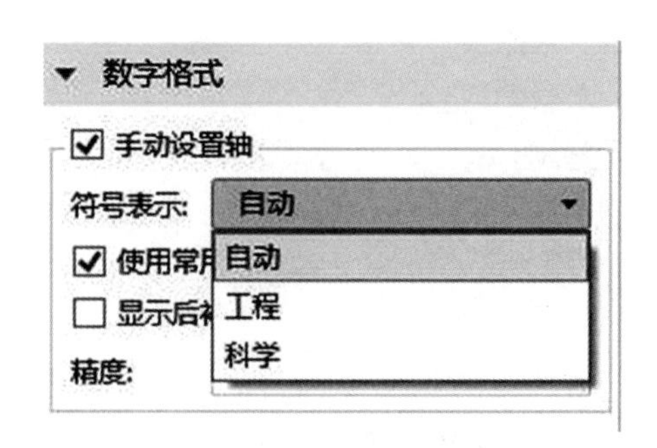


图 6.14 “图例”

图 6.15 “数字格式”

(9)窗口设置(图6.16)。“窗口设置”中的“绘图窗口”选择“新窗口”时,绘图窗口将显示在一个新的窗口中,这样可以在工作区中显示多个标签,每个标签对应一个图。用户可将不同结果并列起来进行比较。

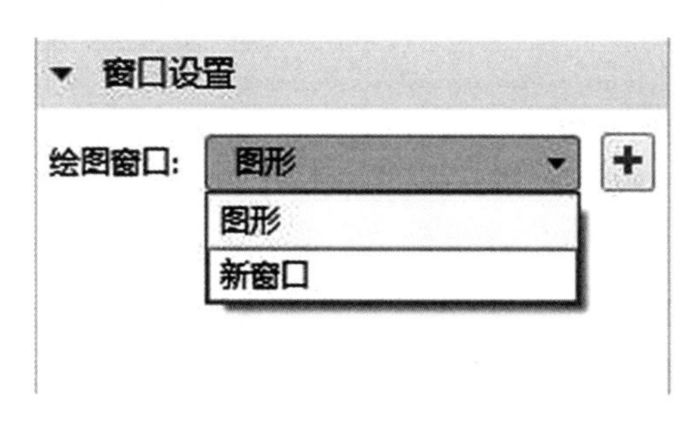


图6.16　“窗口设置”

### 6.2.3　一维绘图组→点图

右键单击“一维绘图组”,添加“点图”,点击“点图”。在“设置”区域对点图进行参数设置(图6.17)。

(1)数据。如图6.18所示,“数据集”选择“来自父项”,即当前图像“数据集”与上一层节点(“一维绘图组”)的“数据集”相同。一个一维绘图组对应一个点图时,采用“来自父项”,上下两节点“数据集”一致是比较方便的。但有时一个一维绘图组需要对应多个点图,这就需要将“一维绘图组”节点的“数据集”设置为整个研究域,即“研究1/解1”(图6.19),点图的节点就可以设置为单独的研究点,如“三维截点1”“三维截点2”等,这样方便在同一个“一维绘图组”中绘制多个点的结果图。

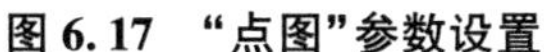

图6.17　“点图”参数设置

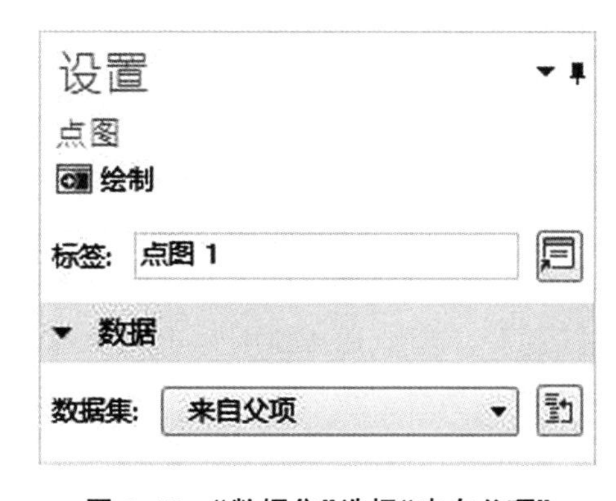


图6.18　“数据集”选择“来自父项”

(2)y轴数据(图6.20)。“y轴数据”中“表达式”即为需要绘制结果图的表达式,其既可以是内置变量表达式,也可以是用户定义变量表达式。用户可以手动输入表达式,或者点击右上角图标来分别指定。

①← →:左右切换表达式,其切换顺序是按照内置表达式的顺序。

② ▾ :“插入表达式”,如图 6.21 所示。COMSOL Multiphysics 中自带一系列内置表达式,用户可以从列表中选择,需要显示的名称会自动填入表达式编辑框中。本书中用到的物理量表达式主要在“压力声学”(海水层)中和“固体力学”(弹性海底)中。

③ ▾ :“替换表达式”,与“插入表达式”的功能类似,如图 6.22 所示。

图 6.19 “数据集”设置为“研究 1/解 1”

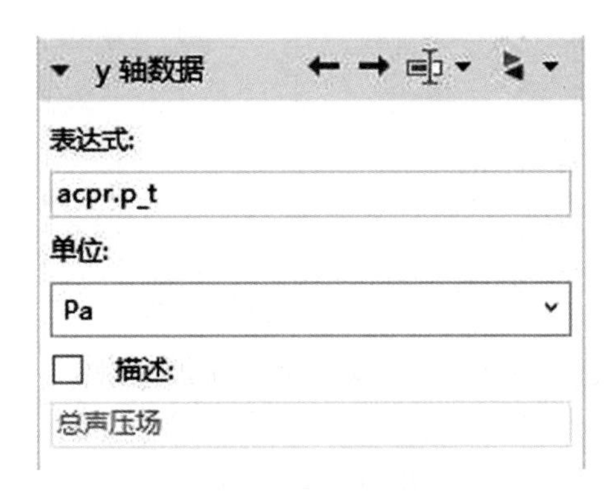


图 6.20 “y 轴数据”

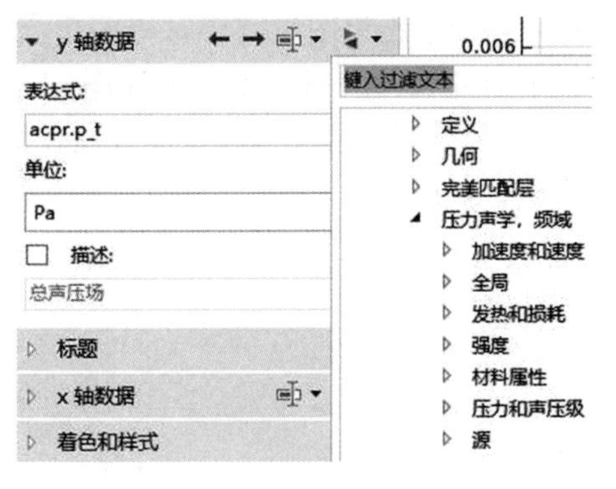


图 6.21 “插入表达式”列表

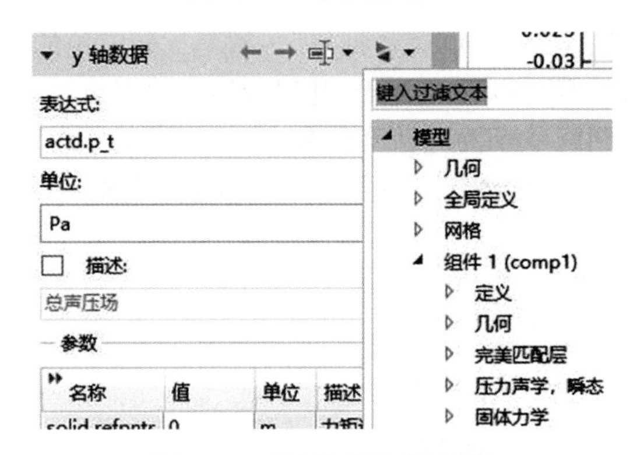


图 6.22 “替换表达式”列表

④单位:如果变量可以计算得到一个量纲,则会自动显示出当前模型缺省单位制对应的单位。如图 6.23 所示,声压的当前单位为 Pa,用户可以从下拉列表中选择其他单位。如果程序无法计算得到量纲,则“单位”处显示为空,例如传播损失。

⑤描述:不勾选时,COMSOL Multiphysics 会自动根据当前选择的内置表达式变量名称定义 y 轴数据的名称。用户也可以勾选此项,然后手动输入 y 轴名称。

(3) x 轴数据。图 6.24 所示为频域中的“x 轴数据”,图 6.25 所示为时域中的“x 轴数据”。频域中“参数值”指频率,即点的结果随频率的变化。时域中“时间”则是点的结果随时间的变化。下拉列表中还包括“频谱”“相位”“表达式”。“频谱”表示对结果进行傅里叶变化后所显示的频谱结果,用户需要指定显示的“频率数”或者“频率范围”,如图 6.26 所示。“相位”是指定点的结果随相位的变化。“表达式”则表示指定点的结果随某指定表达式(参考前述定义方法)的变化曲线。

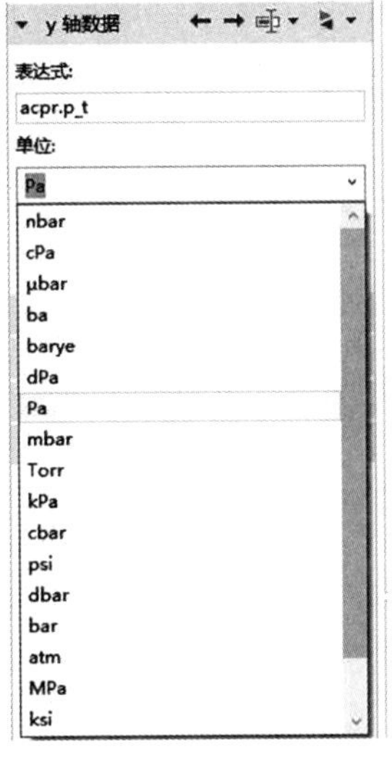


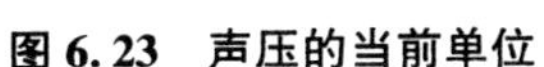
图 6.23　声压的当前单位

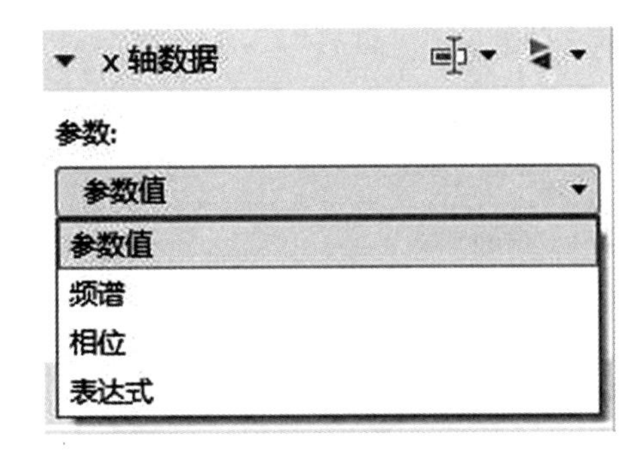


图 6.24　频域中的“x 轴数据”

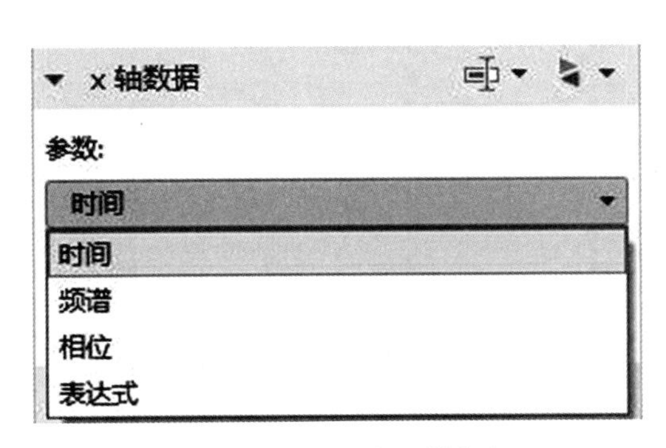


图 6.25　时域中的“x 轴数据”

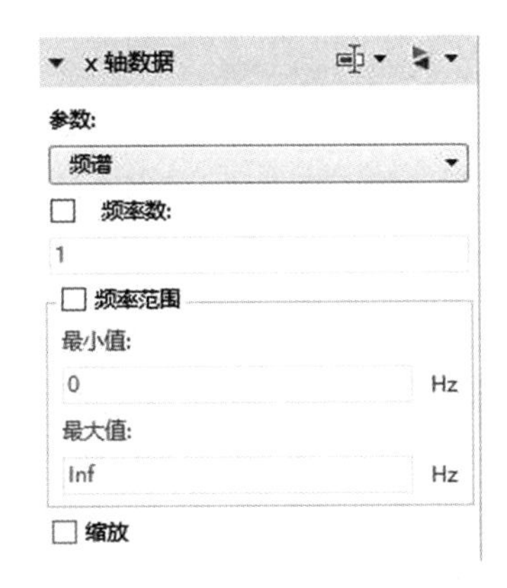


图 6.26　“频率数”和“频率范围”

(4)着色和样式(图 6.27)。这部分主要用来修改所绘图的外形。

①线(图 6.28):默认为“实线”,用户也可以从下拉列表中选择“无”“循环”“循环(重置)”“点虚线”“虚线”和“点划线”。

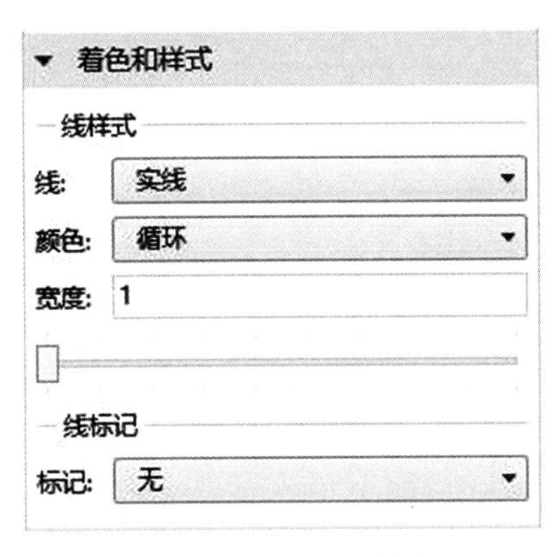


图 6.27　“着色和样式”

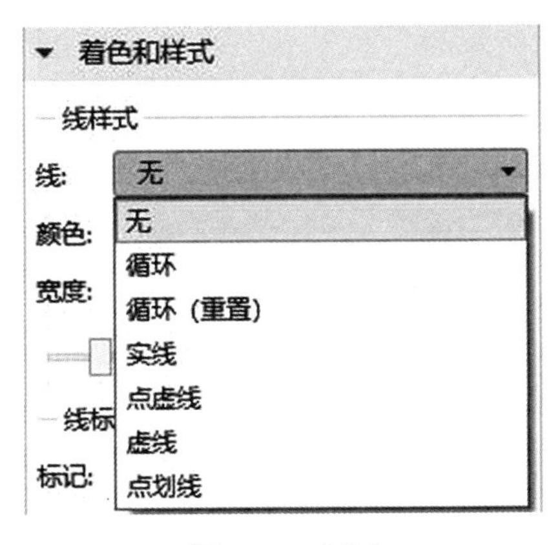


图 6.28　“线”

②颜色(图 6.29):默认为“循环”(从后面九种颜色中循环选择),用户也可以从下拉列表中选择“定制”(从一个调色盘中定义颜色)、“循环(重置)”“黑色”“蓝色”“青色”“灰色”“绿色”“洋红色”“红色”“白色”和“黄色”。

③宽度(图 6.30):默认为“1”,也可以手动填写整数,或者拉动下面滑动条来修改。

④标记(图 6.30):默认为“无”,也可以从下拉列表中选择“循环”(从后面八种标记中循环选择)“循环(重置)”“星号”(＊)、“圆”“菱形”“加号”(+)、“点”“正方形”“星号”(空心星号)、“三角形”等。

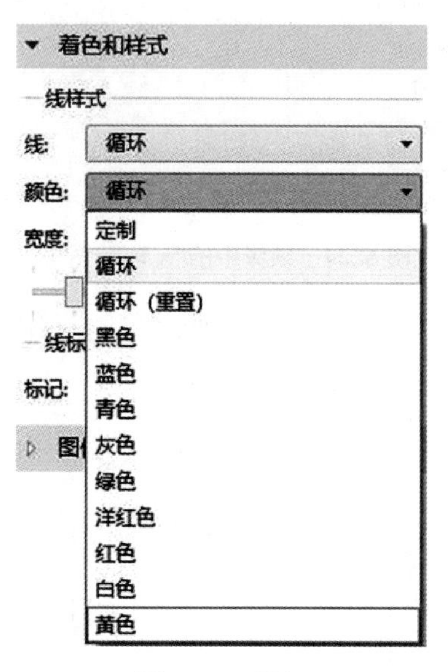


图 6.29　颜色

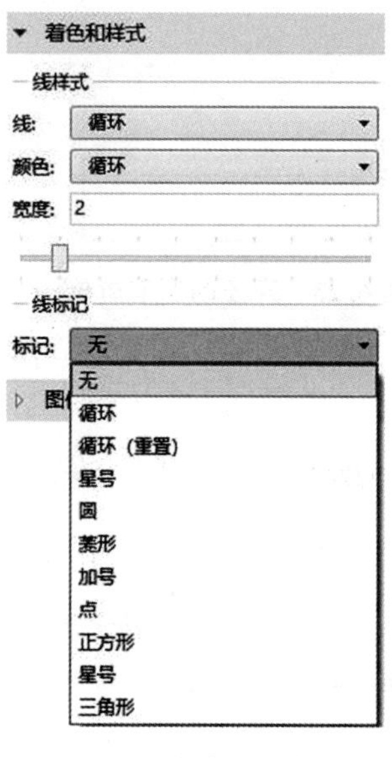


图 6.30　“宽度”和“标记”

(5)图例。如图 6.31 所示,“显示图例”默认不勾选,即绘图后没有图例。勾选该项后,绘图后图例会出现,如图 6.32 所示。“图例”可以为“自动”(图 6.31),即自由显示每条线为当前线显示变量名称。“自动”情况下,我们可以选择“点”(坐标)、“描述”“表达式”“单位”(三项均为 y 轴数据中的内容)作为图例内容。

用户也可以从下拉列表中选择“手动”(图 6.32),然后在下方出现的一个图例说明列表中手动修改图例说明。

图 6.31　“显示”未勾选图例

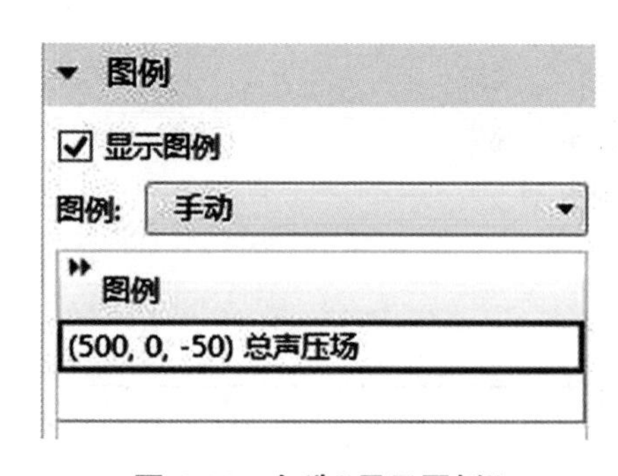


图 6.32　勾选“显示图例”

# 6.3 线 图

线图用来显示一维边界、切割线等后处理结果。

## 6.3.1 定义线数据集

线图与点图操作非常类似，这里同样是先在“数据集”中添加“三维截线”，然后设置“三维截线”，如图 6.33 所示，这里线定义方法有“两点”“点和方向”两种方式。“两点”是通过设置两点的坐标来固定一条直线。“点和方向”是通过设定一个点然后再设定一个出射方向，贯穿整个模型定义直线。两种方式操作方法不同，效果一致，如图 6.34 所示。

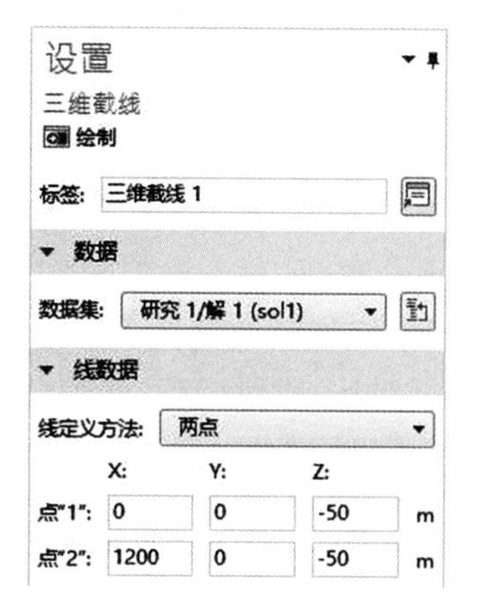


图 6.33 “三维截线”设置(1)

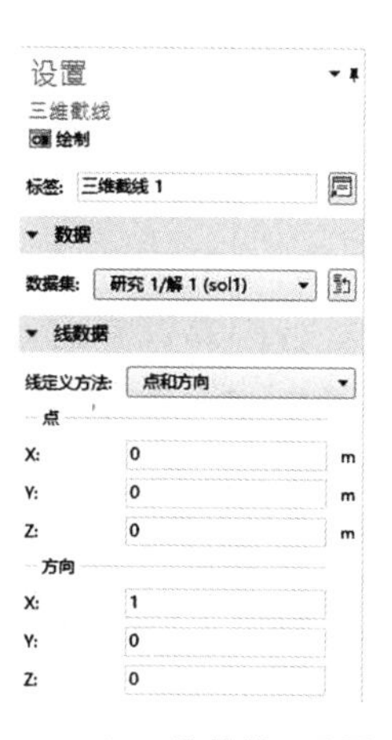


图 6.34 “三维截线”设置(2)

“辅助平行线”，可以添加多个平行线与目标曲线进行对比，勾选后，我们可以在绘制线图时将不同位置的多条直线上的物理参数变化情况放在同一张图中进行对比，如图 6.35、图 6.36 所示。

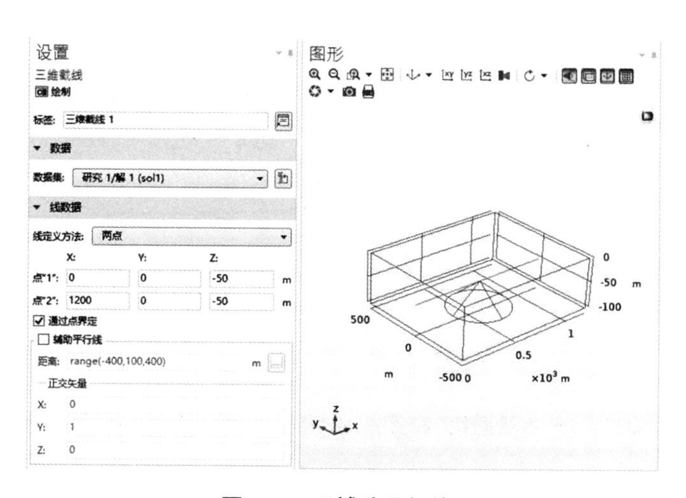


图 6.35 “辅助平行线”

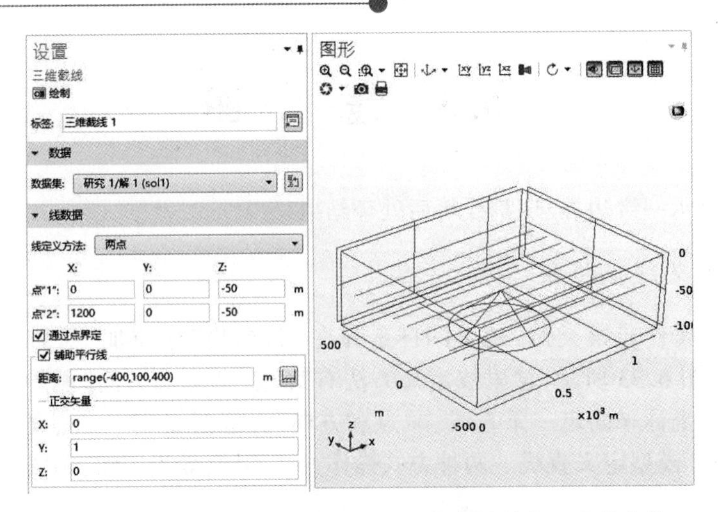


图 6.36　勾选“辅助平行线”,对比多条直线的物理参数变化

### 6.3.2　添加“一维绘图组”

定义点成功后,右键单击“结果”,添加“一维绘图组”,点和线都属于一维的范围,无论操作模型是几维,线图和点图都需要用“一维绘图组”来绘制。

点击“一维绘图组”,将“数据集”选择为之前定义的“三维截线”(图 6.37)。“数据集”可以直接选择“研究域”,这时是对多条线上的数据进行对比;也可以在“参数选择”中选择多个频率,这时是对同一条线上的多个频率进行对比。同时,在“一维绘图组”节点中其他的设置操作几乎与点图一致,这里不再一一解释。

### 6.3.3　一维绘图组→线图

右键单击“一维绘图组”,添加“线图”,然后点击“线图”进行设置,如图 6.38 所示。

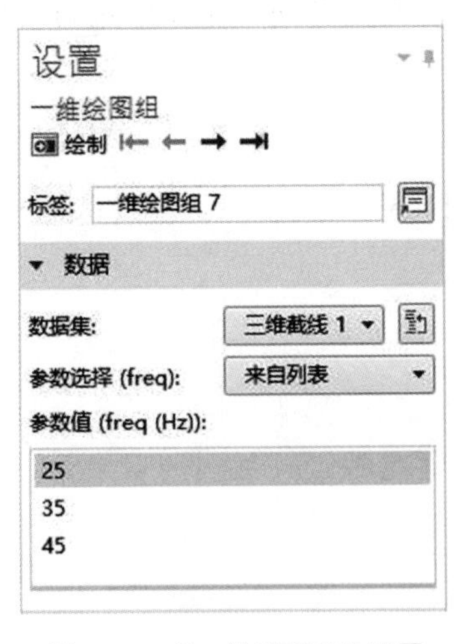


图 6.37　“一维绘图组”设置

图 6.38　“线图”设置

(1)数据。“数据集”选择“来自父项”,即当前图像“数据集”与上一层节点(“一维绘图组”)的“数据集”相同。一个一维绘图组对应一个线图时,采用“来自父项”,上下两节点

“数据集”一致是比较方便的。但有时一个一维绘图组需要对应多个线图,这就需要将“一维绘图组”节点的“数据集”设置为整个研究域,即“研究 1/解 1”,线图的节点就可以设置为单独的研究点如“三维截线 1”“三维截线 2”等,这样可以方便在同一个“一维绘图组”中对绘制多条线的结果进行对比。

如图 6.39、图 6.40 所示分别为一条直线和多条直线的声压场变化图。

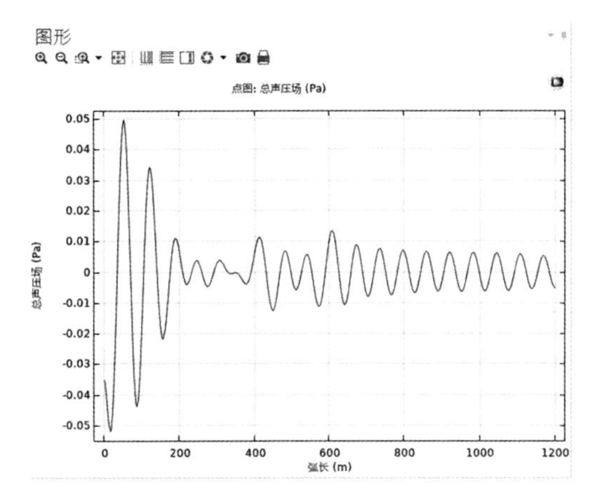


**图 6.39 一条直线的声压场变化**

**图 6.40 多条直线的声压场变化**

我们也可以研究在不同频率下,同一条曲线上的声压变化。这需要将“一维绘图组”设置栏的“数据”中的“参数选择”设置为“全部”,“图例”区域选中“显示图例”,绘制后的结果如图 6.41 所示。

(2)y 轴数据。“表达式”即为需要绘制结果图的表达式,它既可以是内置变量表达式,也可以是用户定义变量表达式。用户还可以手动输入表达式,或者点击右上角图标来分别指定。

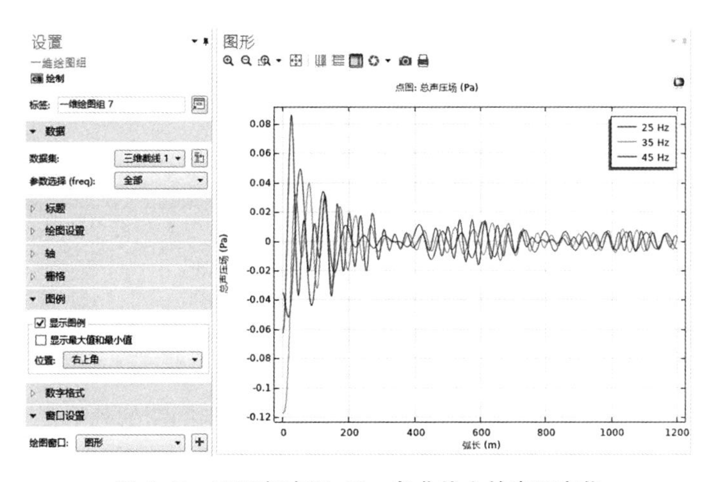


**图 6.41 不同频率下,同一条曲线上的声压变化**

①← →(图 6.42):“左右切换表达式”,其切换顺序按照内置表达式的顺序。

②:“插入表达式”,如图 6.43 所示。COMSOL Multiphysics 中自带的一系列内置

表达式,用户可以从列表中选择,需要显示的名称会自动填入表达式编辑框中。本书中用到的物理量表达式主要在“压力声学”(海水层)中和“固体力学”(弹性海底)中。

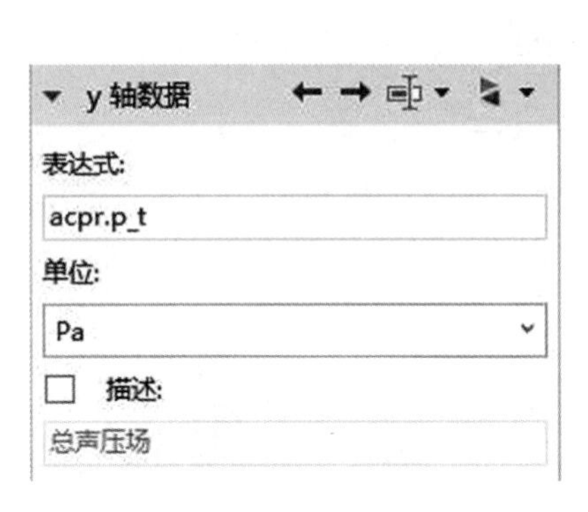


图 6.42 “左右切换表达式”

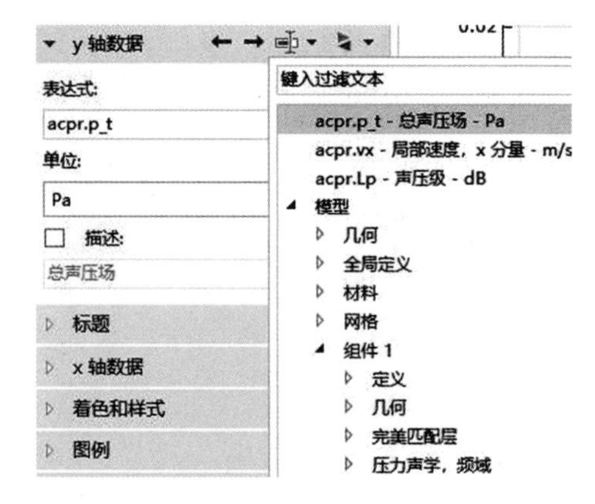


图 6.43 “插入表达式”

③ ▾:“替换表达式”,与“插入表达式”的功能类似。

④单位:如果变量可以计算得到一个量纲,则会自动显示出当前模型缺省单位制对应的单位。用户也可以从下拉列表中选择其他单位。如果程序无法计算得到量纲,则“单位”处显示为“空”,例如传播损失。

⑤描述(图 6.44):不勾选时,COMSOL Multiphysics 会自动根据当前选择的内置表达式变量名称定义 y 轴数据的名称。用户也可以勾选此项,然后手动输入 y 轴数据名称。

(3)x 轴数据(图 6.45)。“参数”在默认的情况下为“弧长”,即一维边界或切割线。下拉列表中有另外两种,“反转弧长”“表达式”。“反转弧长”就是将当前的截线反转后的线。“x 轴数据”也可以采用“y 轴数据”的定义方式确定“表达式”,这样可以绘制显示结果随另外一个表达式变化而变化的曲线。

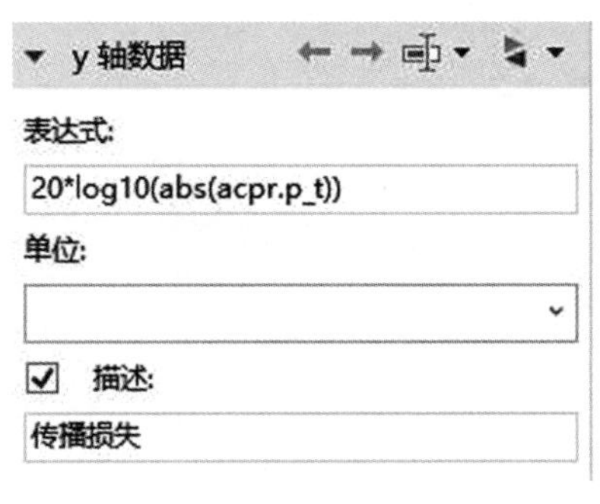


图 6.44 “描述”

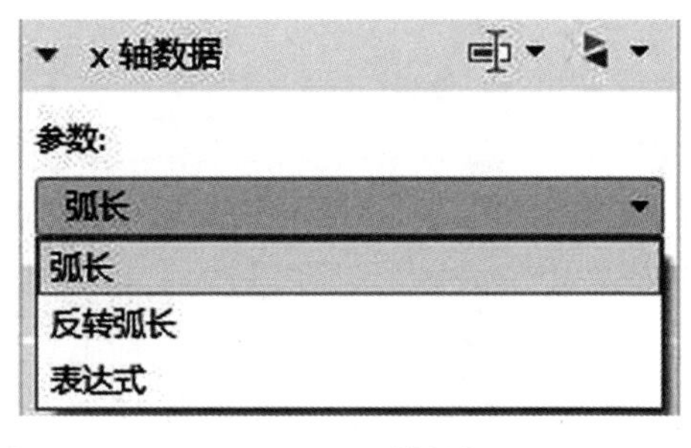


图 6.45 “x 轴数据”

(4)着色和样式(图 6.46)。这部分主要用来修改绘制的图的外形。

①线:默认为“实线”,用户也可以从下拉列表中选择“无”“循环(重置)”“循环”“点虚线”“虚线”和“点划线”,如图 6.48 所示。

图 6.46 “着色和样式”

图 6.47 “线”

②颜色(图 6.48):默认为“循环”(从后面九种颜色中循环选择),用户也可以从下拉列表中选择“定制”(从一个调色盘中定义颜色)、“循环(重置)”“黑色”“蓝色”“青色”“绿色”“洋红色”“红色”“白色”和“黄色”。

③宽度:默认为“1”,用户也可以手动填写整数,或者拉动下面滑动条来修改。

④标记(图 6.49):默认为“无”,用户也可以从下拉列表中选择“循环”(从后面八种标记中循环选择)、“循环(重置)”“星号”(＊)、“圆”“菱形”“加号”(+)、“点”“正方形”“星号”(空心星号)、“三角形”等。

图 6.48 “颜色”

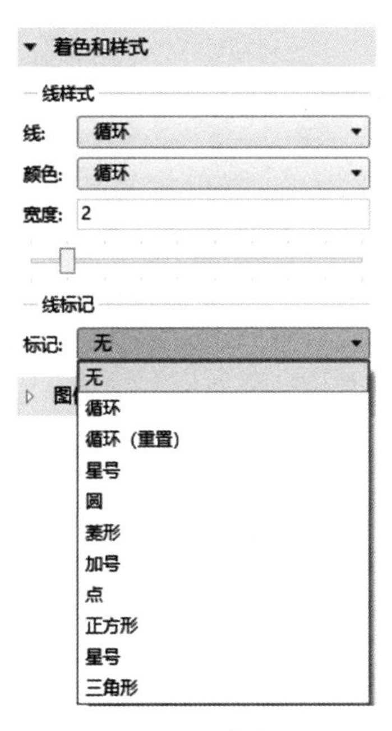


图 6.49 “标记”

(5)图例。“显示图例”默认不勾选,即绘图后没有图例。勾选该项后,绘图后图例会出现。“图例”可以为“自动”(图 6.50),即自由显示每条线为当前线显示变量名称。“自动”情况下,我们可以选择“点”(坐标)、“描述”“表达式”“单位”(三项均为 y 轴数据中的内容)作为图例内容。

用户也可以从下拉列表中选择“手动”,然后在下方出现的图例说明列表中手动修改图例说明(图 5.51)。

图 6.50 “图例自动”

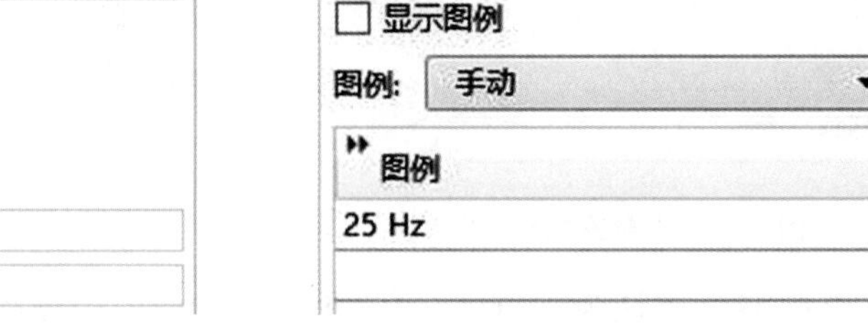


图 6.51 图例“手动”

(6)质量(图 6.52)。“质量”下共有“分辨率”“平滑处理”“平滑(或)值”和“恢复”几项内容,现对其中三项进行介绍。

①分辨率(图 6.53):共有七种级别可供选择,分别是“超细化”“较细化”“细化”“常规”“粗化”“不细化”“定制”。“分辨率”用来控制后处理的图像中的插值阶次。其中“不细化”表示后处理时,图像直接以网格点结果来计算及显示。“常规”则是根据模型中定义的单元插值阶次来决定后处理时是否需要根据网格点数据及插值数据点结果等来计算和显示后处理结果。

②平滑处理(图 6.54):共有五种选择,分别是“无”“在材料域内”“在几何域内”“所有位置”“表达式”。

③恢复(图 6.55):默认为“关”,共有“关”“域内”“所有位置”三种选择。本选项用于高精度计算和显示空间导数表达式。通常情况下(“关”),程序在后处理显示这种数据时,根据单元地形函数进行计算,计算精度较低,有可能出错,例如采用线性函数时,计算 $u_{xx}$ 为 0。这种情况下,有必要对本项进行设置,设置后程序将会采用一种多项式插值计算方法来求解,可得到更高精度的结果。

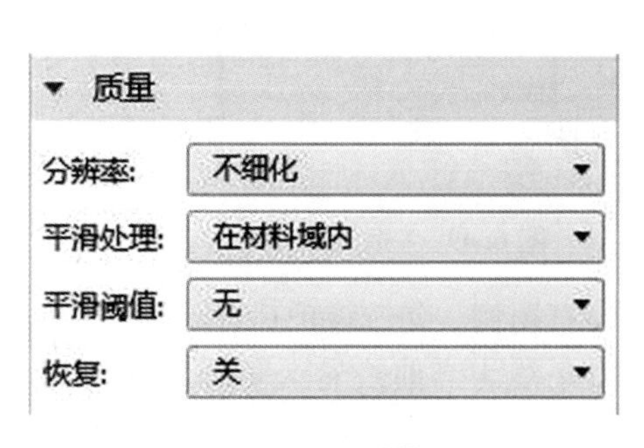


图 6.52 “质量”

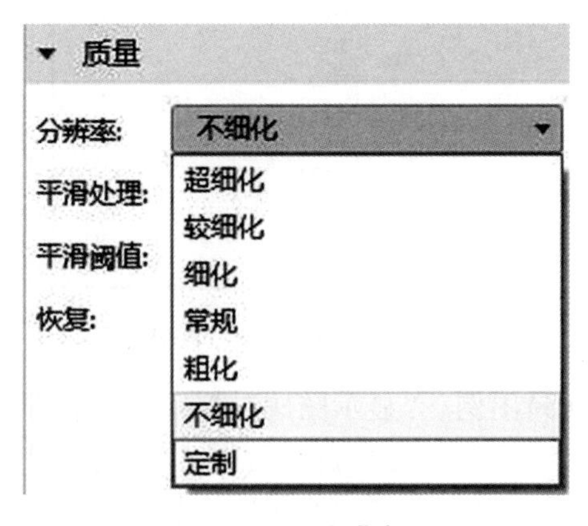


图 6.53 “分辨率”

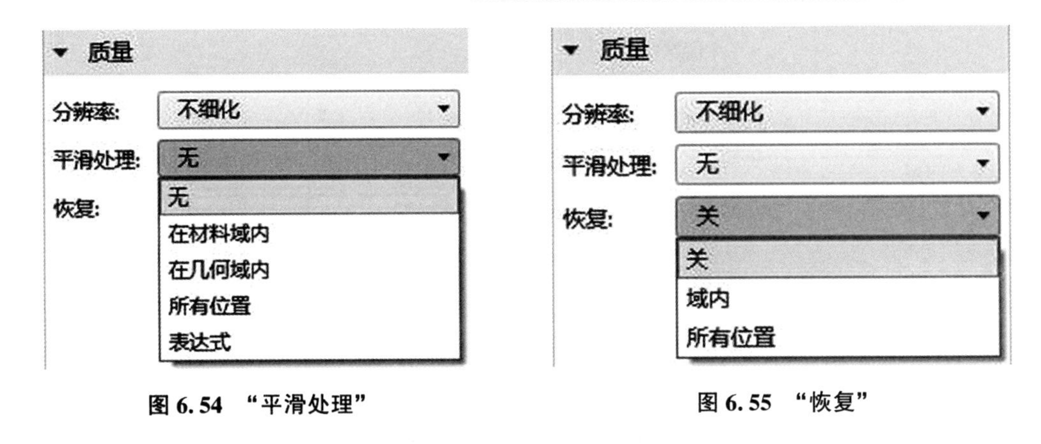


图 6.54 “平滑处理”　　　　图 6.55 “恢复”

# 6.4 表　面　图

表面图用来显示指定表面(求解域、边界面或者切割面等)的结果。

## 6.4.1 定义截面数据集

定义截面数据集的目的是在指定“解”中得到指定截面的结果,并保存到“数据集”中,供后续调用。在三维模型中需要在“数据集”中添加“截面”,而二维模型(本身就是一个平面)直接对研究域绘制即可,不需要添加截面。这里我们以三维模型中平面图绘制为例进行介绍。

右键单击“数据集”,添加“截面”,然后对截面进行参数设置(图 6.56)。

第一种设置方式:在“平面类型”中选择“快速”(图 6.57),“平面”固定两个维度,设置剩下那个维度的坐标即可。

勾选“辅助平行面”,给定绘制平面范围,可以同时绘制多个平面,如图 6.58 所示。

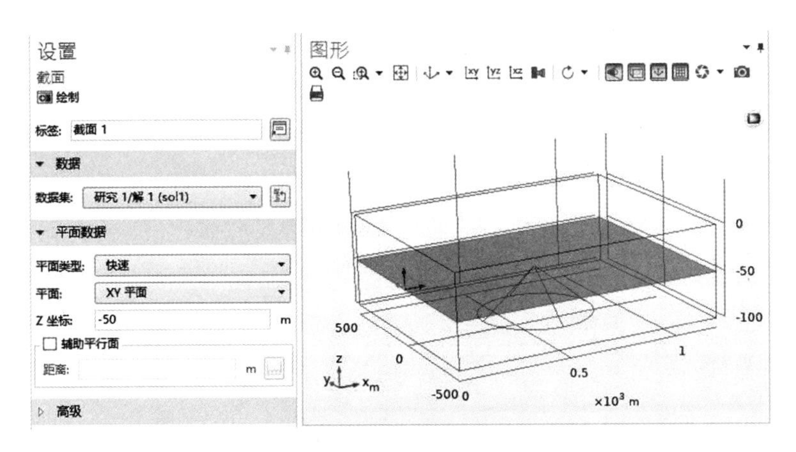


图 6.56 “截面”设置

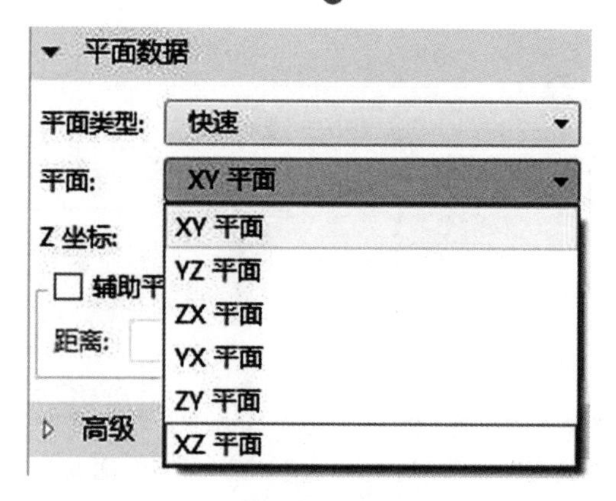


图 6.57 “平面类型”选择“快速”

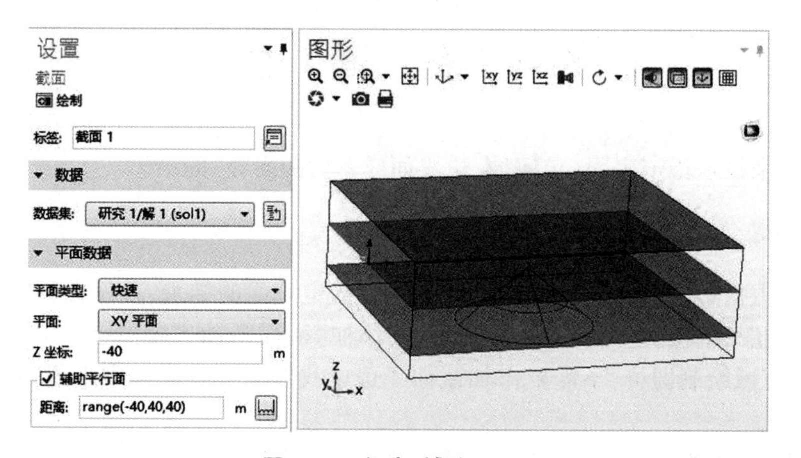


图 6.58 勾选“辅助平面”

第二种设置方式:在“平面类型”中选择“常规”,其中“平面定义方法”分为“三点”“点”和“法线”。三点可构成一个平面,如图 6.59 所示。

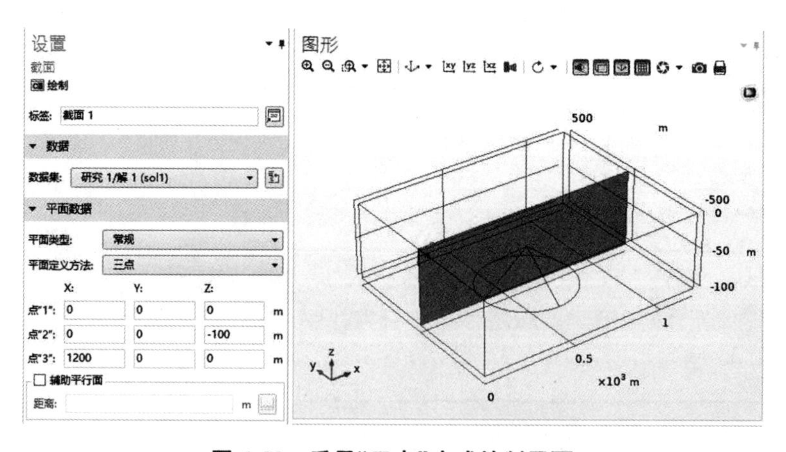


图 6.59 采用“三点”方式绘制平面

采用“点”和“法线”的方式也可绘制平面,如图 6.60 所示。

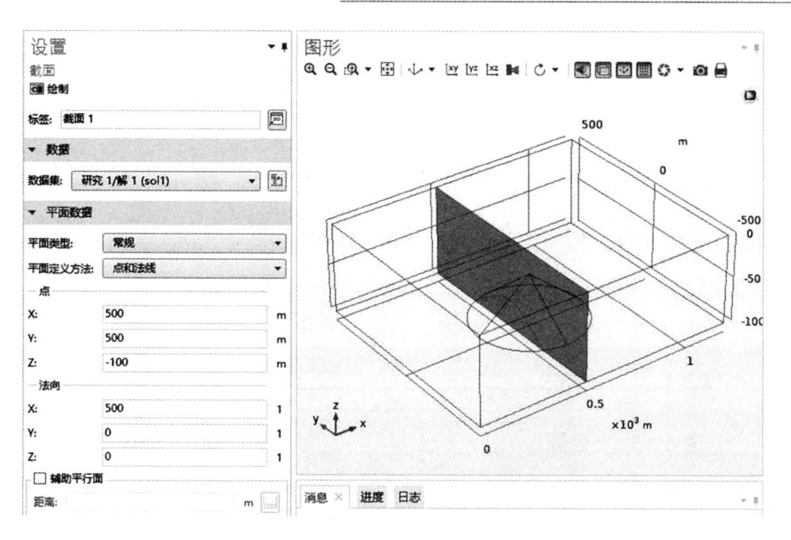


图 6.60 采用“点”和“法线”方式绘制平面

## 6.4.2 添加“二维绘图组”

定义平面成功后，右键单击“结果”，添加“二维绘图组”（图 6.61），平面都属于二维的范围，与操作模型的维度没有关系，平面图都采用“二维绘图组”进行绘制。

点击“二维绘图组”，首先需要将“数据集”选择为之前定义的截面，频率“参数值”只选择一个，而不能像曲线图那样可以同时选中多个（图 6.62）。

同时，我们可以在标题区域设置平面图的标题（图 6.63）。“标题类型”“颜色”“数字格式”等的设置与“一维绘图组”类似。

“绘图设置”，相较于“一维绘图组”，这里在“绘图设置”区域中除了可以设置“x 轴标签”和“y 轴标签”外，还可以在视图中选择“二维视图”来调整图形的比例，如图 6.64 所示。

图 6.61 “二维绘图组”

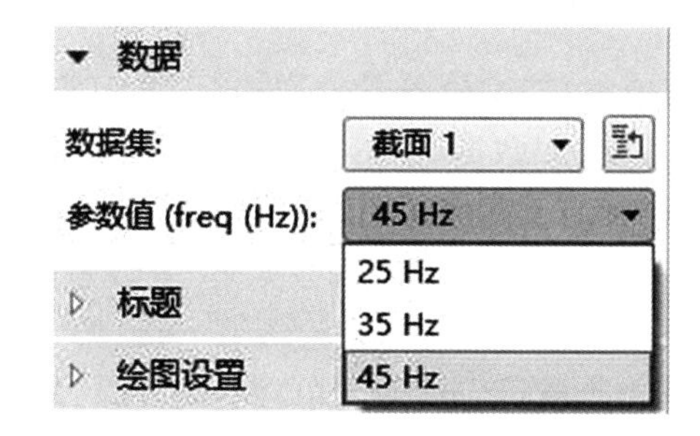


图 6.62 频率“参数值”选择

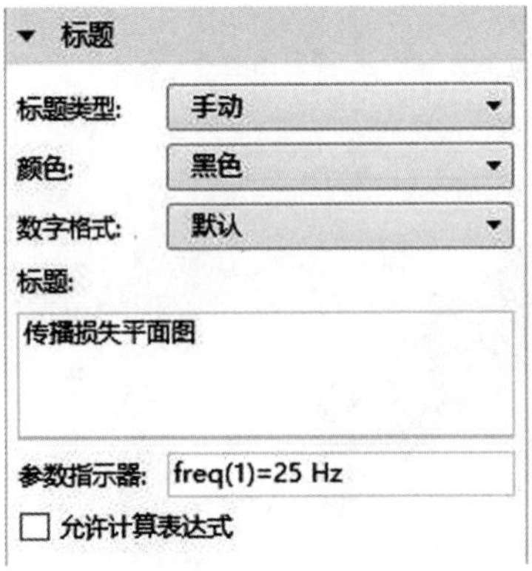

▼ 标题
标题类型: 手动
颜色: 黑色
数字格式: 默认
标题:
传播损失平面图
参数指示器: freq(1)=25 Hz
☐ 允许计算表达式

图 6.63 “标题”

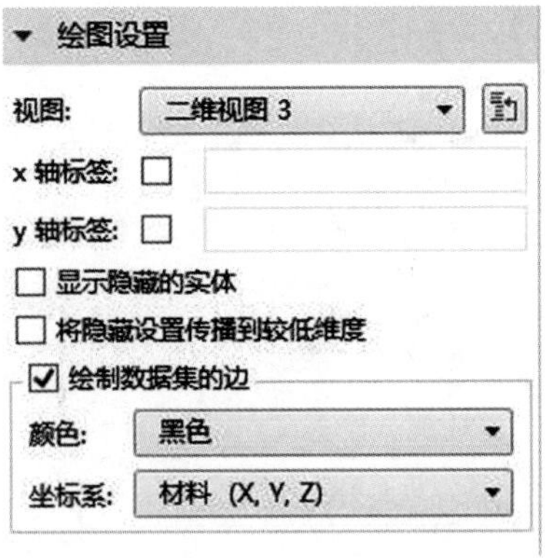

▼ 绘图设置
视图: 二维视图 3
x 轴标签: ☐
y 轴标签: ☐
☐ 显示隐藏的实体
☐ 将隐藏设置传播到较低维度
☑ 绘制数据集的边
颜色: 黑色
坐标系: 材料 (X, Y, Z)

图 6.64 “绘图设置”

“视图”下的“二维视图”需要在“数据集”的“视图”中进行设置,以控制图片的大小比例,如图 6.65 所示。

其余的三项设置,(图 6.66)即颜色图例“数字格式”“窗口设置”的操作方式都与前述一致,这里不再赘述。

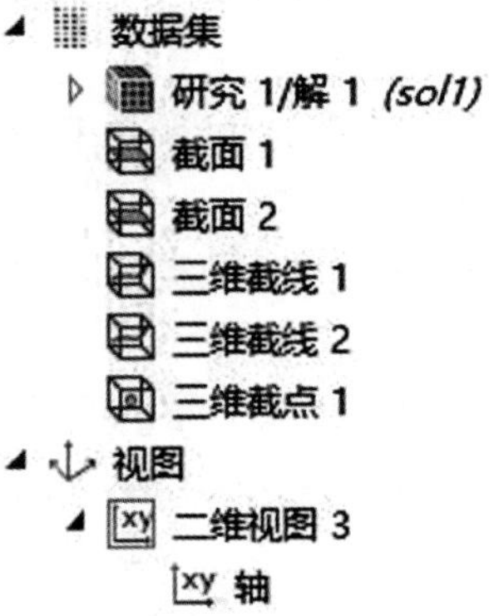

数据集
研究 1/解 1 *(sol1)*
截面 1
截面 2
三维截线 1
三维截线 2
三维截点 1
视图
二维视图 3
轴

图 6.65 “二维视图”

图 6.66 “二维绘图组”其余三项设置

### 6.4.3 二维绘图组→表面

右键单击“二维绘图组”,添加“表面”(图 6.67),点击“表面”,在设置区进行参数设置。

(1)数据。“数据”中的“数据集”选择“来自父项”,即当前图像“数据集”与上一层节点(“二维绘图组”)的“数据集”相同,如图 6.68 所示。一个二维绘图组对应一个表面时,采用来“自父项”,上下两节点“数据集”一致是比较方便的。但有时一个二维绘图组需要对应多个表面,这就需要将“二维绘图组”节点的“数据集”设置为整个研究域,即“研究 1/解 1”,“表面”的节点就可以设置为单独的研究面,如“截面 1”“截面 2”等。

图 6.67 “表面”

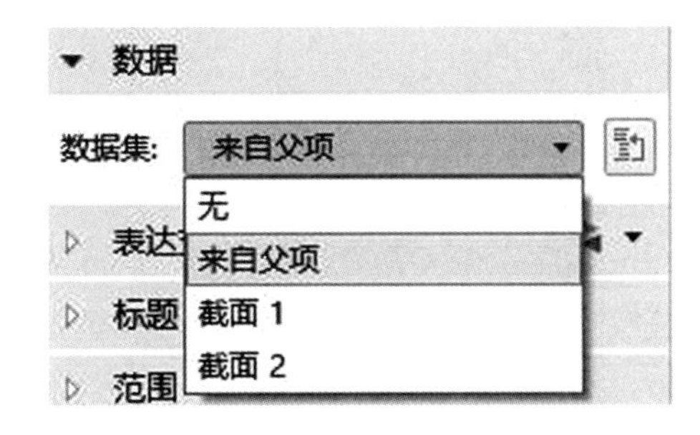


图 6.68 “数据集”选择“来自父项”

(2)表达式(图 6.69)。“表达式”即为需要绘制结果图的表达式,既可以是内置变量表达式,也可以是用户定义的变量表达式。用户还可以手动输入表达式,或者点击右上角图标来分别指定。

①← →:“左右切换表达式”,其切换顺序按照内置表达式的顺序。

②:“插入表达式”,如图 6.69 所示。COMSOL Multiphysics 中自带的一系列内置表达式,用户可以从列表中选择,需要显示的名称会自动填入表达式编辑框中。本书中用到的物理量表达式主要在“压力声学”(海水层)中和“固体力学”(弹性海底)中。

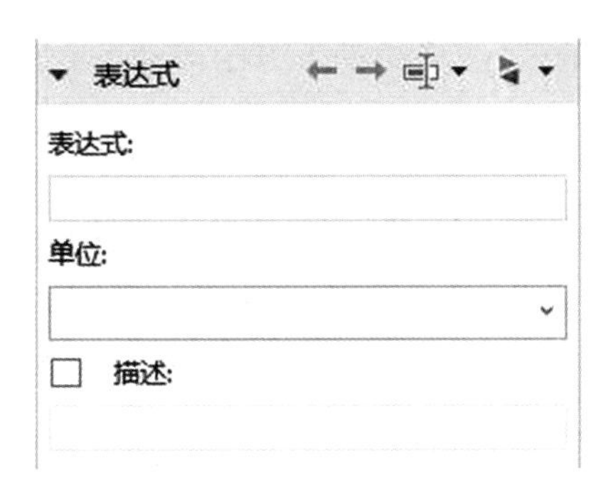


图 6.69 “插入表达式”

③:“替换表达式”,与“插入表达式”的功能类似。

④单位:如果变量可以计算得到一个量纲,则会自动显示出当前模型缺省单位制对应的单位。如图 6.70 所示,声压的当前单位为 Pa,用户也可以从下拉列表中选择其他单位。如果程序无法计算得到量纲,则“单位”处显示为“空”,例如传播损失。

⑤描述:不勾选时,COMSOL Multiphysics 会自动根据当前选择的内置表达式显示变量名称表达式的名称。用户也可以勾选此项,然后手动输入表达式名称。

(3)范围(图 6.71)。“范围”分为“手动控制颜色范围”和“手动控制数据范围”两部分。

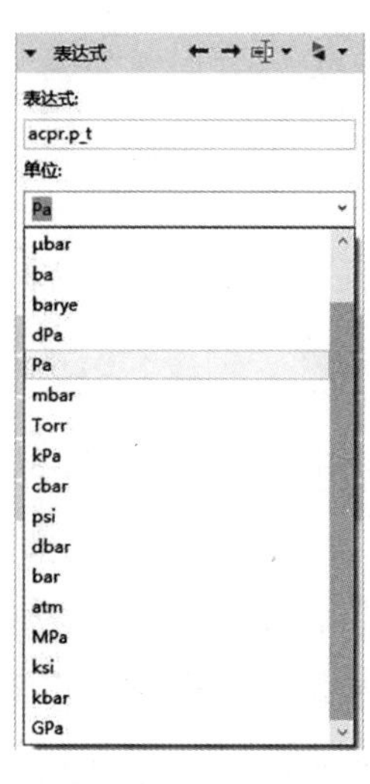


图 6.70 “单位”

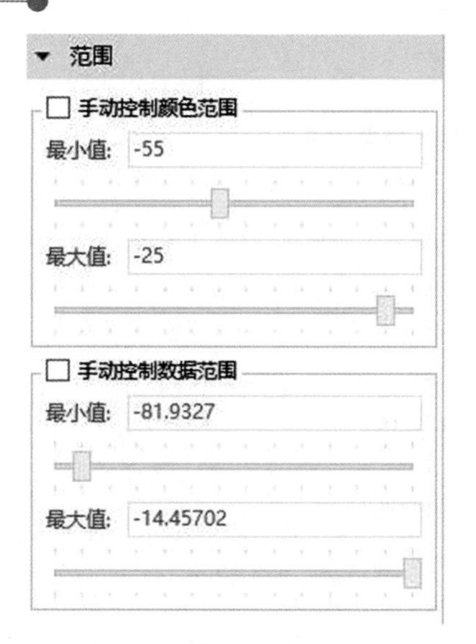


图 6.71 “范围”

①手动控制颜色范围:用来控制图像显示的颜色是根据“结果”中哪个范围内的值来定义。不勾选时,COMSOL Multiphysics 会根据“结果”自动设定一个颜色范围。用户也可以勾选此项,然后在“最小值”“最大值”的对话框中输入需要的值,或者拉动下方的滑动条来设定;还能手动设定一个较小值域范围,进而实现小于或大于该范围的“结果”为某一单一颜色,范围内为变化颜色。

②手动控制数据范围:用来控制在图像中显示的结果范围。不勾选时,COMSOL Multiphysics 会根据结果自动设定一个数据范围。用户也可以勾选此项,然后在“最小值”“最大值”对话框中键入需要的值,或者拉动下方的滑动条来设定;还能手动设定一个较小范围,进而有选择性地显示结果。

(4)着色和样式。

①着色:用于指定面图中的颜色。默认为“颜色表”(图 6.72),即根据“颜色表”中的色表,对不同结果以指定顺序显示指定颜色。另一个选项是“均匀”(图 6.73),即从颜色选项中选定颜色来显示一个单一颜色的结果。还有一个选项是“渐变”(图 6.74),“渐变”将绘图分为两层,即顶部和底部两层颜色。

②颜色图例:为平面伪彩图增加一个色棒,用来说明颜色对应的结果。

③颜色表反序:将色棒的颜色顺序反转。

④对称颜色范围:将色棒的刻度设置正负数值一致。

⑤线框:为绘制的图形添加一个黑的线框。

(5)质量。如图 6.75 所示,质量分为四个部分,即“分辨率”“平滑处理”“平滑阈值”和“恢复”。下面对其中的三部分进行介绍。

图 6.72 “着色”设置为颜“色表”

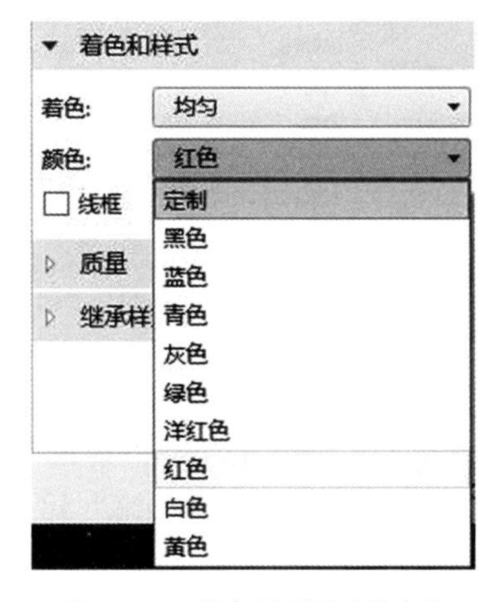


图 6.73 着色设置为“均匀”

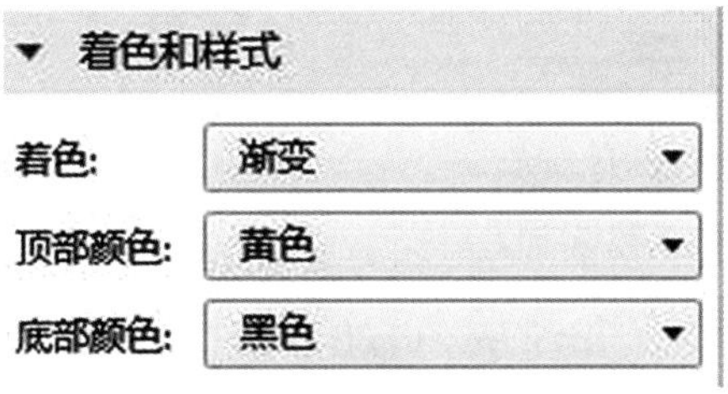

图 6.74 “着色”设置为“渐变”

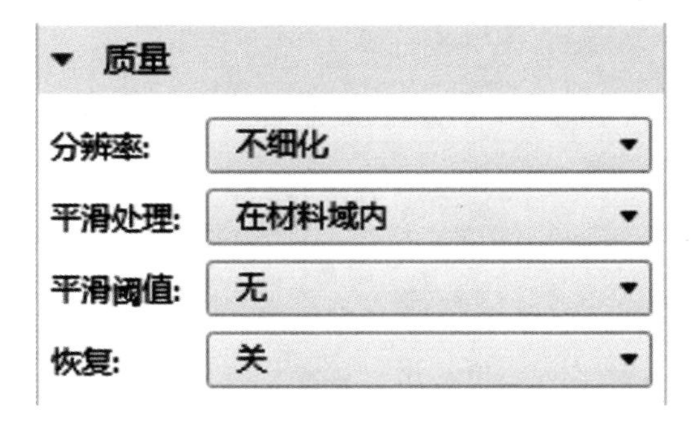


图 6.75 “质量”

①分辨率(图 6.76):共有七种级别可供选择,分别是“超细化”“较细化”“细化”“常规”“粗化”“不细化”“定制”,用来控制后处理的图像中的插值阶次。其中“不细化”表示后处理时,图像直接以网格点结果来计算及显示。“常规”则是根据模型中定义的单元插值阶次来决定后处理时是否需要根据网格点数据,以及插值数据点结果等来计算和显示后处理结果。

②平滑处理(图 6.77):共有五种选择,即“无”“在材料域内”“在几何域内”“所有位置”“表达式”。

③恢复(图 6.78):默认为“关”,共有“关”“域内”“所有位置”三种选择。本选项用于高精度计算和显示空间导数表达式。通常情况下(“关”),程序在后处理显示这种数据时,是根据单元地形函数来进行计算,计算精度较低,有可能出错,例如采用线性函数时,计算 $u_{xx}$ 为 0。这种情况下,有必要设置本项,设置后程序将会采用一种多项式插值计算方法来求解,得到更高精度的结果。

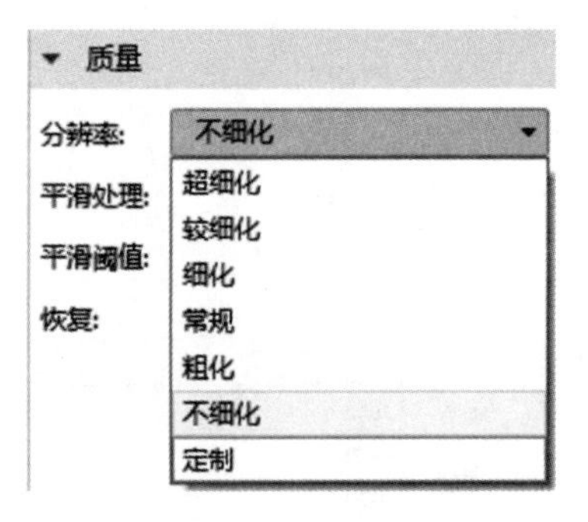


图 6.76 “分辨率”

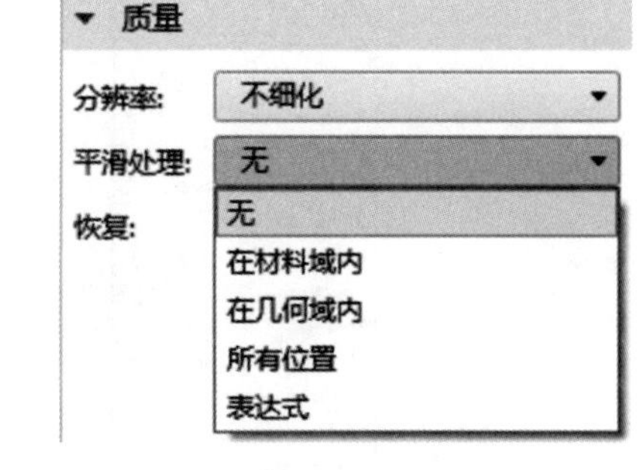


图 6.77 “平滑处理”

(6)继承样式。(图 6.79)这里用来确定是否根据上级节点设定的绘图样式来进行绘图。默认的情况下全部勾选,即“颜色”“颜色和数据范围”“变形比例因子”“高度比例因子”四种参数都以上级节点为基准。这里也可不勾选,用户自行设置。

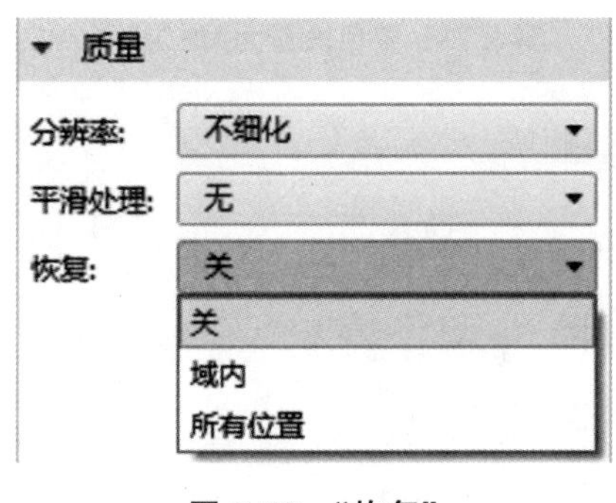


图 6.78 “恢复”

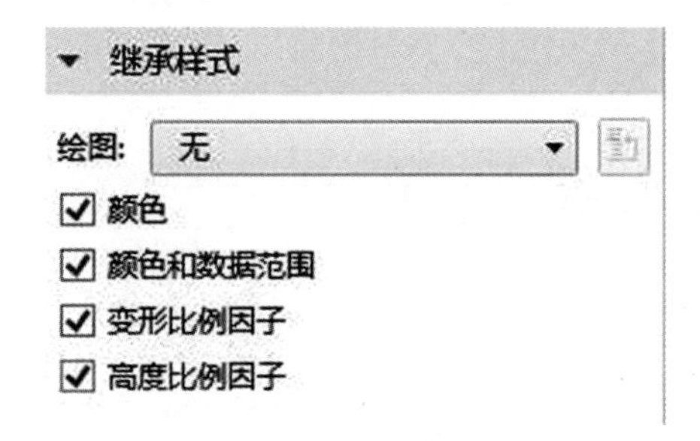


图 6.79 “继承样式”

### 6.4.4 二维绘图组→面上箭头

“面上箭头”可用于在二维图中根据指定表达式用箭头显示计算结果,常用于显示流动方向、电场方向等,附加上箭头颜色和变形后,可以显示彩色箭头以及变形图。

右键单击“二维绘图组”,添加“表面”,点击“表面”,在设置区进行参数设置。

(1)数据。“数据”中的“数据集”选择“来自父项”(图 6.80),即当前图像数据集与上一层节点(“二维绘图组”)的“数据集”相同。“面上箭头”与表面的“数据集”选择一定要一致,箭头才能成功绘制到图形中。

(2)表达式(图 6.81)。“表达式”即为需要绘制结果图的表达式,既可以是内置变量表达式,也可以是用户定义的变量表达式。用户还可以手动输入表达式,或者点击右上角图标来分别指定。“坐标系”为“截面”时,通过添加“x 分量”和“y 分量”表达式绘制二维箭头图。“坐标系”为“全局笛卡儿”时,通过添加“X 分量”“Y 分量”和“Z 分量”表达式绘制三维箭头图(图 6.82)。

(3)标题。“标题”分为“手动”和“自动”两种。“自动”,即系统会自动生成标题;“手动”,即用户可以自行设置标题。

图 6.80　“数据集”选择“自来父项”

图 6.81　“表达式”(“坐标系”为“截面”)

图 6.82　“表达式”(“坐标系”为“全局笛卡儿”)

(4)箭头位置。“位置”默认情况下为“栅格”,“x 栅格点”和“y 栅格点”定义方法默认情况为点数,即在 x 和 y 方向指定一定数量的箭头。“定义方法”用户也可以修改为“坐标”,在指定坐标显示箭头。

①点数(图 6.83):点的数量。

②坐标(图 6.84):坐标值,可以是常数、范围表达式或一个单调数列。

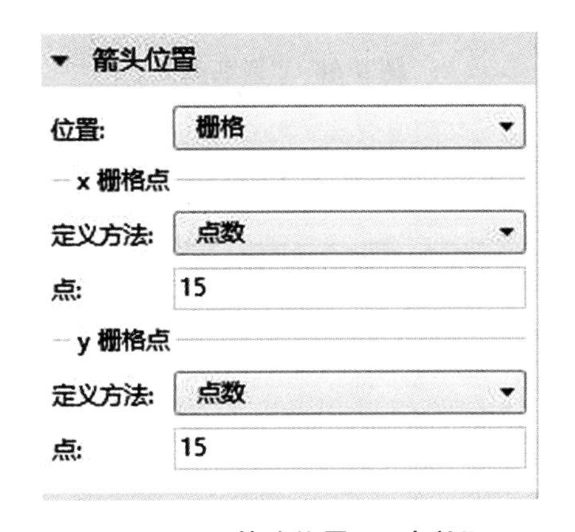


图 6.83　“箭头位置”(“点数”)

图 6.84　“箭头位置”(“坐标”)

(5)着色和样式。如图 6.85 所示,其共有五个设置选项。

①箭头类型(图 6.86):默认为“箭头”,还有“锥头”“圆锥体”和“双箭头”可供选择。

图 6.85 “着色和样式”

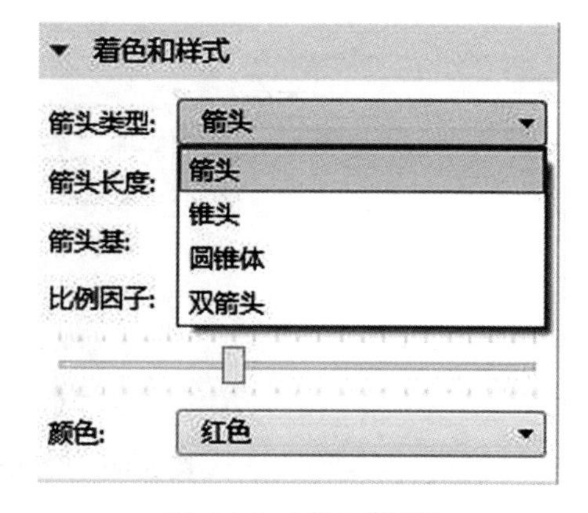


图 6.86 “箭头类型”

②箭头长度(图 6.87):默认为“正比”,即与模型的 x 分量和 y 分量表征模型成正比例关系。“归一化”表示箭头长度统一,与“解”的大小无关。

③箭头基(图 6.88):默认为“尾部”,即箭头位置由尾部作为基准点确定;可修改为“头部”,即箭头位置由头部作为基准点确定;也可修改为“中心”,即箭头位置由中心作为基准点确定。

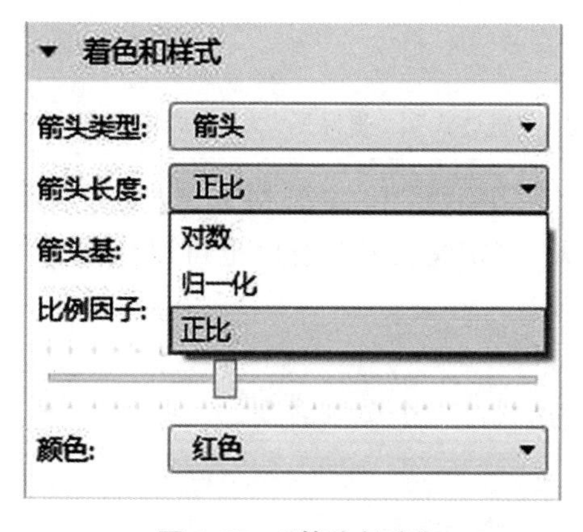


图 6.87 “箭头长度”

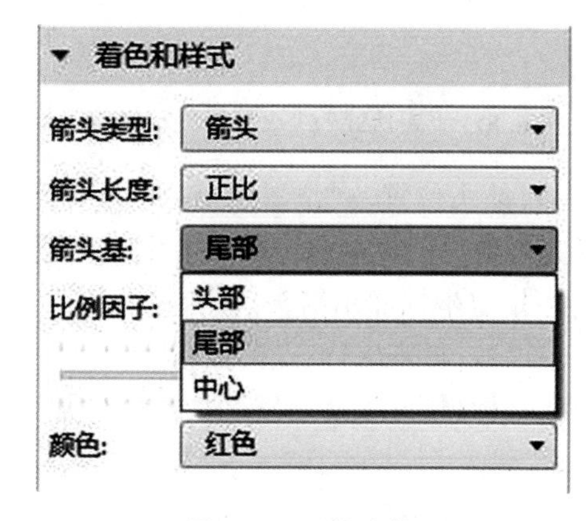


图 6.88 “箭头基”

④比例因子:箭头长度与模之间的比例关系。

⑤颜色:可在下拉列表中选择“定制”“黑色”“蓝色”“青色”“灰色”“绿色”“洋红色”“红色”“白色”和“黄色”。

(6)继承样式。本项设定用于确定是否根据上级节点设定的绘图样式来进行制图,默认为全部勾选,用户也可以根据需要修改。

# 6.5 三维绘图

三维绘图主要用来绘制三维图或者多张二维图。

## 6.5.1 定义截面或体数据集

利用“三维绘图组”可以同时绘制多张二维平面图,或者对域进行绘制。

## 6.5.2 添加“三维绘图组”

右键单击“结果”,添加“三维绘图组”,其与“二维绘图组”操作大部分类似,可参考相应章节的内容。下面简要说明不同的部分。

如果需要绘制多层平面图,“数据集中”选择“截面”,此“截面”为定义好的多层截面;如果是对域进行绘制,“数据集”则选择“研究 1/解 1”。用户在选择过程中还可以对需要绘制的域再次进行选择,如图 6.89 所示。

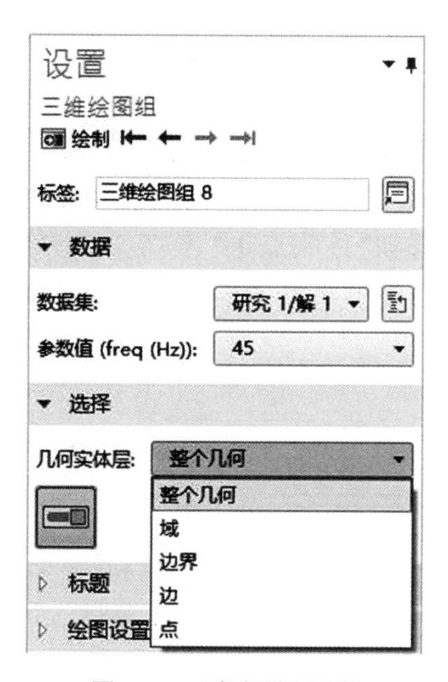


图 6.89 “数据集”设置

## 6.5.3 三维绘图组→多层表面

“三维绘图组”的“数据集”设定为“截面”(多层平行面),右键单击“三维绘图组”,添加“表面”。三维下的表面设置与二维基本一致,其他参数的设置可参考前述内容,“表达式”改为传播损失的表达式即可绘制多层平面图,如图 6.90 所示。

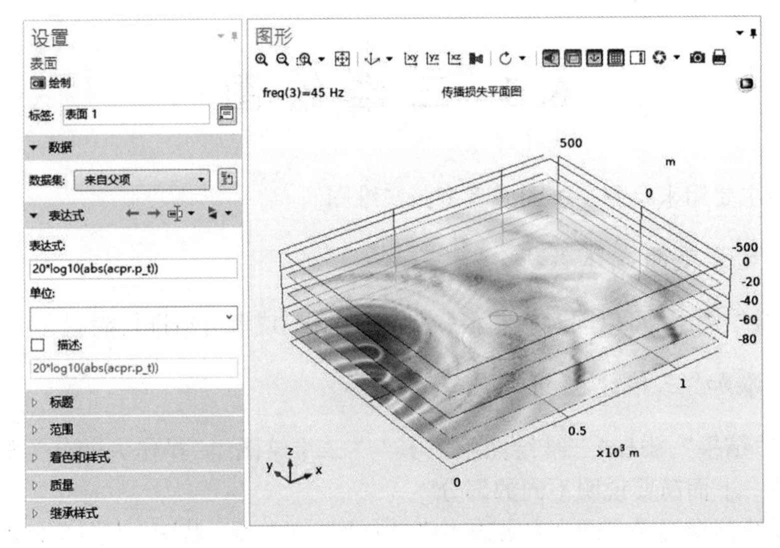

图 6.90 传播损失多层平面图

### 6.5.4 三维绘图组→体

三维绘图是对域直接绘图，这就不需要在“研究 1/解 1”中进行“数据集”的定义，直接添加“三维绘图组”即可。

点击“三维绘图组”，在设置区域的“数据集”中选择“研究 1/解 1”，在“参数值”中任意选择一个，“标题”区域中设置为“三维传播损失图”，如图 6.91 所示。

右键单击“三维绘图组”，添加“体”，点击“体”。如图 6.92 所示，相对于表面，体的设置部分增加了“单元过滤”和“收缩单元”。相似部分不再赘述。

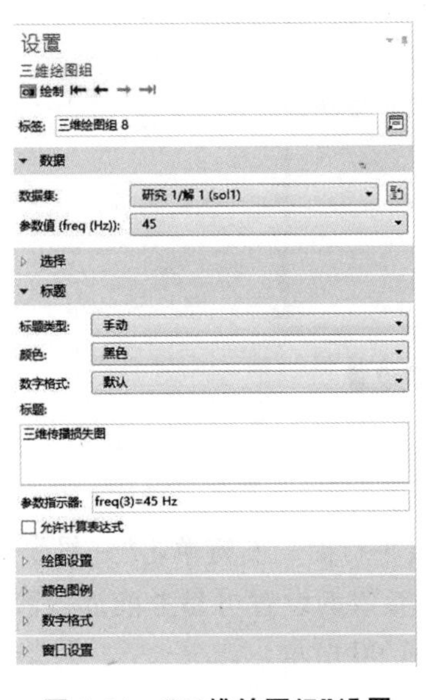

图 6.91 “三维绘图组”设置

图 6.92 “体”

(1)单元过滤。默认情况下不启用过滤。“过滤”的“准则”分为“逻辑表达式”“随机”“表达式”等(图 6.93)。

(2)收缩单元(图6.94)。“收缩单元”用于控制显示单元大小。“单元比例因子”默认情况下为1,即100%显示,如果小于1,则将单元收缩指定比例关系后显示。

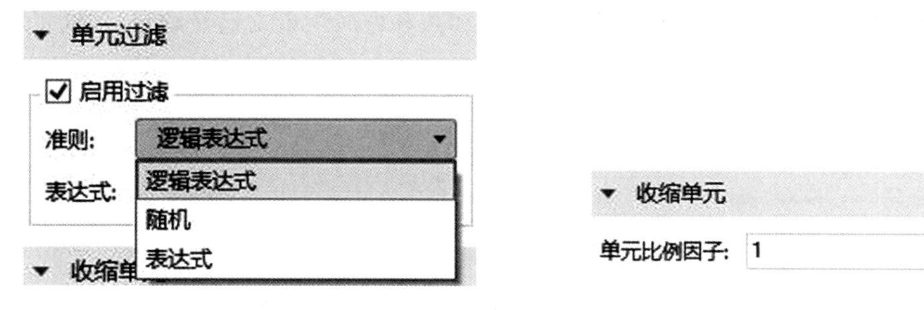


图6.93　过滤的准则　　　　图6.94　收缩单元

设置栏的“表达式”设置为传播损失表达式“20 * log10(abs(acpr.p_t/1))”,然后点击绘制,如图6.95所示。在三维绘图中呈现的模型表面上的物理场分布,并不是填充整个物理场区域内部的变化形式。所以用户如果需要了解某个特定区域的结果,还是需要采用点、线或面的绘图方式。

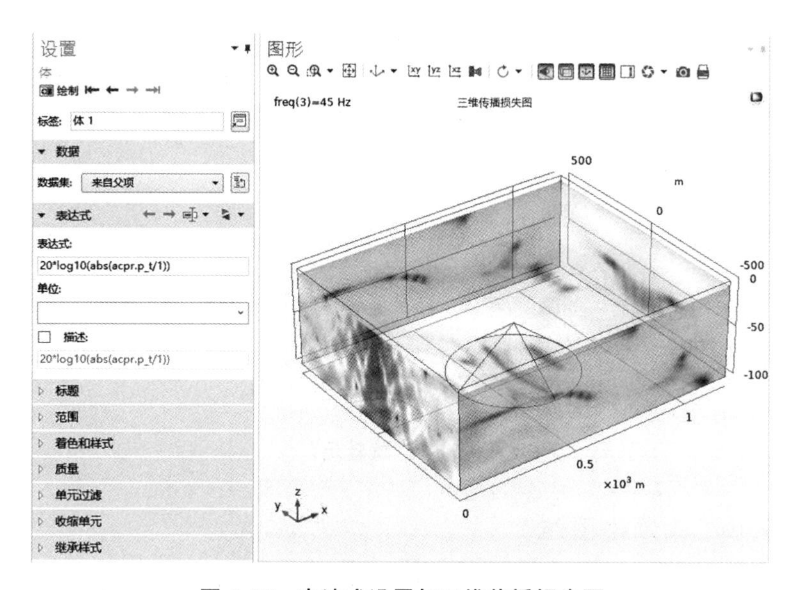


图6.95　表达式设置与三维传播损失图

# 6.6　三维 $N \times 2D$ 绘图

二维轴对称模型在计算时是对单个截面进行计算,其实际是忽略了方位角 $\theta$ 方向上各二维垂直平面间声波的相互耦合作用下的伪三维模型。

## 6.6.1　定义二维旋转轴

二维轴对称模型本身呈现的是平面图形,需要利用旋转轴将其转化为三维模型。右键单击“数据集”,添加“二维旋转”后进入设置区,如图 6.96 所示。

(1)数据。“数据”用来选择“数据集”,一般选择“研究 1/解 1”即可。

(2)轴数据(图 6.97)。“轴数据”用来定义旋转轴,旋转轴一般为 Z 轴,并且声源也是定义在 Z 轴上。轴定义的方式有两种,即“两点”及“点和方向”,前文已经解释过,这里不再赘述。

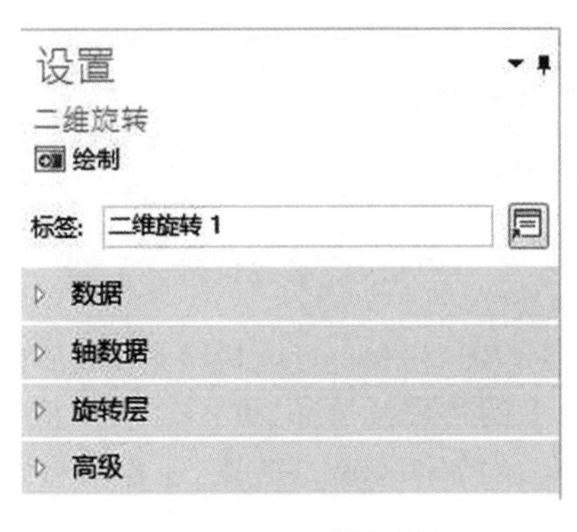


**图 6.96 “二维旋转”**

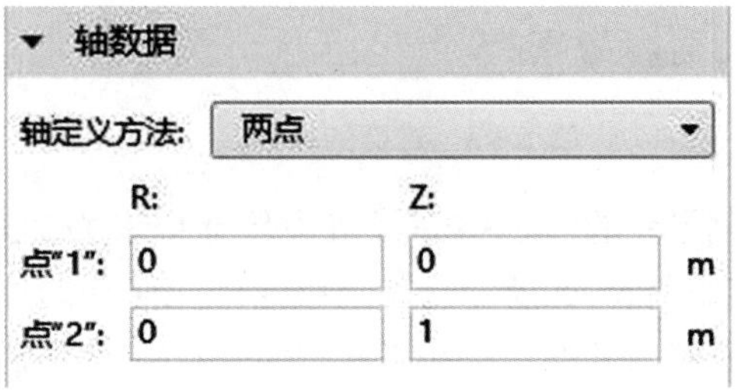

**图 6.97 “轴数据”**

(3)旋转层(图 6.98)。“旋转层”用来定义旋转的角度,一般不选 360°旋转,而是留出一定的空间,既可绘制出三维效果图,也能呈现出平面图。“端盖”是模型最顶部的面,不添加“端盖”可以看到旋转后模型内部的绘制情况。

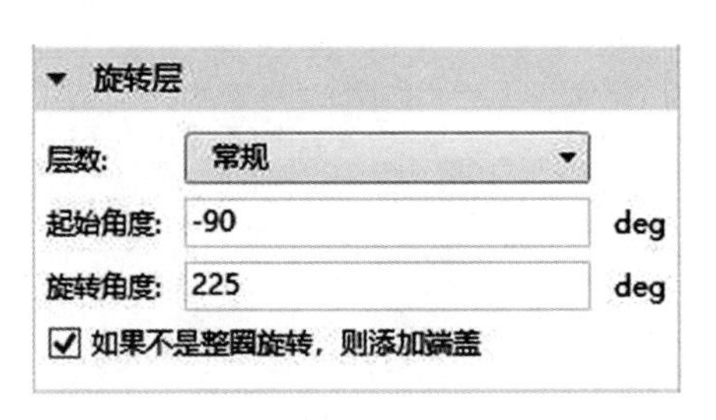


**图 6.98 “旋转层”**

### 6.6.2 添加“三维绘图组”

旋转后的平面图属于三维的范围,这里需要利用“三维绘图组”绘图。“三维绘图组”的操作设置与上文一致,不同的是在“数据集”中要选中“二维旋转”(图 6.99)。

### 6.6.3 三维绘图组→表面

由于这里对单个平面进行了旋转,所以“三维绘图组”下仍然需要添加“表面”进行绘制。“表面”设置(图 6.100)与上文基本一致。

最终绘制出的三维下 $N$×2D 伪彩图如图(图 6.101)所示。

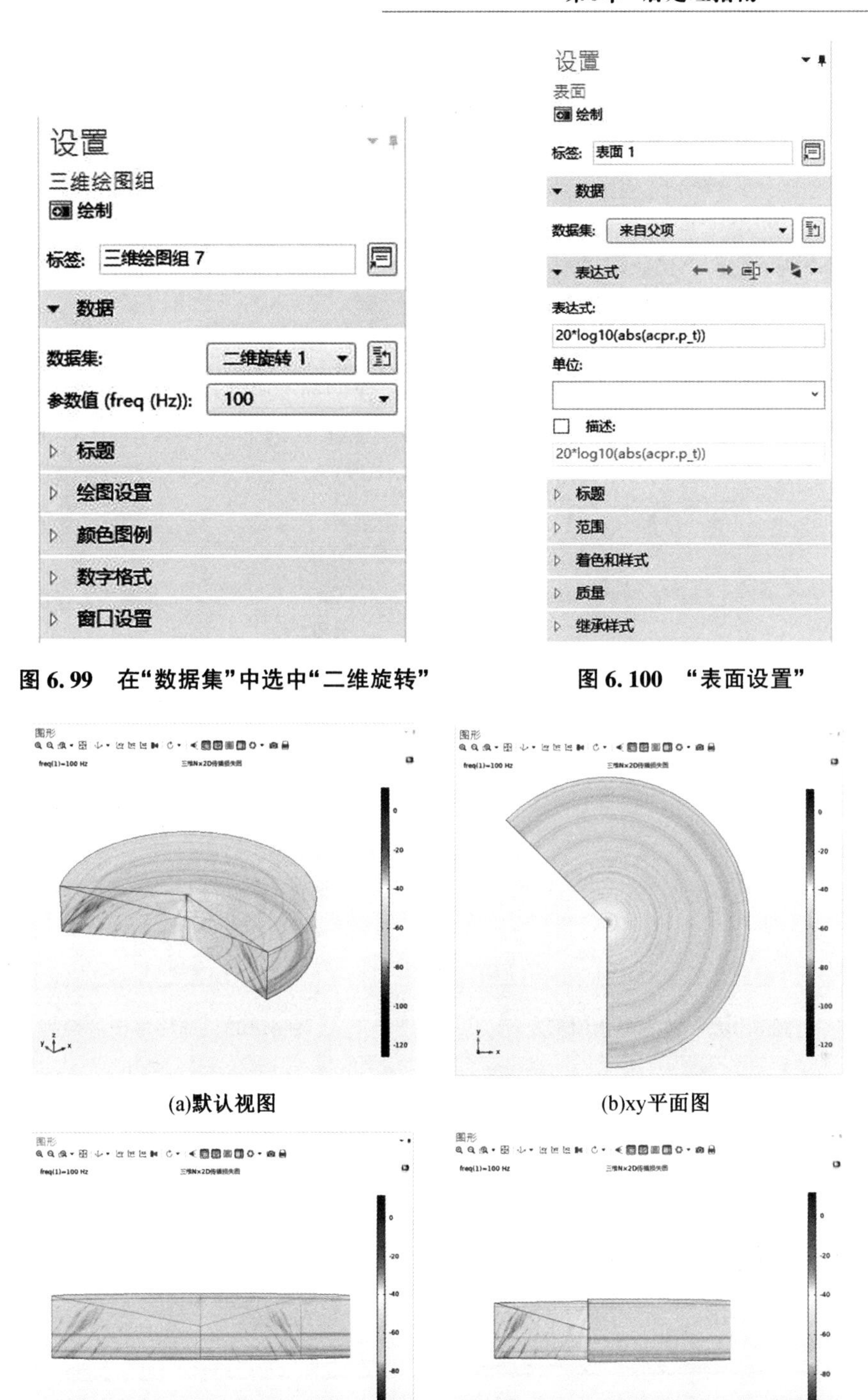


图 6.99 在“数据集”中选中“二维旋转”

图 6.100 “表面设置”

(a)默认视图

(b)xy平面图

(c)yz平面图

(d)xz平面图

图 6.101 三维下 $N$×2D 伪彩图

# 6.7 导出数据

COMSOL Multiphysics 虽然可以绘制图形,但是 COMSOL Multiphysics 的修图功能并不像 MATLAB、Python 这些专业绘图软件那样强大。因此大部分情况下需要将仿真数据导出,在专业的绘图软件中绘制所需要的图形。

右键单击“导出”,添加“数据后”,在设置区域进行导出的数据设置,如图 6.102 所示。

(1)数据。类似于前文的“绘图”,这里需要选择即将导出的数据目标,可以是截面、截线、截点和研究域等(图 6.103)。对于选择频率或者时间,频域模型需要选择频率(图 6.104),时域模型需要选择相应的时间(图 6.105)。

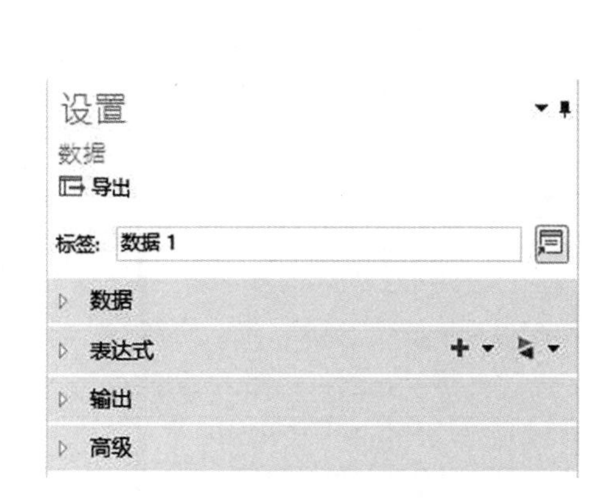


图 6.102 数据导出设置

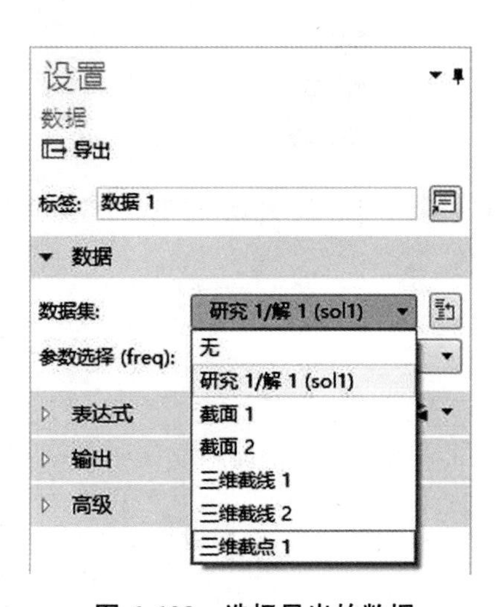


图 6.103 选择导出的数据

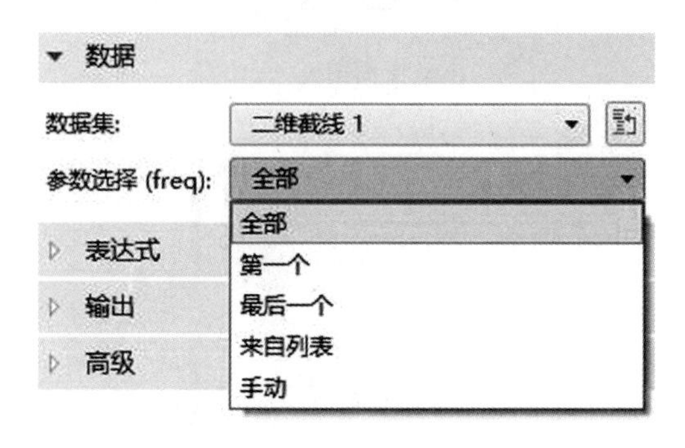


图 6.104 选择频率

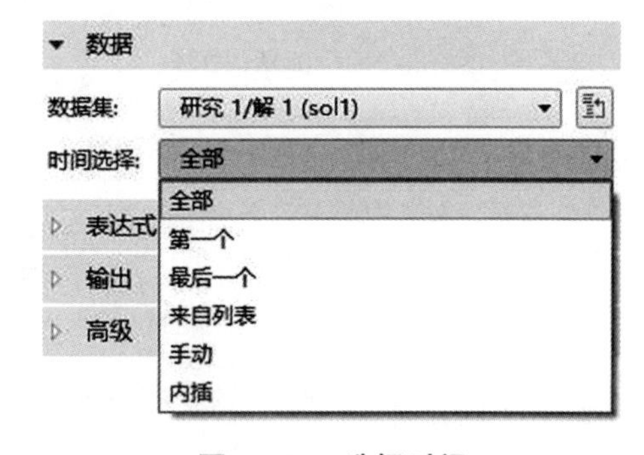


图 6.105 选择时间

(2)表达式(图 6.106)。“表达式”就是我们需要输出的物理量。用户可以利用右上角的按钮添加 COMSOL Multiphysics 自带的表达式,这时不需要自己添加单位或者描述;用户也可以自行输入表达式,这时一般需要自己输入描述。

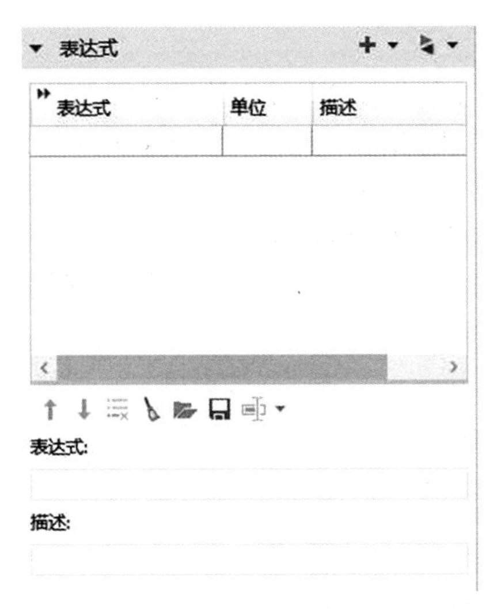


图 6.106 “表达式”

(3)输出(图 6.107)。不同的数据格式在绘图软件中对应着不同的绘制代码,所以选择合适格式的数据进行导出是非常重要。

①文件类型:分为“文本”(“.txt”)和非结构化的“VTK”文件。

②文件名:点击“浏览”指定数据欲导出的文件夹。

③要计算的点:其中包括从“数据集获取”“栅格”“规则栅格”“来自文件”。

④数据格式:包括“电子表格”和“分段”两种格式,默认情况下为“电子表格”。二者具体差别在下文会有实例描述。

⑤空间维度:用于指定导出结果的维度,默认为“从数据集获取”,即 COMSOL Multiphysics 会自动根据前面“数据集”的选择判定输出维度;用户也可以从下拉列表中选择“全局”“0”“1”“2”“3”等。

⑥几何层:用于指定导出结果的几何层次,默认为“从数据集获取”,即 COMSOL Multiphysics 会自动根据前面“数据集”的选择判定输出几何层次;用户也可以从下拉列表中选择“体积”“表面”“线”“点”等。

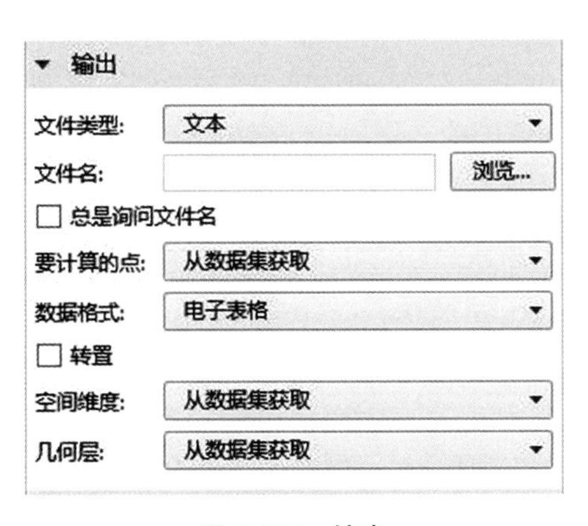


图 6.107 输出

(4)高级(图6.108)。

①包含标题:默认为勾选,用于设置在导出数据时是否在文件前加上文件头进行描述。

②如果存在此文件:包含“覆盖”和“附加”两种选项,默认为“覆盖”。用户也可以下拉选择“附加”,将数据输入到一个文件中。

③分辨率:用于设定导出数据时,是否需要采用形函数对结果插值。默认情况下为“常规”,即不进行插值;用户也可以手动下拉选择较“细化”“细化”“定制”。

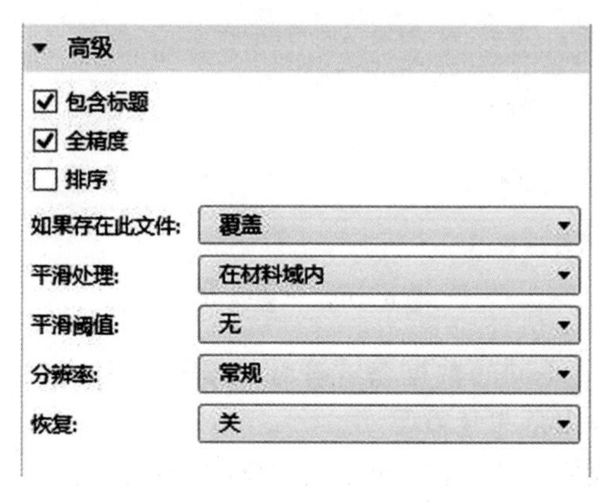


图6.108 “高级”

# 下篇　水声场计算应用案例

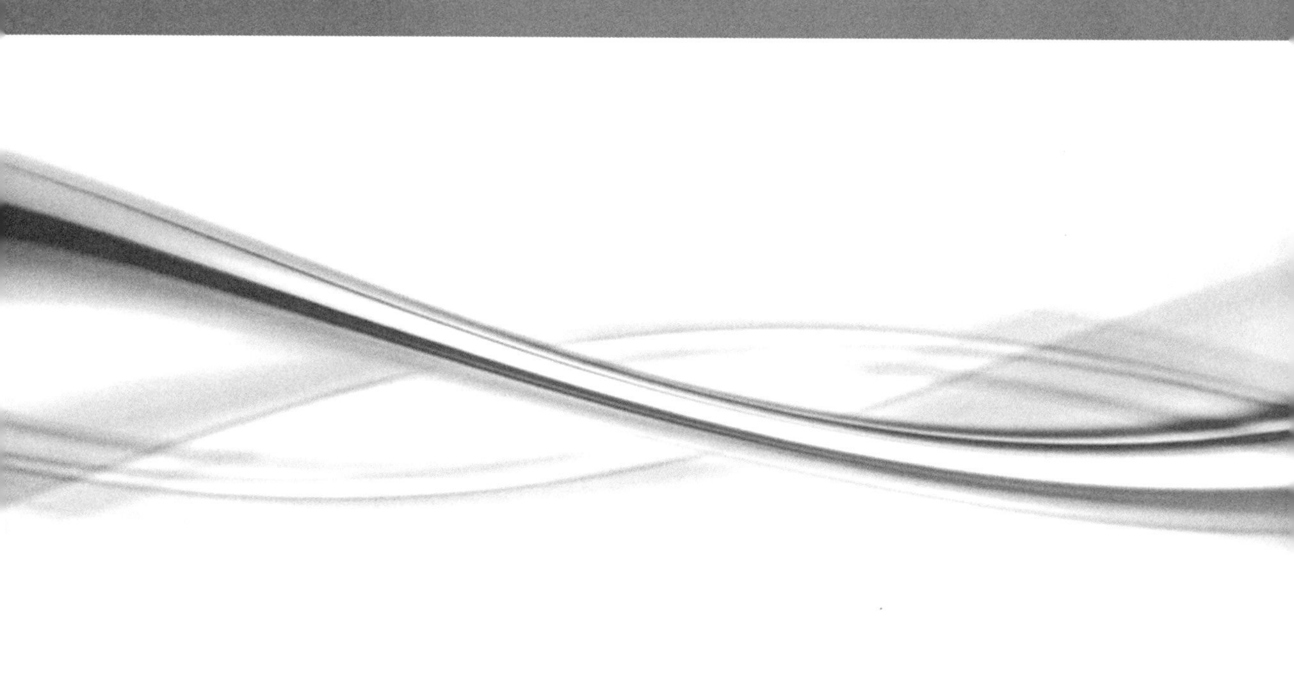

# 案例 A　模拟水池环境下的频域声场计算

## 案例背景

本案例采用 $xOz$ 二维下的矩形模型模拟水池声场环境，矩形上下左右四个边界面，上边界设为水面，其余设为池壁。计算时，设定声源位置为模型的中心处，计算整个模型水层中的频域声场分布。模型可以类比为规则长方形水池或水箱二维截面。

## 模型参数

如图 A-1 所示，声源 $S(t)$ 频率 $f=300$ Hz，海水层声速 $c_w=1\ 500$ m/s，海水层密度 $\rho_w=1\ 000$ kg/m$^3$，海水层深度 $z_w=100$ m；模型水平长度 $x=1\ 000$ m，模型垂直长度 $z=100$ m，模型宽度 $r_w=1\ 000$ m，声源深度 $Sz=50$ m，声源水平位置 $Sx=500$ m。

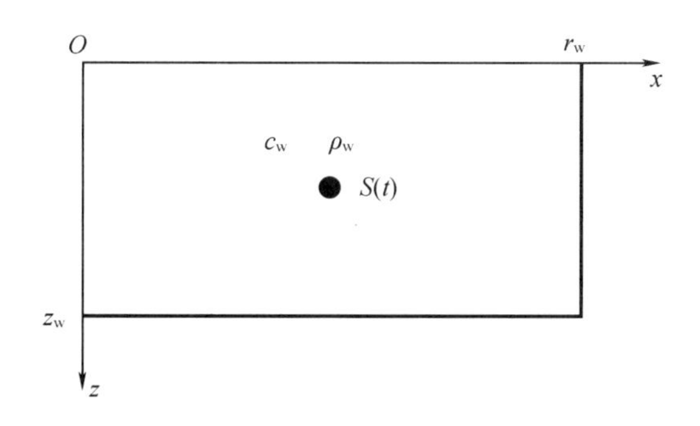


**图 A-1　模型示意图**

## 边界条件和声源

上边界水面设置为软声场边界仿真水池水-空气交界面，下、左、右界面设置为硬声场边界仿真水池池壁边界。单极点源位于模型正中心位置。

## 建模过程指导

从“文件”菜单中选择“新建”，在“新建”窗口中单击“模型向导”。

## 模型向导

1. 在“模型向导”窗口中，单击“二维”。
2. 在“选择物理场”树中选择“声学”→“压力声学”→“压力声学，频域”。
3. 单击“添加”，再单击“研究”。
4. 在“选择研究”树中选择“一般研究”→“频域”，最后单击“完成”。

## 全局定义

### 参数 1

1. 在“模型开发器”窗口的“全局定义”节点下,单击“参数 1”。
2. 在“参数”的设置窗口中,定位到“参数”栏,将表格中的参数逐一输入列表。

“参数 1”定义如图 A-2 所示。

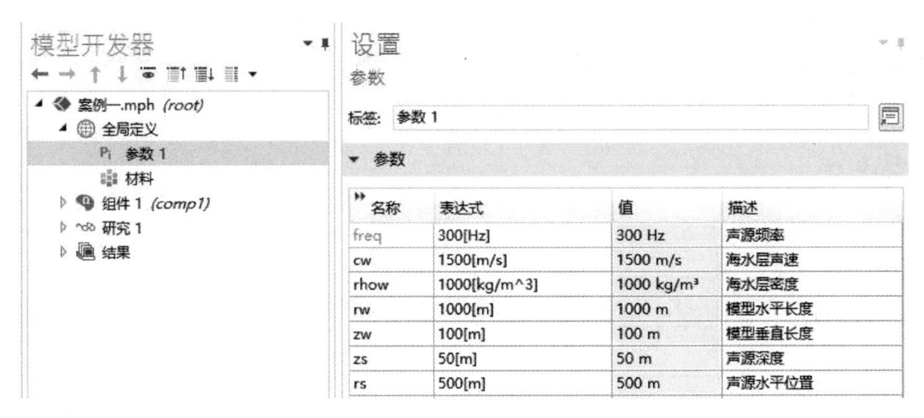


图 A-2 “参数 1”定义

## 组件

### 几何 1

“矩形 1”设置如下。

1. 右键单击“几何”,在“几何”工具栏中单击“矩形”。
2. 在“矩形”的设置窗口中,定位到“大小和形状”栏。
3. 在“宽度”文本框中输入“rw”,在高度文本框中输入“zw”。
4. 定位到“位置”栏,在“y”文本框中输入“-100”。
5. 单击“构建选定对象”。

“点 1”设置如下。

1. 在“几何”工具栏中单击“点”。
2. 在“点”的设置窗口中,定位到“点”栏。
3. 在“r”文本框中输入“rs”,在“z”文本框中输入“-zs”。
4. 单击“构建所有对象”。

声源点设定如图 A-3 所示。

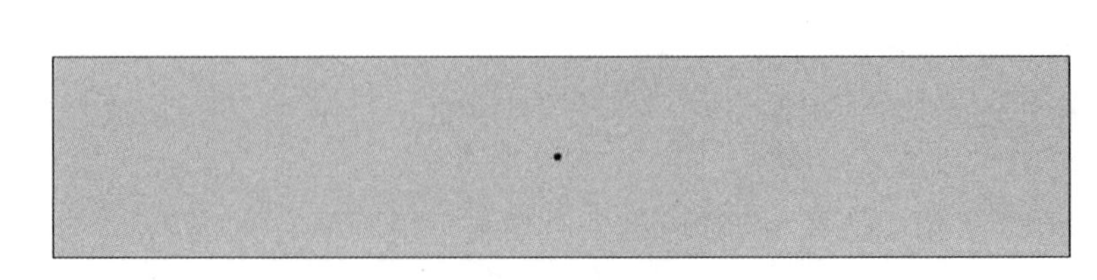

图 A-3 声源点设定

## 压力声学,频域

选择“压力声学,频域”→“压力声学 1”。

### 压力声学 1

1. 在“压力声学 1”的设置窗口中,定位到“压力声学”模型栏。
2. 在“流体模型”列表中改为“用户定义衰减”。
3. 在“声速”列表中选择“用户定义”,同时在文本框中输入“cw”。
4. 从“密度”列表中选择“用户定义”,同时在文本框中输入“rhow”。
5. 从“衰减类型”列表中选择“衰减系数 dB 每波长”同时在文本框中输入“0.01”。

### 软声场边界 1

1. 右键单击“压力声学,频域”,在“压力声学,频域”的工具栏中单击“软声场边界”。
2. 从“选择”列表中选择“手动”,然后在图形区域选中“上边界”。

软声场边界设定如图 A-4 所示。

**图 A-4 软声场边界设定**

### 添加单极点源

1. 在“压力声学,频域”的工具栏中单击“点”→“单极点源”。
2. 在“单极点源 1”的设置窗口中,定位到“点源”栏。
3. 从“类型”列表中选择“用户定义”,同时在“单极幅值 S”的文本框中输入“1”。
4. 在图形区域中选中点“3”。

添加单极点源如图 A-5 所示。

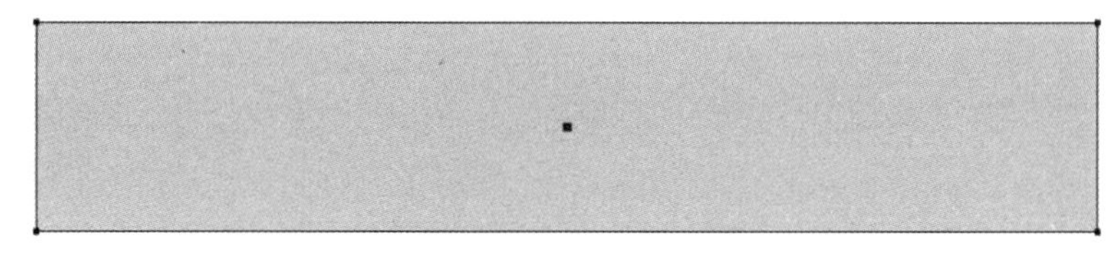

**图 A-5 添加单极点源**

## 网格 1

### 自由三角形网格 1

1. 右键单击“网格 1”,在“网格 1”的工具栏中单击“自由三角形网格”。
2. 在“自由三角形网格 1”的设置窗口中,定位到“域选择”栏。
3. 从“几何实体层”中选择“域”,然后选中“图形区域”。

4. 在“自由三角形网格 1”的工具栏中单击“大小”。
5. 在“自由三角形网格 1”→“大小 1”的设置窗口中,定位到“单元大小”栏。
6. 单击“定制”按钮。
7. 定位到“单元大小”参数栏,在“最大单元大小”文本框中输入 “cw/f/6”。
8. 点击“全部构建”。

网格剖分图如图 A-6 所示。

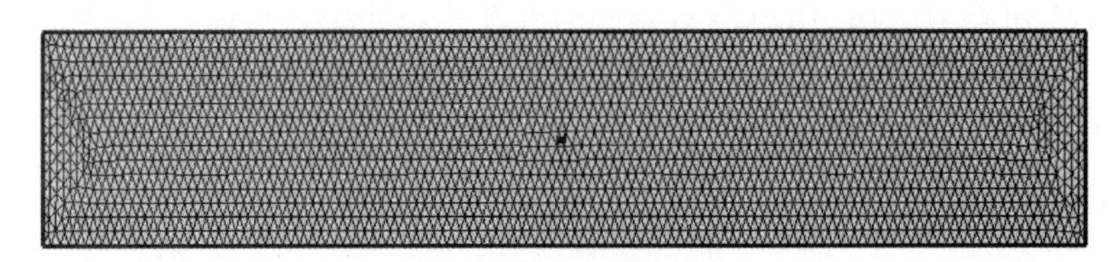

**图 A-6　网格剖分图**

**研究 1**

1. 单击“步骤 1:频域”。
2. 在“步骤 1:频域”的设置窗口中,定位到“研究设置”栏。
3. 在“频率”的文本框中输入“freq”。
4. 单击“计算”。

结果

**声压**

声压结果如图 A-7 所示。声压表示体积元受到声扰动后产生的逾量压强(压强的变化量)。观察声压我们会发现模型内部以声源为中心,左右声压场对称,上下不对称,这是由于上下边界分别为软硬边界的原因。这里声压的正与负仅仅代表方向,因为声波会在模型内反射,所以声速方向自然会不同。

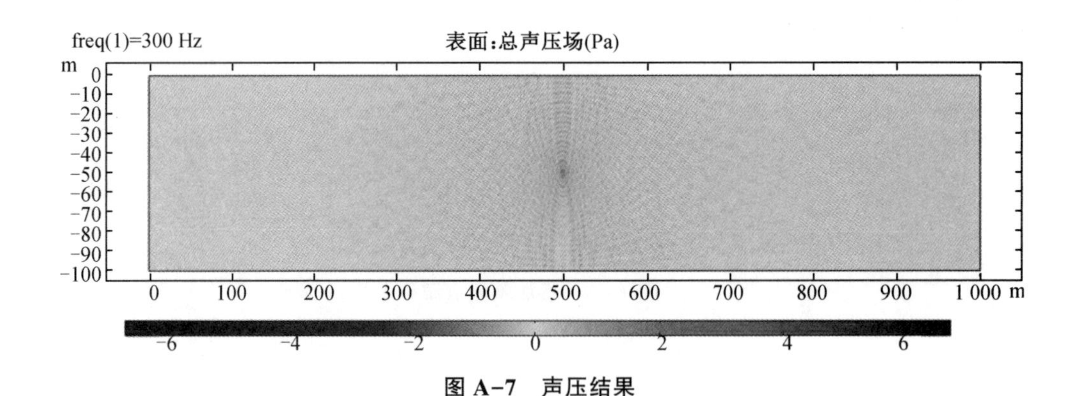


**图 A-7　声压结果**

**声压级**

1. 点击“声压级”,定位到声压级“设置”栏中的“颜色图例”。
2. “位置”设置为“底”,结果如图 A-8 所示。

声压级表示的是声压与参考声压比值的对数,它是衡量声压大小的量。观察声压图和声压级图,在声压图中虽然有些地方的颜色接近0,但是将声压数据导出后发现并没有声压为0的地方。通过观察声压级图也可以发现,如果声压为0,声压级也必然为0,很显然声压级没有为0的区域。

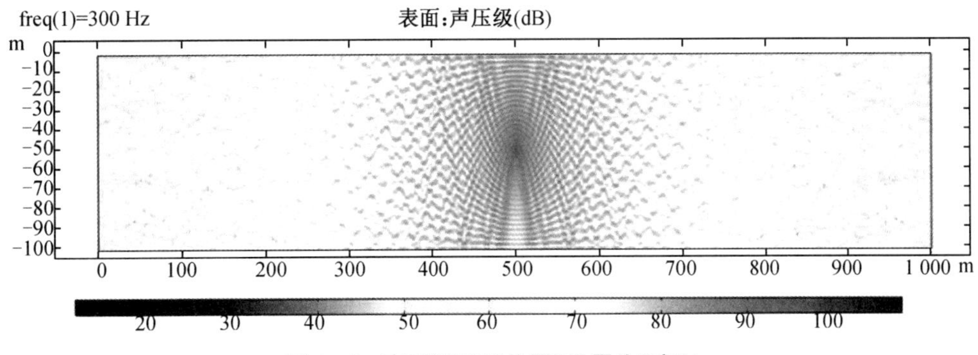


图 A-8 声压级图("位置"设置为"底")

1. 点击"声压级"→"表面",定位到表面"设置"栏中的"着色和样式"。

2. 选中"对称颜色范围",显示结果如图 A-9 所示。

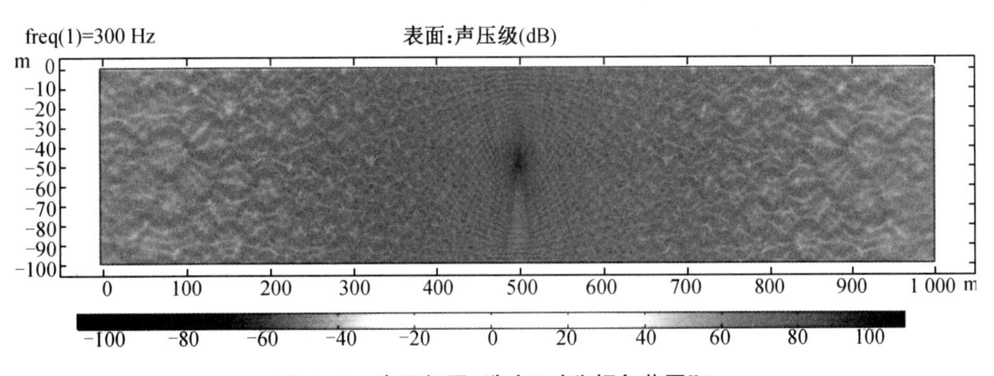


图 A-9 声压级图(选中"对称颜色范围")

3. 选中"颜色表反序",去掉"对称颜色范围",显示结果如图 A-10 所示。

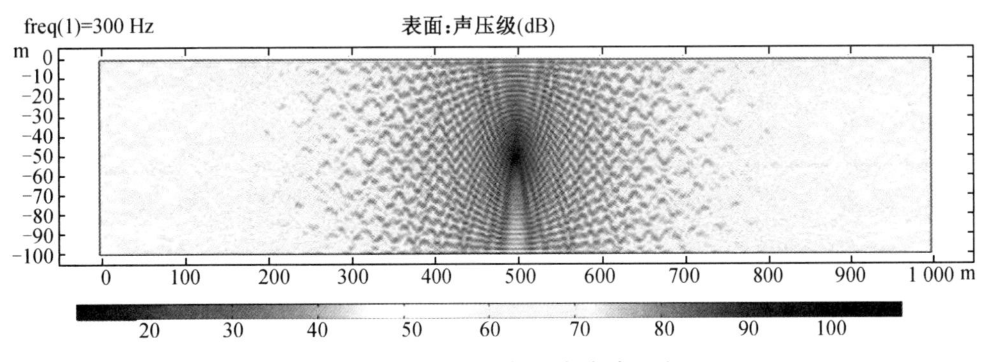


图 A-10 声压级图(选中"颜色表反序")

4. 将颜色表中的"Rainbow"改为"Wave",去掉"颜色表反序"及"对称颜色范围",显示结果如图 A-11 所示。

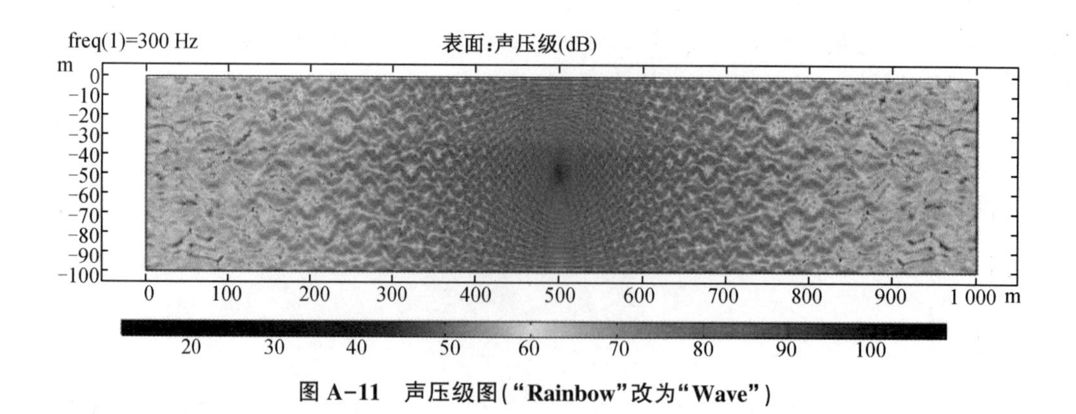


图 A-11 声压级图("Rainbow"改为"Wave")

## 讨论

本案例通过一个简单的二维长方形模型将读者引入 COMSOL Multiphysics 声场建模的殿堂。本书的前几个案例将会带领读者一步接一步地进行详细建模指导操作,通过练习,读者对 COMSOL Multiphysics 的认识会一步步加深。之后本书对 COMSOL Multiphysics 的介绍速度会逐渐加快,讲解深度也逐渐加深。

在本案例中读者需要掌握 COMSOL Multiphysics 声场建模最基本的操作流程。首先是选择需要的维度以及物理场,其次是模型开发器区域的操作流程,基本上是按照参数定义、几何设置、物理场设置、网格剖分、研究结果这样的顺序进行操作。

# 案例 B　绝对硬海底模型下的频域声场计算

## 案例背景

本案例采用 $xOz$ 二维平面下的矩形模型模拟浅海环境，矩形上下左右四个边界面，上边界设为水面，左边界为声源所在边界，下边界设为海底，右边界外设置完美匹配层（PML）。计算时，设定声源位置为模型左边界，海底为绝对硬界面，右边界外通过设置 PML 层模拟声场向无限远处消散。

## 模型参数

如图 B-1 所示，声源 $S(t)$ 频率 $f=30$ Hz，海水层声速 $c_w=1\ 500$ m/s，海水层密度 $\rho_w=1\ 000$ kg/m$^3$，模型水平长度 $r_w=8$ km，模型垂直长度 $z_w=400$ m，声源深度 $Sz=100$ m，声源水平位置 $Sx=0$ m，PML 层厚度设为信号 6 倍波长，即 $c_w/f\times6$。

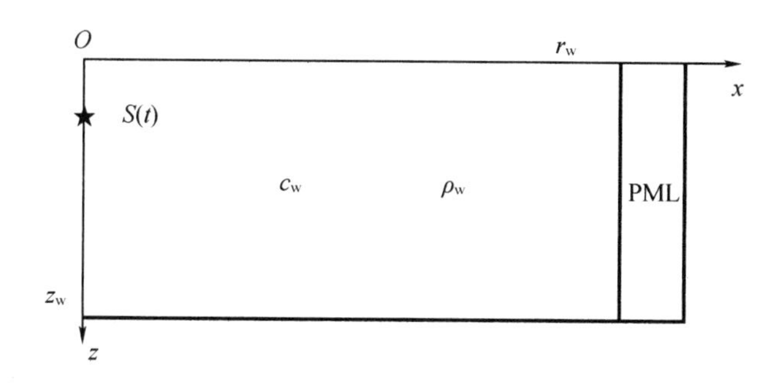


**图 B-1　模型示意图**

## 边界条件和声源

本案例声源采用“单极点源”，海面和海底分别设置为软、硬声场边界。模型右侧设置完美匹配层来模拟水层无限远边界。

## 建模过程指导

从“文件”菜单中选择“新建”，在“新建”窗口中单击“模型向导”。

## 模型向导

1. 在“模型向导”窗口中，单击“二维”。
2. 在“选择物理场”树中选择“声学”→“压力声学”→“压力声学，频域”。
3. 单击“添加”，再单击“研究”。
4. 在“选择研究”树中选择“一般研究”→“频域”，最后单击“完成”。

## 全局定义

### 参数 1

1. 在“模型开发器”窗口的“全局定义”节点下,单击“参数 1”。
2. 在“参数”的设置窗口中,定位到“参数”栏,将表格中的参数逐一输入列表。

“参数 1”定义如图 B-2 所示。

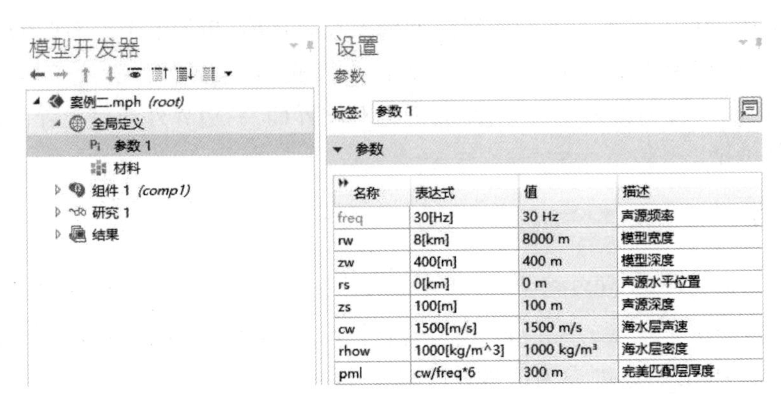


| 名称 | 表达式 | 值 | 描述 |
|---|---|---|---|
| freq | 30[Hz] | 30 Hz | 声源频率 |
| rw | 8[km] | 8000 m | 模型宽度 |
| zw | 400[m] | 400 m | 模型深度 |
| rs | 0[km] | 0 m | 声源水平位置 |
| zs | 100[m] | 100 m | 声源深度 |
| cw | 1500[m/s] | 1500 m/s | 海水层声速 |
| rhow | 1000[kg/m^3] | 1000 kg/m³ | 海水层密度 |
| pml | cw/freq*6 | 300 m | 完美匹配层厚度 |

图 B-2 “参数 1”定义

## 组件

### 矩形 1

1. 右键单击“几何 1”,在“几何”工具栏中单击“矩形”。
2. 在“矩形”的设置窗口中,定位到“大小和形状”栏。
3. 在“宽度”文本框中输入“rw+pml”,在“高度”文本框中输入“zw”。
4. 定位到“位置”栏,在“x”文本框中输入“0”,在“y”文本框中输入“-zw”。
5. 定位到层栏,在层“1”文本框中输入“pml”,同时在下方勾选“层在右侧”。
6. 单击“构建选定对象”。

声场模型图如图 B-3 所示。

图 B-3 声场模型图

### 点 1

1. 在“几何”工具栏中单击“点”。
2. 在“点”的设置窗口中,定位到“点”栏。
3. 在“x”文本框中输入“rs”,在“y”文本框中输入“-zs”。
4. 单击“构建所有对象”。

声源点设定如图 B-4 所示。

图 B-4　声源点设定

**完美匹配层 1**

1. 在“定义”工具栏中单击“完美匹配层”。
2. 选中“完美匹配层 1”,在最右侧图形中选中矩形所在区域,如图 B-5 所示。
3. 定位到“设置”栏的“几何”,将类型改为“笛卡儿”。
4. 在“典型波长来自”栏中选择“用户定义”。
5. 在“典型波长”文本框中输入“cw/freq”。

步骤 4 和 5 也可以如下设置:
在“典型波长来自”栏中选择“物理场接口”;
在“物理场接口”中选择“压力声学,频域”。
两种方法设置不同,但效果一致。

图 B-5　“完美匹配层”设定

## 压力声学,频域

1. 定位到“压力声学,频域”的“设置”栏。
2. 在“声压级设置”中,将“参考压力”设置为“使用水的参考压力”。
3. 在“完美匹配层的典型波速”中,在 Cref 文本框中填入“cw”。

**压力声学 1**

1. 在“压力声学 1”的设置窗口中,定位到“压力声学”模型栏。

2. 在“流体模型”列表中选择“线弹性”。如果需要定义衰减,这里选择“用户定义的衰减”。

3. 在“声速”列表中选择“用户定义”,同时在文本框中输入“cw”。

4. 在“密度”列表中选择“用户定义”,同时在文本框中输入“rhow”。

**软声场边界 1**

1. 右键单击“压力声学,频域”,在“压力声学,频域”的工具栏中单击“软声场边界”。
2. 在“选择”列表中选择“手动”,在图形区域选中模型和完美匹配层的上边界。

软声场边界设定如图 B-6 所示。

图 B-6　软声场边界设定

**添加单极点源**

1. 在“压力声学,频域”的工具栏中单击“点”→“单极点源”。

2. 在“单极点源 1”的设置窗口中,定位点源栏。

3. 在“类型”列表中选择“用户定义”,同时在“单极幅值 S”的文本框中输入“1”。

4. 在“图形”区域中选中点“5”。

添加单极点源如图 B-7 所示。

图 B-7　添加单极点源

网格 1

**自由三角形网格 1**

1. 右键单击“网格 1”,在“网格 1”的工具栏中单击“自由三角形网格”。

2. 在“自由三角形网格 1”的设置窗口中,定位到“域选择”栏。

3. 在“几何实体层”中选择“域”,然后选中区域“1”。

4. 在“自由三角形网格 1”的工具栏中单击“大小”。

5. 在“自由三角形网格 1”→“大小 1”的设置窗口中,定位到“单元大小”栏。

6. 单击“定制”按钮,定位到“单元大小”参数栏,在“最大单元大小”文本框中输入 “cw/freq/6”。

模型网格剖分如图 B-8 所示。

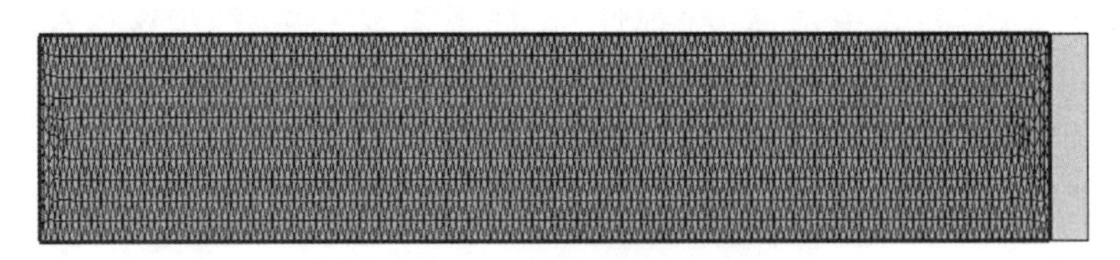

图 B-8　模型网格剖分

**映射 1**

1. 右键单击“网格 1”,在“网格 1”的工具栏中单击“映射”。

2. 在“映射 1”的设置窗口中,定位到“域选择”栏。
3. 从“几何实体层”中选择“域”,然后在图形区域中选中完美匹配层,即域“2”。
4. 右键单击“映射 1”,在“映射 1”的工具栏中单击“分布”。
5. 在“映射 1”→“分布 1”的设置窗口中,定位到“分布”栏。
6. 在“单元数”文本框中输入“8”,然后在“图形”区域中点击“完美匹配层上边线”。
7. 点击“全部构建”。

PML 映射剖分如图 B-9 所示。

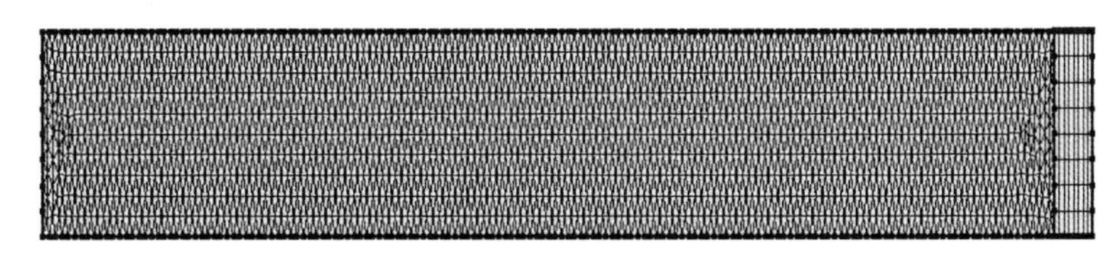

图 B-9 PML 映射剖分

研究 1

1. 单击“步骤 1:频域”。
2. 在“步骤 1:频域”的设置窗口中,定位到“研究设置”栏。
3. 在“频率”的文本框中输入“freq”。
4. 单击“计算”。

结果

**声压**

声压场图如图 B-10 所示。

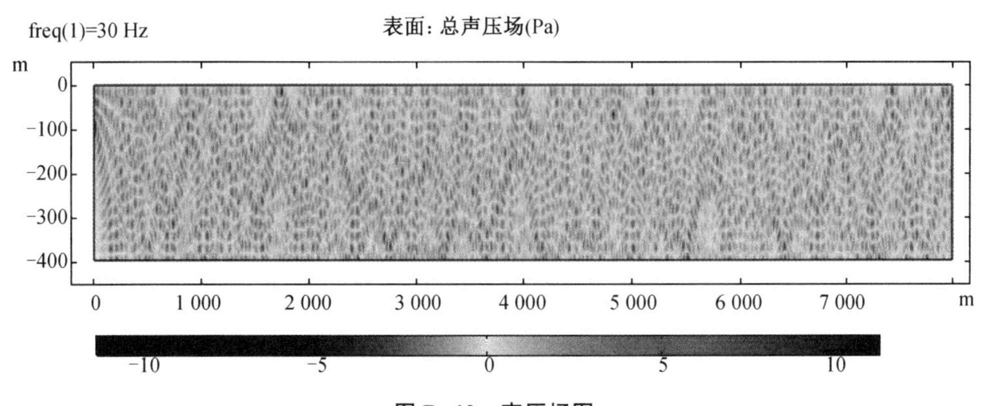


图 B-10 声压场图

**声压级**

声压级图如图 B-11 所示。

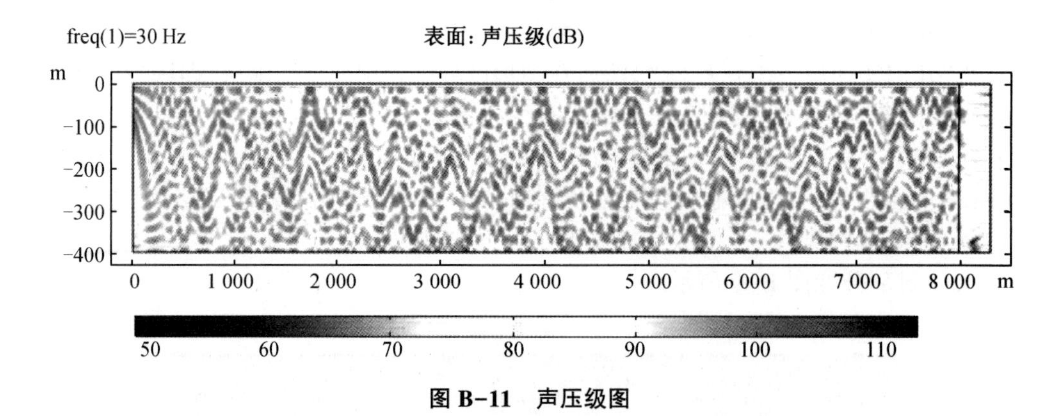


**图 B-11　声压级图**

由两张伪彩图可以看出,无论是声压还是声压级,都在完美匹配层中急剧下降,表明完美匹配层的吸收效果良好。

**选择研究域**

1. 在“模型开发器”窗口中展开“结果”→“数据集”→“研究 1/解 1”节点。

2. 右键单击“研究 1/解 1”并添加“选择”。

3. 在“选择”的设置窗口中,定位到“几何实体层”选择栏。

4. 选择“域”,并选中研究域“1”。

研究域设定如图 B-12 所示。

**图 B-12　研究域设定**

5. 点击“声压级”。

声压级图如图 B-13 所示。

由于水声研究工作并不涉及 PML 中声场的分布情况,因此我们只需要选择研究域,这样 PML 不会影响接下来的操作。

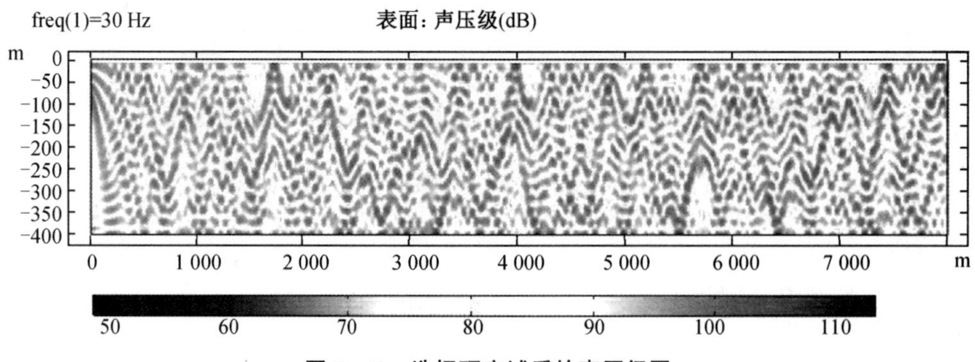


**图 B-13　选择研究域后的声压级图**

6. 点击“声压级”→“表面”,定位到表面“设置”栏的“范围”。
7. 选中“手动控制颜色范围”,将“最小值”改为 40,“最大值”改为 100,点击“绘制”。
手动控制颜色范围后的声压级图如图 B-14 所示。

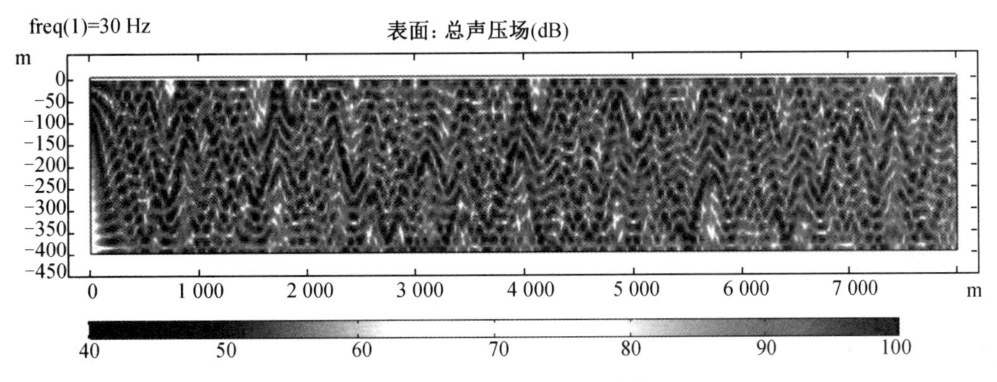


图 B-14 手动控制颜色范围后的声压级图

**二维传播损失伪彩图**

1. 右键单击“结果”,选择“二维绘图组”完成添加。
2. 右键单击“二维绘图组”,选择“表面”完成添加。
3. 点击表面,定位到“表面”的设置栏中的“表达式”。
4. 在“表达式”的文本框中输入“20 * log10( abs( acpr. p_t) )”,点击“绘制”。
传播损失伪彩图如图 B-15 所示。

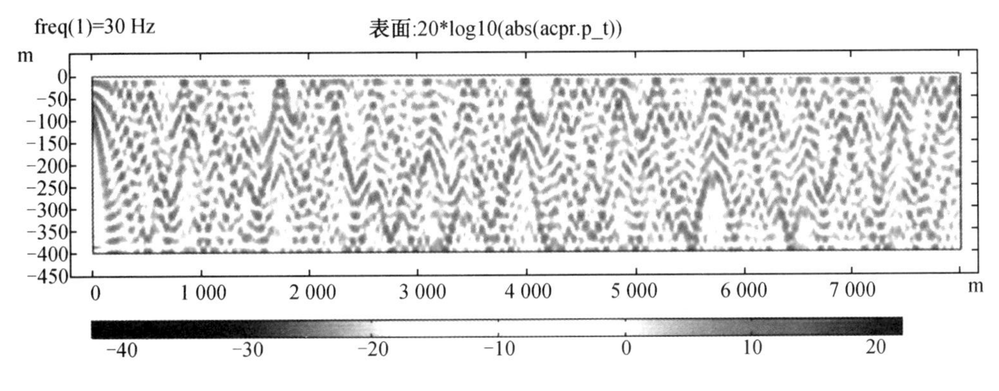


图 B-15 传播损失伪彩图

## 讨论

本案例和案例 A 都是采用二维“压力声学,频域”。但本案例的不同点在于引入了“完美匹配层”这一极其重要部分,“完美匹配层”在之后的模型案例中几乎都会被用到,所以读者需要深刻理解“完美匹配层”的含义,以及学会如何构建“完美匹配层”和相应区域的网格划分。

# 案例C　上坡液态海底模型下的计算

## 案例背景

本案例在三维柱坐标系($r\theta z$)下建立一种模拟浅海环境的波导模型,模型中设定海水层下是一楔形液态海底,波导模型简图如图C-1所示。在柱坐标系下,各$\theta$方向上各二维$rOz$垂直截面间的声能相互耦合忽略,即采用$N\times 2D$假设。在COMSOL Multiphysics中设置时只需设置其中某一$rOz$二维截面中的参数即可。

对模型中任一$rOz$截面,截面上下左右四个边界,上边界设为水面,左边界为柱坐标中心轴,下边界外与右边界外设置完美匹配层。计算时,设定声源位置为柱坐标中心轴,海底为海水层与液态海底层交界面,下边界外与右边界外通过设置完美匹配层模拟声场向无限远处消散。

## 模型参数

如图C-1所示,声源$S(t)$频率$f=100$ Hz,海水层声速$c_w=1\ 500$ m/s,海水层密度$\rho_w=1\ 000$ kg/m$^3$,海底层密度$\rho_b=1\ 500$ kg/m$^3$,海底层声速$c_b=1\ 700$ m/s,海底层衰减系数$\alpha_b=0.1$ dB/$\lambda$($\lambda$为波长);模型水平长度$r=4$ km,模型垂直长度$z=200$ m,声源位于中心轴深度$Sz=20$ m处,完美匹配层厚度设为信号6倍波长,即$c_w/f\times 6$。

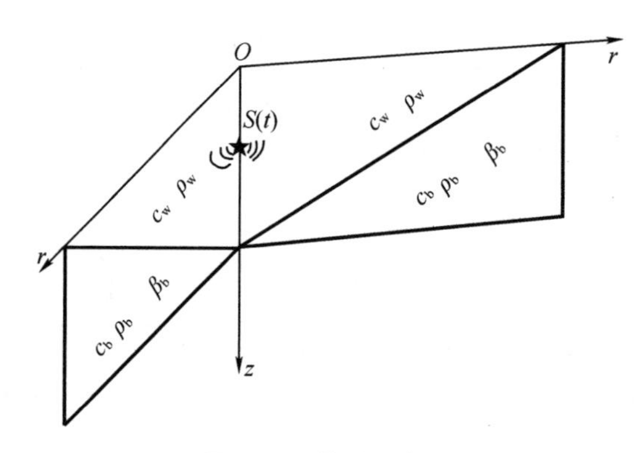


**图C-1　模型示意图**

## 建模过程指导

从“文件”菜单中选择“新建”,在“新建”窗口中单击“模型向导”。

## 模型向导

1. 在“模型向导”窗口中,单击“二维轴对称”。
2. 在“选择物理场”树中选择“声学”→“压力声学”→“压力声学,频域”。
3. 单击“添加”,再单击“研究”。

4. 在“选择研究”树中选择“一般研究”→“频域”,最后单击“完成”。

## 全局定义

### 参数 1

1. 在“模型开发器”窗口的“全局定义”节点下,单击“参数 1”。
2. 在“参数”的设置窗口中,定位到“参数”栏,将表格中的参数逐一输入到列表中。

参数 1 定义如图 C-2 所示。

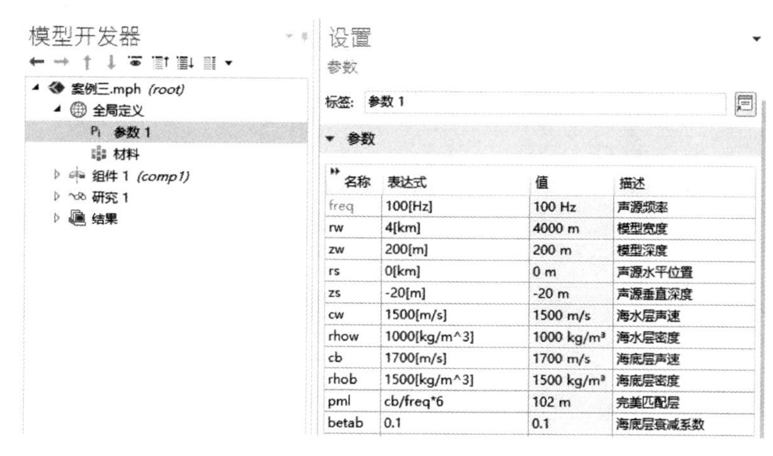


图 C-2 参数 1 定义

## 组件

### 几何 1

### 矩形 1

1. 在“几何”工具栏中单击“矩形”。
2. 在“矩形”的设置窗口中,定位到“大小和形状”栏。
3. 在“宽度”文本框中输入“rw+pml”,在“高度”文本框中输入“zw+200+pml”。
4. 定位到“位置”栏,在“r”文本框中输入“0”,在“z”文本框中输入“-zw-200-pml”。
5. 定位到“层”栏,在“层 1”文本框中输入“pml”,同时勾选“层在右侧”和“层在底面”。
6. 单击“构建选定对象”。

声场模型构建如图 C-3 所示。

### 线段 1

1. 在“几何”工具栏中单击“线段”。
2. 在“线段”的设置窗口中,定位到“起点”栏。
3. 在“指定”列表中选择“坐标”,在“r”文本框中输入“0”,在“z”文本框中输入“-200”。
4. 定位到“终点”栏,在“r”文本框中输入“rw”,在“z”文本框中输入“0”。
5. 单击“构建选定对象”。

线段设定如图 C-4 所示。

图 C-3　声场模型构建

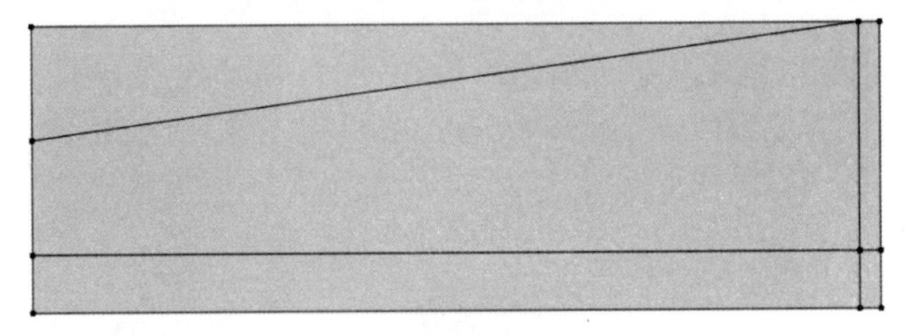

图 C-4　线段设定

**点 1**

1. 在“几何”工具栏中单击“点”。
2. 在“点”的设置窗口中,定位到“点”栏。
3. 在“r”文本框中输入“rs”,在“z”文本框中输入“zs”。
4. 单击“构建所有对象”。

点 1 设定如图 C-5 所示。

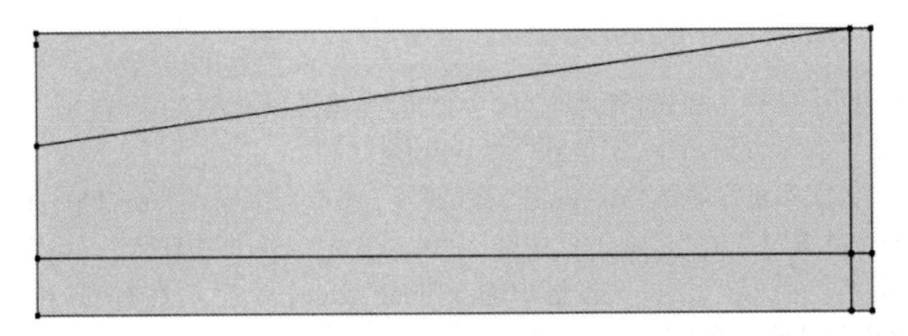

图 C-5　点 1 设定

## 压力声学,频域

1. 定位到“压力声学,频域”的设置栏。
2. 在“声压级设置”中,将参考压力设置为“使用水的参考压力”。
3. 在“完美匹配层的典型波速”中,在 Cref 文本框中填入“cw”。

**压力声学 1**

1. 在“压力声学 1”的设置窗口中,定位到“压力声学”模型栏。
2. 在“流体模型”列表中选择“线弹性”。

3. 在“声速”列表中选择“用户定义”，同时在文本框中输入“cw”。
4. 在“密度”列表中选择“用户定义”，同时在文本框中输入“rhow”。
压力声学 1 区域如图 C-6 所示。

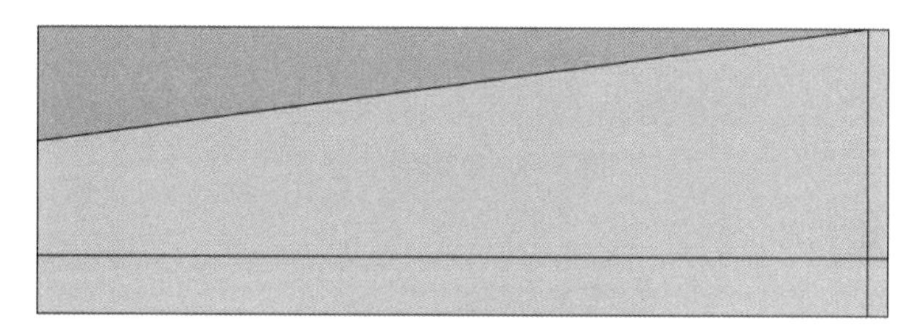

图 C-6 压力声学 1 设定

**压力声学 2**

1. 在“压力声学，频域”工具栏中单击“压力声学”。
2. 在“压力声学 2”的“设置”窗口中，定位到“域选择”栏。
3. 在“选择”列表中选择“手动”，然后在“图形”区域选中“1、2、4、5”。
4. 定位到“压力声学”模型栏，在“流体模型”列表中选择“用户定义衰减”。
5. 在“声速”列表中选择“用户定义”，同时在文本框中输入“cb”。
6. 在“密度”列表中选择“用户定义”，同时在文本框中输入“rhob”。
7. 在衰减类型列表中选择“衰减系数 dB 每波长”，同时在文本框中输入“betab”。
压力声学 2 区域如图 C-7 所示。

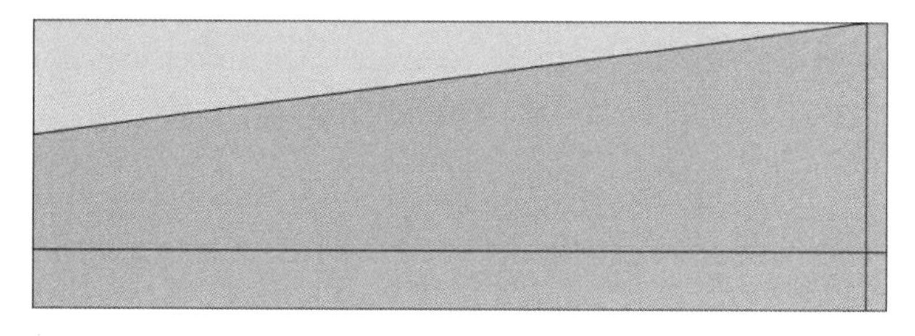

图 C-7 压力声学 2 区域

**添加单极点源**

1. 在“压力声学，频域”工具栏中单击“点”→“单极点源”。
2. 在“单极点源 1”的“设置”窗口中，定位“单极点源”栏。
3. 在“类型”列表中选择“用户定义”，同时在“单极幅值 S”的文本框中输入“1”。
4. 在“图形”区域中选中点“4”。
添加单极点源如图 C-8 所示。

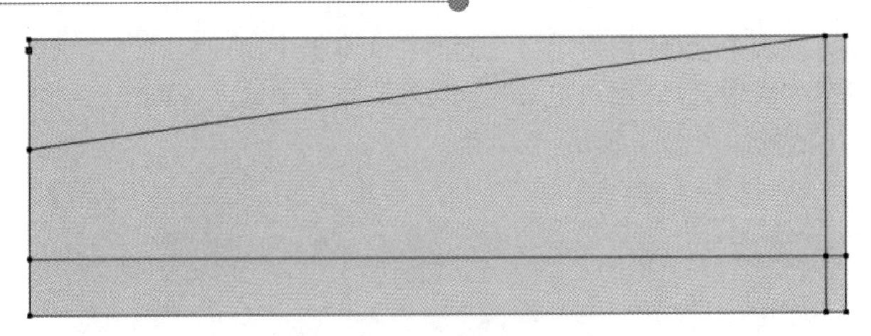

图 C-8　添加单极点源

**完美匹配层**

1. 在“定义”的工具栏中单击“完美匹配层”。
2. 在“完美匹配层 1”的“设置”窗口中,定位到“几何”栏。
3. 在“类型”列表中选择“圆柱形”。
4. 定位到“缩放”栏,在“典型波长来自”列表中选择“用户定义”。
5. 在“典型波长”的本文框中输入“cb/freq”。
6. 在“图形”区域中选择“1、4、5”区域。

完美匹配层设定如图 C-9 所示。

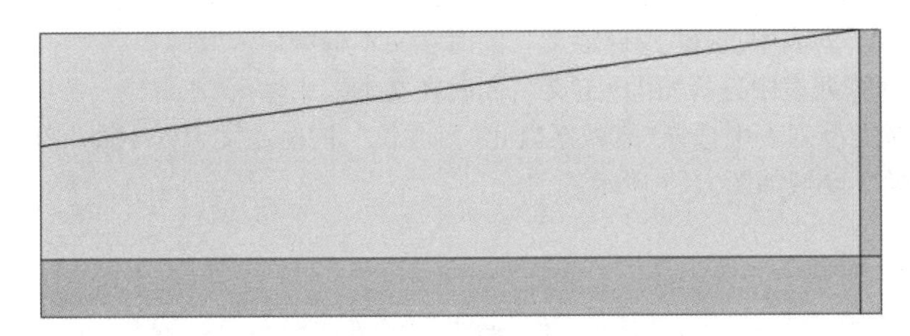

图 C-9　完美匹配层设定

网格 1

**自由三角形网格 1**

1. 在“网格 1”的工具栏中单击“自由三角形网格”。
2. 在“自由三角形网格”的“设置”窗口中,定位到“域选择”栏。
3. 在“几何实体层”中选择“域”,然后在“图形”区域中选中“2、3”。
4. 在“自由三角形网格 1”的工具栏中单击“大小”。
5. 在“自由三角形网格 1”→“大小 1”的“设置”窗口中,定位到“单元大小”栏。
6. 单击“定制”按钮。
7. 定位到“单元大小”参数栏,在“最大单元大小”文本框中键入 “cw/freq/6”。
8. 点击“构建选定对象”。

研究域网格剖分如图 C-10 所示。

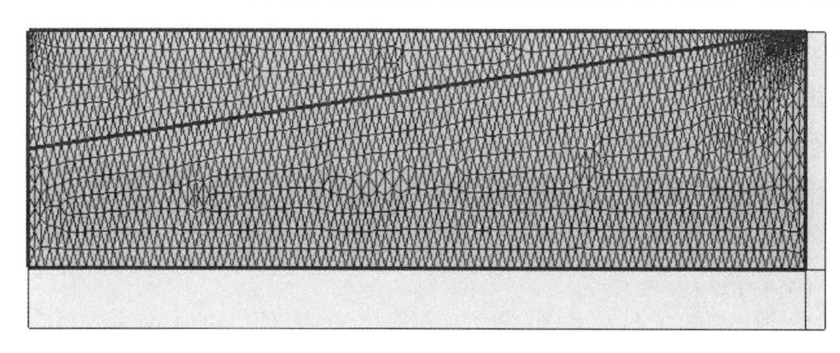

图 C-10 研究域网格剖分

**映射 1**

1. 在“网格 1”的工具栏中单击“映射 1”。
2. 在“映射 1”的“设置”窗口中,定位到“域选择”栏。
3. 在“几何实体层”中选择“域”,然后在“图形”区域中选中“1、4、5”。
4. 在“映射 1”的工具栏中单击“分布”。
5. 在“映射 1”→“分布 1”的“设置”窗口中,定位到“分布”栏。
6. 在“单元数”文本框中输入“8”,然后在图形区域中点击线“9、12”。
7. 点击“全部构建”。

PML 映射网格如图 C-11 所示。

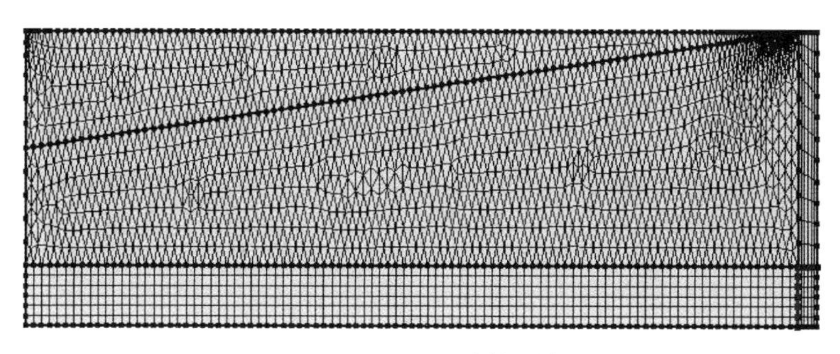

图 C-11 PML 映射网格

研究 1

**步骤 1:频域**

1. 在“步骤 1:频域”的“设置”窗口中,定位到“研究设置”栏。
2. 在“频率”的文本框中输入“freq”。
3. 单击“计算”。

结果

**数据集**

1. 在“数据集”→“研究 1/解 1”的“工具栏”中单击“选择”。
2. 在“选择”的“设置”窗口中,定位到“几何实体选择”栏。
3. 在“几何实体层”列表中选择“域”。

4. 在“图形”区域选中域“2、3”

**二维绘图组**

1. 在“结果”工具栏中单击“二维绘图组”。

2. 定位到“二维绘图组”的“设置”栏中的“颜色图例”,将“位置”设置为“底”。

3. 定位到“标题”中的“标题类型”,设置为“手动”,“标题”文本框中设置为“传播损失:20 * log10( abs( acpr. p_t) )”。

4. 在“二维绘图组”的工具栏中单击“表面”。在“表面”的设置窗口中,定位到“表达式”栏。

5. 将“表达式”文本框中替换为“20 * log10( abs( acpr. p_t) )”。

6. 定位到“组件”→“定义”→“视图”→轴的“设置”栏中的“轴”部分“视图比例”。

7. 将“无”改为“手动”,然后将“y”比例设置为“2”。

8. 点击“二维绘图组”的设置窗口最上方的“绘制”。

传播损失伪彩图如图 C-12 所示。

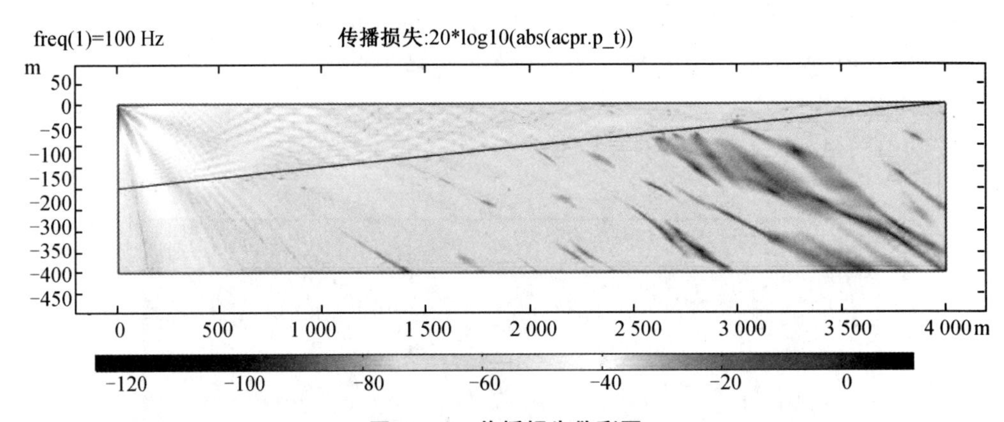


**图 C-12　传播损失伪彩图**

**一维绘图组**

1. 右键单击“数据集”,添加“二维截线”。

2. 在“二维截线”的“设置”窗口中,定位到“线数据”栏。在点“1”文本框中分别输入“0”“-50”;在点“2”文本框中分别输入“3000”“-50”。

3. 在结果的工具栏中右键单击,添加“一维绘图组”,定位到“一维绘图组”的“设置”栏中的“标题”。

4. 将“标题类型”改为“手动”,在“标题”文本框中输入“传播损失:20 * log10( abs( acpr. p_t/1) )”。

5. 在“一维绘图组”的工具栏中右键单击,添加“线图”。

6. 在“线图”的设置窗口中,定位到“y 轴数据”的“表达式”栏,输入“20 * log10( abs( acpr. p_t/1) )”,然后点击“绘制”。

传播损失曲线图如图 C-13 所示。

对比图 C-12 和图 C-13,可以看出,传播损失基本呈现出随着传播距离的增加逐渐增大的趋势。

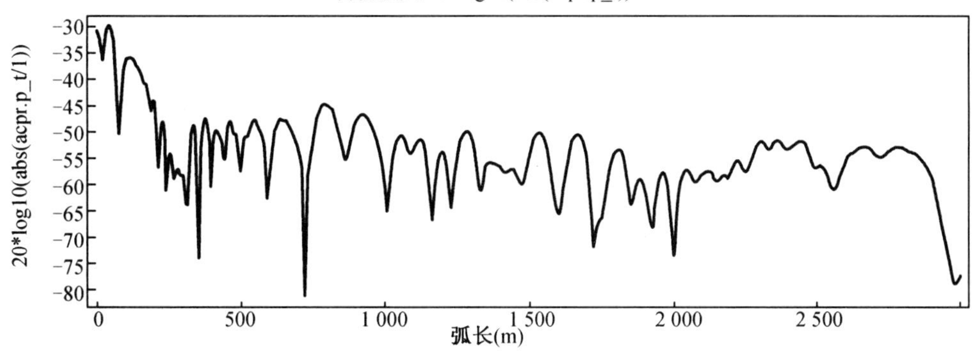


**图 C-13　传播损失曲线图(深度为 50 m)**

**导出数据**

1. 右键单击“结果”→“导出添加数据”,点击“数据 1”,定位至相应设置栏。

2. 在“数据”部分的“数据集”选择“二维截线 1”。

3. 在“表达式”文本框中输入“20 * log10(abs(acpr. p_t))”,在“描述”文本框中输入“传播损失”。

4. “输出”部分中,“文件类型”选择“文本”,“文件名”处利用“浏览”选择要输出的文件夹即可。

至此,即可将二维截线的传播损失数据成功导出。

**声压级,3D**

1. 定位至“结果”→“视图”→“三维视图”→“相机”的“设置”栏,相机的“视图比例”改为手动:X∶Y∶Z=1∶1∶4。

2. 定位至“声压级,3D”的设置栏,将“数据集”设置为“二维旋转 1”。

3. 在“绘图设置”中,将“视图”改为“三维视图 2”。在“颜色图例”中将“位置”设置为“底”。

三维 $N$×2D 声压级图如图 C-14 所示。

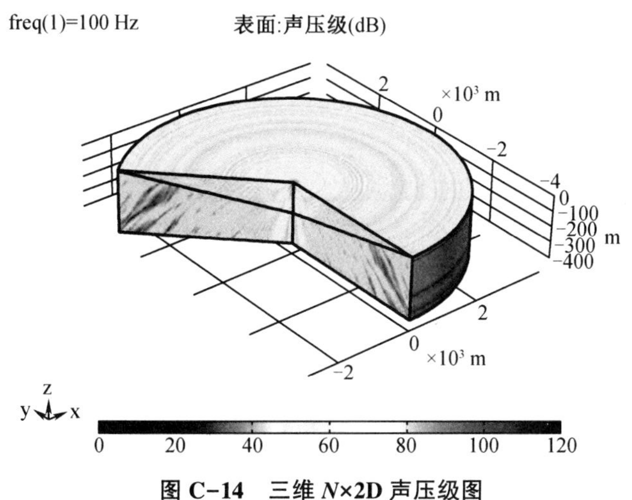


**图 C-14　三维 $N$×2D 声压级图**

讨论

读者在本案例中需要学会设置双层流体层模型,以及如何画传播损失曲线。海底层分为液态海底和固态海底,当海底层中的剪切波比较小对水声传播影响不大时可以忽略,像本案例一样设置为液态海底。同时,如何导出数据也非常重要,在 COMSOL Multiphysics 中无法绘制图,将数据导出后即可在 MATLAB 中绘图。

由"声压级,3D"的图可以看到,二维轴对称下是把计算出的单个截面旋转了 360°,当计算模型的横向效应可以忽略时,我们可以将模型简化利用二维轴对称来计算声场。另外,在 COMSOL Multiphysics 中二维与三维的计算方式是一样的,只不过二维是取三维中的一个截面。因此,二维模型不会简化计算量,只有二维轴对称才会简化计算量。

# 案例D　弹性海底模型下的频域声场计算

## 案例背景

本案例在三维柱坐标系（$r\theta z$）下建立一种模拟浅海环境的波导模型，模型中设定海水层下是一水平弹性海底，波导模型简图如图D-1所示。在柱坐标系下，各$\theta$方向上各二维$rOz$垂直截面间的声能相互耦合忽略，即采用$N\times 2D$假设。在COMSOL Multiphysics中设置时只需设定其中某一$rOz$二维截面中的参数即可。

对模型中任一$rOz$截面，截面上下左右四个边界面，上边界设为水面，左边界为柱坐标中心轴，下边界外与右边界外设置完美匹配层。计算时，设定声源位置为柱坐标中心轴，海底为海水层与液态海底层交界面，下边界外与右边界外通过设置完美匹配层模拟声场向无限远处消散。

## 模型参数

声源$S(t)$频率$f=100$ Hz，海水层声速$c_w=1\ 500$ m/s，海水层密度$\rho_w=1\ 000$ kg/m$^3$，海水层深度$h_w=100$ m；海底层密度$\rho_b=1\ 500$ kg/m$^3$，纵波声速$c_p=2\ 000$ m/s，横波声速$c_s=1\ 000$ m/s，纵波衰减系数$\alpha_p=0.1$ dB/$\lambda$，其中$\lambda$为波长，横波衰减系数$\alpha_s=0.1$ dB/$\lambda$；模型水平长度$r=5$ km，模型垂直长度$z=200$ m，声源位于中心轴深度$Sz=20$ m处，完美匹配层厚度设为信号6倍波长，即$c_w/f\times 6$。

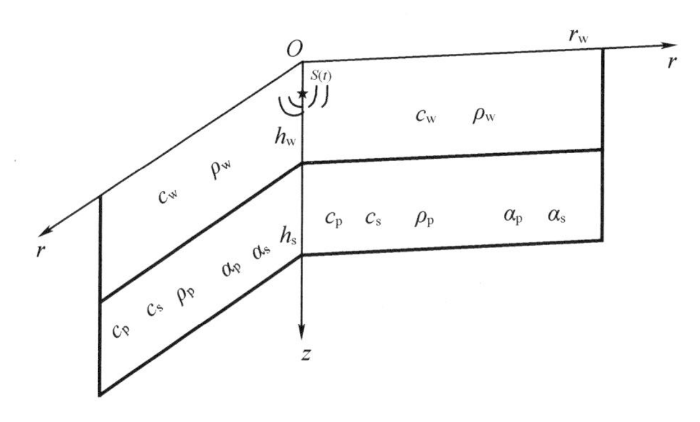


**图D-1　模型示意图**

## 建模过程指导

从“文件”菜单中选择“新建”，在“新建”窗口中单击“模型向导”。

## 模型向导

1. 在“模型向导”窗口中，单击“二维轴对称”。
2. 在“选择物理场”树中选择“声学”→“声-结构相互作用”→“声-固相互作用，频域”。

3. 单击“添加”,再单击“研究”。
4. 在“选择研究”树中选择“一般研究”→“频域”。最后单击“完成”。

## 全局定义

### 参数 1

1. 在“模型开发器”窗口的“全局定义”节点下,单击“参数 1”。
2. 在“参数”的“设置”窗口中,定位到“参数”栏,将表格中的参数逐一输入到列表中。参数 1 定义如图 D-2 所示。

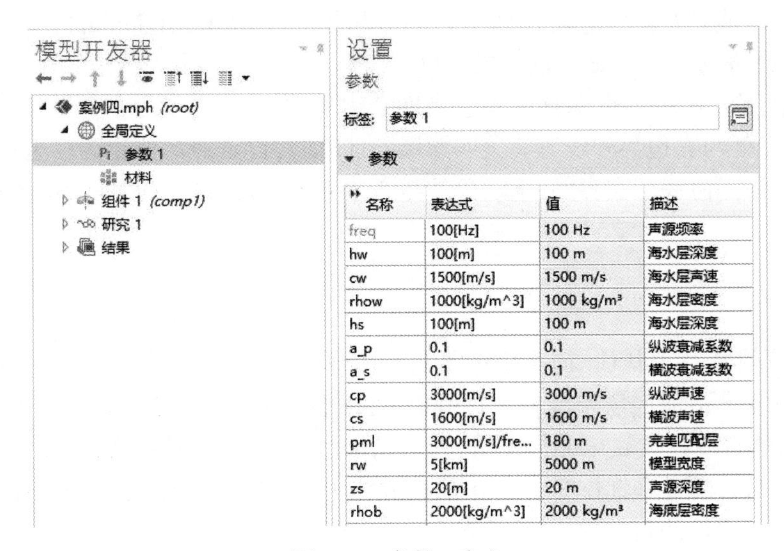


| 名称 | 表达式 | 值 | 描述 |
|---|---|---|---|
| freq | 100[Hz] | 100 Hz | 声源频率 |
| hw | 100[m] | 100 m | 海水层深度 |
| cw | 1500[m/s] | 1500 m/s | 海水层声速 |
| rhow | 1000[kg/m^3] | 1000 kg/m³ | 海水层密度 |
| hs | 100[m] | 100 m | 海水层深度 |
| a_p | 0.1 | 0.1 | 纵波衰减系数 |
| a_s | 0.1 | 0.1 | 横波衰减系数 |
| cp | 3000[m/s] | 3000 m/s | 纵波声速 |
| cs | 1600[m/s] | 1600 m/s | 横波声速 |
| pml | 3000[m/s]/fre... | 180 m | 完美匹配层 |
| rw | 5[km] | 5000 m | 模型宽度 |
| zs | 20[m] | 20 m | 声源深度 |
| rhob | 2000[kg/m^3] | 2000 kg/m³ | 海底层密度 |

图 D-2　参数 1 定义

## 几何 1

### 矩形 1

1. 在“几何”工具栏中添加“矩形”。
2. 在“矩形 1”窗口中,定位到“大小和形状”栏。
3. 在“宽度”文本框中输入“rw+pml”,在“高度”文本框中输入“hw+hs+pml”。
4. 在“位置”栏中,“基角 r”文本框中输入“0”,“基角 z”文本框中输入“-hw-hs-pml”。
5. 在“层”栏中,“层 1”文本框中输入“pml”,最后勾选“层在右侧”和“层在底面”。
6. 单击“构建选定对象”。
7. 单击“定义”→“视图 1”→“轴”。
8. 在“设置”区域的“轴”部分“视图比例”改为“手动”,在“y”栏中输入“5”。
9. 单击“更新”。

模型构建图如图 D-3 所示。

### 线段 1

1. 在“几何”工具栏中单击“线段”。
2. 在“线段”的“设置”窗口中,定位到“起点”栏。

3. 在“指定”列表中选择“坐标”，在“r”文本框中输入“0”，在“z”文本框中输入“-100”。
4. 定位到“终点”栏，在“r”文本框中输入“rw+pml”，在“z”文本框中输入“-100”。
5. 单击“构建选定对象”。

线段设定如图 D-4 所示。

图 D-3 模型构建图

图 D-4 线段设定

**点 1**

1. 在“几何”工具栏中单击“点”。
2. 在“点”的“设置”窗口中，定位到“点”栏。
3. 在“r”文本框中输入“0”，在“z”文本框中输入“-zs”。
4. 单击“构建选定对象”。

点 1 设定如图 D-5 所示。

图 D-5 点 1 设定

## 完美匹配层

### 完美匹配层 1

1. 在“定义”工具栏中添加“完美匹配层”。

2. 选中“完美匹配层 1”，在最右侧图形中选中海水层的完美匹配层所在区域“6”，如图 D-6 所示。

3. 在“类型”栏中选择“圆柱形”。

4. 在“典型波长来自”栏中选择“物理场接口”。

5. 选择物理场接口为“压力声学，频域”。

图 D-6　海水层的完美匹配层设定

### 完美匹配层 2

1. 在“定义”工具栏中再次单击“完美匹配层”。

2. 选中“完美匹配层 2”，在最右侧图形中选中海底层右侧和下侧完美匹配层所在区域，如图 D-7 所示。

3. 在“类型”栏中选择“圆柱形”。

4. 在“典型波长来自”栏中选择“物理场接口”。

5. 选择物理场接口为“固体力学”。

图 D-7　海底层完美匹配层的设定

## 压力声学，频域

1. 单击“压力声学，频域”，在右侧图形中选中海水层和相应完美匹配层“3、6”，如图 D-8 所示。

2. 定位到“压力声学,频域”的设置栏。
3. 在“声压级设置”中,将“参考压力”设置为“使用水的参考压力”。
4. 在“完美匹配层的典型波速”中,Cref 文本框中输入“cw”。

图 D-8 “压力声学”设定

**压力声学 1**

1. 在“压力声学 1”的“设置”窗口中,定位到“压力声学模型”栏。
2. 在“流体模型”列表中选择“线弹性”。
3. 在“声速”列表中选择“用户定义”,同时在文本框中输入“cw”。
4. 在“密度”列表中选择“用户定义”,同时在文本框中输入“rhow”。

**软声场边界 1**

1. 右键单击“压力声学,频域”,选择添加“软声场边界”。
2. 在“软声场边界 1”的“设置”窗口中,定位到“域选择”栏。
3. 在“选择”列表中选择“手动”,然后在“图形”区域选中“上边界”。

软声场边界设定如图 D-9 所示。

图 D-9 软声场边界设定

**添加单极点源**

1. 在“压力声学,频域”的工具栏中选择添加“点”→“单极点源”。
2. 在“单极点源 1”的设置栏中,定位到“单极点源”栏。
3. 在“类型”列表中选择“用户定义”,同时在“单极幅值 S”的文本框中输入“1”。
4. 在“图形”区域中选中点“4”。

添加单极点源如图 D-10 所示。

图 D-10　添加单极点源

## 固体力学

单击“固体力学”,在右侧图形区域中选中海底层及其完美匹配层,如图 D-11 所示。

图 D-11　海底层设定

**线弹性材料 1**

1. 单击“线弹性材料 1”,定位到的“设置”栏的“线弹性材料”。
2. 将“线弹性材料”指定改为“压力波和剪切波速度”。
3. 在“压力波速度”栏中选择“用户定义”,并在文本框中输入“cp”。
4. 在“剪切波速度”栏中选择“用户定义”,并在文本框中输入“cs”。
5. 在“密度”栏中选择“用户定义”,并在文本框中输入“rhob”。

**阻尼 1**

1. 右击“线弹性材料 1”,单击“阻尼”。
2. 定位到相应“设置”栏,将“阻尼类型”栏中改为“各向同性损耗因子”。
3. 将“各向同性结构化损耗因子”栏改为“用户定义”,并输入“0.1/54.58”。

## 多物理场

1. 右键单击“多物理场”,单击“声-结构边界”。

2. 单击“声-结构边界 1”,在右侧区域图形中黑粗线即为“压力声学”和“固体力学”的交界面,如图 D-12 所示。

图 D-12 多物理场边界

网格 1

**自由三角形网格 1**

1. 右键单击“网格 1”,添加两次“自由三角形网格”。

2. 在“自由三角形网格 1”的“设置”窗口中,定位到“域选择”栏。

3. 在“几何实体层”中选择“域”,然后在“图形”区域中选中“3”。

4. 在“自由三角形网格 1”的工具栏中选择添加“大小”。

5. 在“自由三角形网格 1”→“大小 1”的设置窗口中,定位到“单元大小”栏,单击“定制”按钮。

6. 在“最大单元大小”文本框中输入 “cw/freq/6”。

7. 重复操作,“自由三角形网格 2”为区域“2”,在“最大单元大小”文本框中输入 “cs/freq/6”。

8. 点击“构建选定对象”。

研究域网格剖分如图 D-13 所示。由于 cp>cs,因此网格大小需要采用 cs 的 1/6,如果采用 cp 的 1/6 则无法清晰解析剪切波。

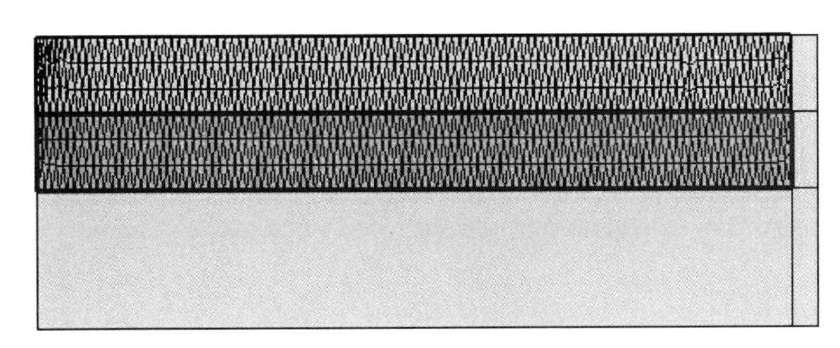

图 D-13 研究域网格剖分

**映射 1**

1. 右键单击“网格 1”,在“网格 1”的工具栏中选择“添加映射 1”。

2. 在“映射 1”的“设置”窗口中,定位到“域选择”栏。

3. 从“几何实体层”中选择“域”,然后在“图形”区域中选中“1、4、5、6”。

4. 右键单击“网格 1”,在“映射 1”的工具栏中单击“分布”。

5. 在“映射 1”→“分布 1”的“设置”窗口中,定位到“分布”栏。

6. 在“单元数”文本框中输入“8”,然后在“图形”区域中点击线“1、15”。
7. 点击“全部构建”。
完美匹配层映射网格如图 D-14 所示。

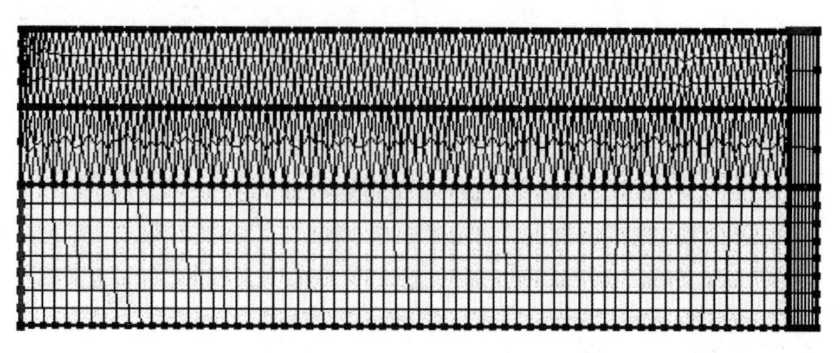

图 D-14 完美匹配层映射网格

**研究 1**

1. 单击“步骤 1:频域。”
2. 在“步骤 1:频域”的设置窗口中,定位到“研究设置”栏。
3. 在“频率”的文本框中输入“freq”。
4. 单击“计算”。

结果

**研究域选择**

1. 右键单击“数据集”→“研究 1/解 1 (1)”→“选择”。
3. 单击“选择”,在“几何实体层”栏选择“域”。
4. 在右侧图形中选中域“2、3”。
研究域选择如图 D-15 所示。

图 D-15 研究域选择

**声压级**

1. 单击“声压级”。
2. 定位到“声压级设置”栏中的“颜色图例”,将“位置”改为“底”。
海水层声压级如图 D-16 所示。由于海底层为固体,所以没有声压。

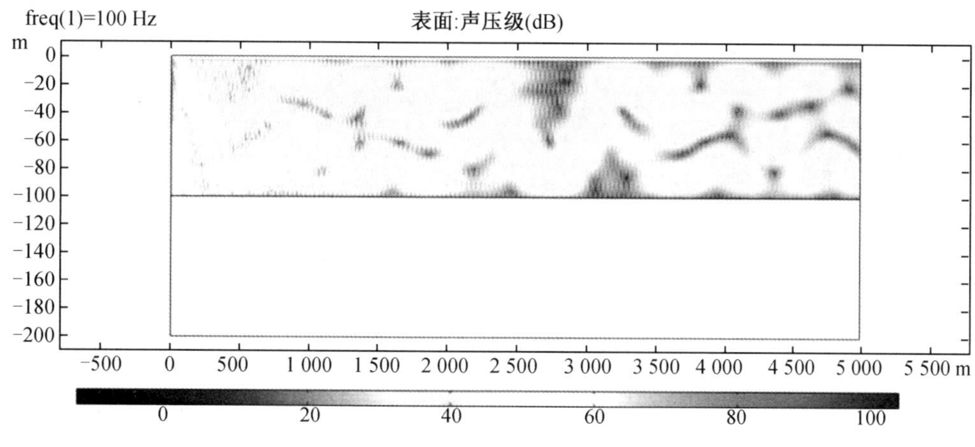


图 D-16 海水层声压级

**海水层传播损失曲线**

1. 右键单击“数据集”,添加“二维截线”。

2. 单击“二维截线 1”,“设置”栏中的“点 1”坐标设置为(0,-40),“点 2”坐标设置为(rw,-40)。海水层截线设定(1)如图 D-17 所示。

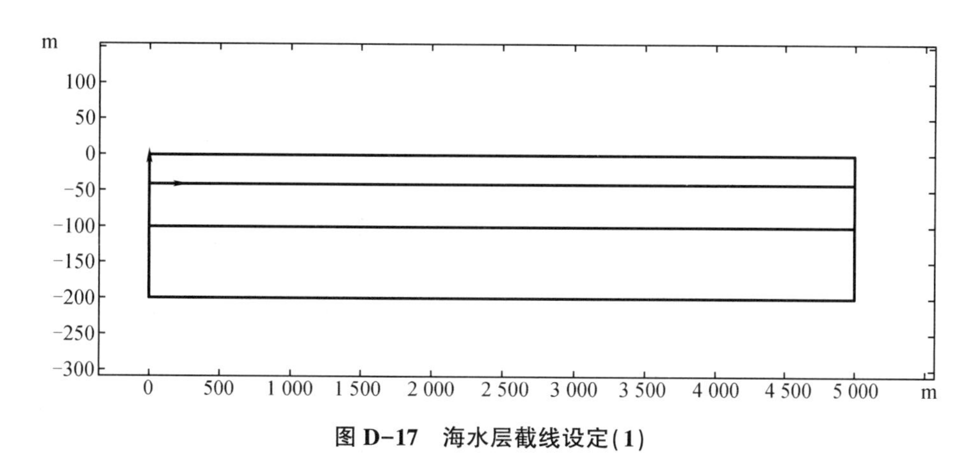


图 D-17 海水层截线设定(1)

3. 右键单击“结果”,添加“一维绘图组”。定位到“一维绘图组”设置栏的“数据”,将“数据集”改为“二维截线 1”。

4. 定位到设置栏中的“标题”,将“标题类型”改为“手动”,在“标题”文本框中输入“传播损失: 20 * log10( abs( acpr. p_t/1) )”。

5. 右键单击“一维绘图组”添加“线图”。定位到设置栏的“y 轴数据”的“表达式”。

6. 在“表达式”的文本框中输入“20 * log10( abs( acpr. p_t/1) )”,然后单击“绘制”。

传播损失曲线图如图 D-18 所示。

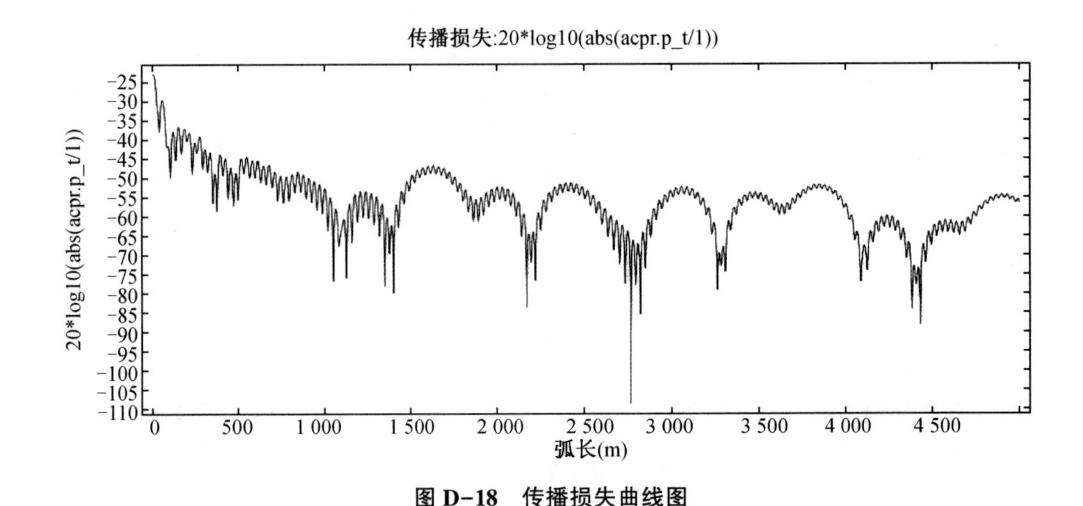


**图 D-18　传播损失曲线图**

**海底层加速度**

1. 右键单击“数据集”,添加“二维截线”。

2. 单击“二维截线 1”,“设置”栏中的“点 1”坐标设置为(0,-110),“点 2”坐标设置为(rw,-110)。点击绘制,海底层截线设定(2)如图 D-19 所示。

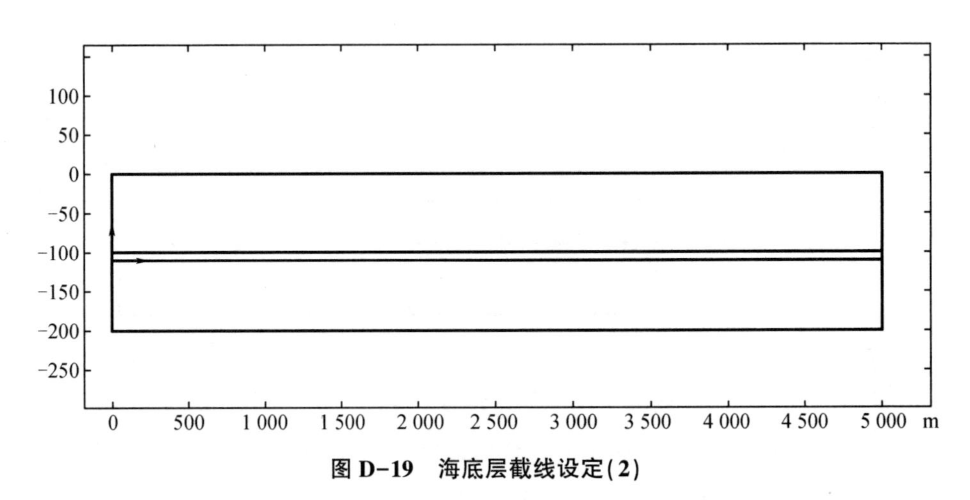


**图 D-19　海底层截线设定(2)**

3. 右键单击“结果”,添加“一维绘图组”。定位到“一维绘图组设置”栏的“数据”,将“数据集”改为“二维截线 2”。

4. 定位到“设置”栏中的“标题”,将“标题类型”改为“手动”,在“标题”文本框中输入“海底层加速度”。

5. 右键单击“一维绘图组”添加“线图”。定位到设置栏的“y 轴数据”的“表达式”。

6. 在“表达式”的文本框中输入“solid. accR”,然后单击“绘制”。海底水平加速度如图 D-20 所示。

7. 在“表达式”的文本框中输入“solid. accZ”,然后单击“绘制”。海底垂直加速度如图 D-21 所示。

8. 在“一维绘图组”的“设置栏”的“标题”文本框中输入“传播损失”。

9. 在“表达式”的文本框中输入“20 * log10(abs(solid. accZ))”,然后单击“绘制”。海

底垂直加速度损失曲线如图 D-22 所示。

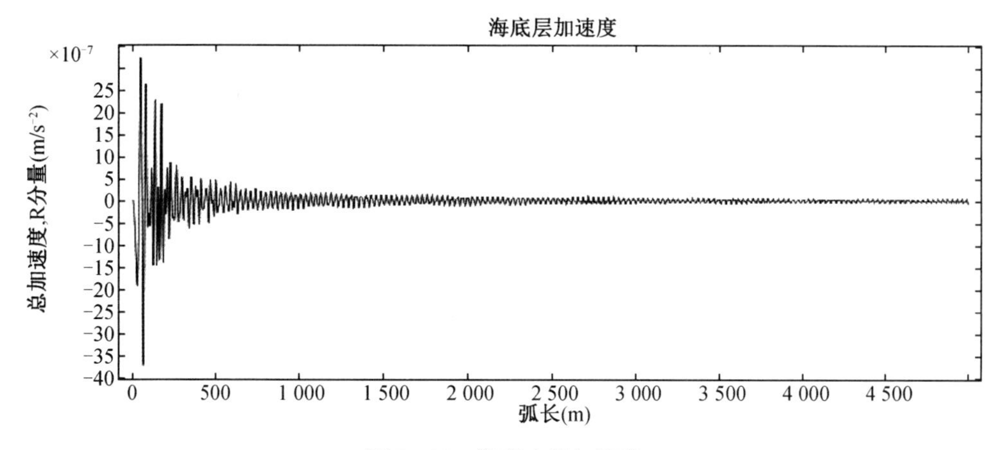


图 D-20　海底水平加速度

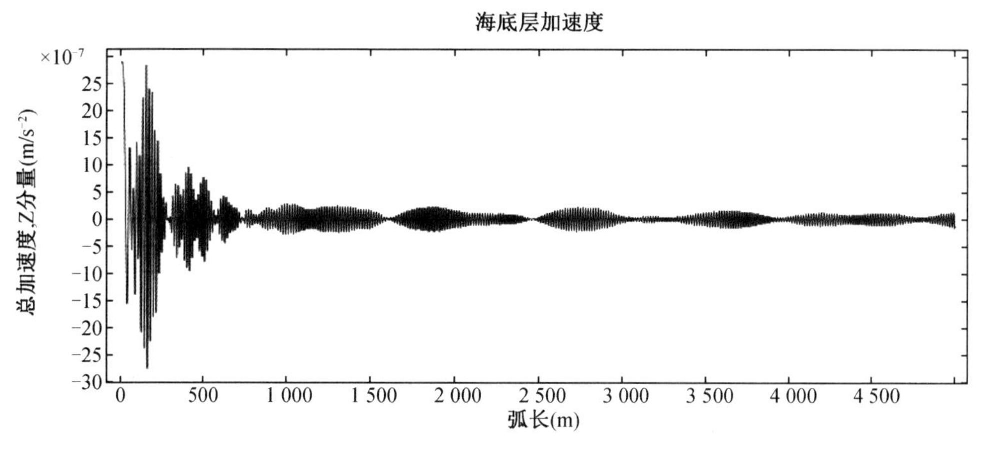


图 D-21　海底垂直加速度

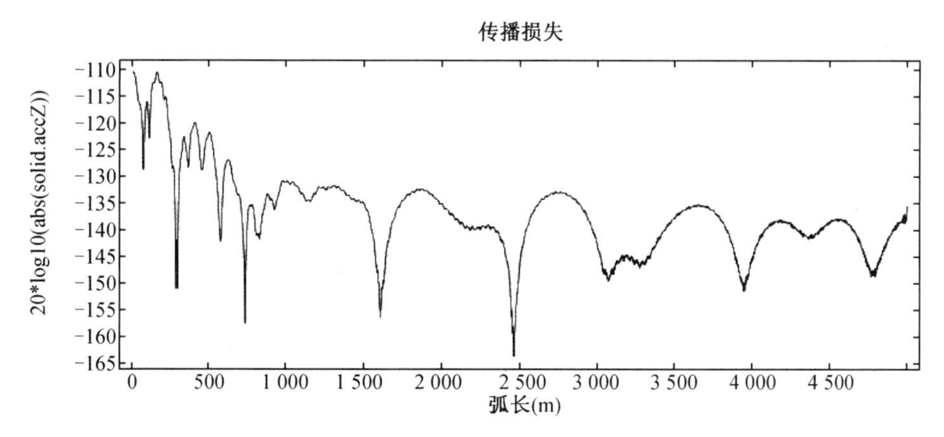


图 D-22　海底垂直加速度损失曲线

**声能流图**

1. 右键单击“数据集”→“解”。

2. 右键单击“研究 1/解 1 (2)”→“选择”。

3. 单击“选择”,在“几何实体层”栏选择“域”,在右侧图形中选中域“2、3”。

4. 右键单击“结果”→“二维绘图组”。

5. 单击“二维绘图组 8”,在“设置”栏的“数据集”栏中选择“研究 1/解 1(2)”。

6. 定位到“标题”中的“标题类型”,设置为“手动”,标题文本框中输入“声能流图”。

7. 右键单击“二维绘图组 8”,单击添加两个“表面”和两个“面上箭头”。

**海水层声能流**

1. 单击“表面 1”,在“表达式”文本框中输入“20 * log(abs(sqrt(real(acpr.p_t * conj(acpr.vr))^2+real(acpr.p_t * conj(acpr.vz))^2)) * 1000 * 1500)”。

2. 单击“面上箭头 1”,将“R 分量”设置为“real(acpr.p_t * conj(acpr.vr))”,“Z 分量”设置为“real(acpr.p_t * conj(acpr.vz))”。

3. 定位至“箭头”位置,将 R 栅格的点数改为“50”,Z 栅格的点数改为“50”。

4. 在“箭头长度”栏中选择“归一化”。

5. 在“颜色”栏中选择“黑色”。

6. 在“比例因子”中可以调节箭头长度。

**海底层声能流**

1. 单击“表面 2”,“表达式”改为“20 * log(abs(sqrt(real(solid.sr * conj(solid.u_tR))^2+real(solid.sz * conj(solid.u_tZ))^2)) * 2000 * 2000)”。

2. 单击“面上箭头 2”。

3. 将“R 分量”设置为“-real(solid.sr * conj(solid.u_tR))”,“Z 分量”设置为“-real(solid.sz * conj(solid.u_tZ))”。

4. 将“R 栅格”的点数改为“50”,“Z 栅格”的点数改为“50”。

5. 在“箭头长度”栏中选择“归一化”。

6. 在“颜色”栏中选择“黑色”。

7. 在“比例因子”中调节箭头长度。

8. 最后点击“绘制”。

全波导声能流图如图 D-23 所示。

**导出海水声压级数据**

1. 点击“结果”→“数据集”→“研究 1/解 1(1)”→“选择”,在“设置”栏中只选择海水层“3”。

2. 右键单击导出“添加数据”。点击“数据 1”,定位至相应“设置”栏。

3. 在“数据”部分的“数据集”中选择“研究 1/解 1(1)”。

4. 在“表达式”部分中,“表达式”文本框中输入“acpr.Lp”,“描述”文本框中输入“声压级”。

5. “输出”部分中,“文件类型”选择“文本”,“文件名”通过“浏览”选择要输出的文件夹即可。

6. “空间维度”设置为“2”,然后点击“导出”。

至此可完成声压级数据导出。

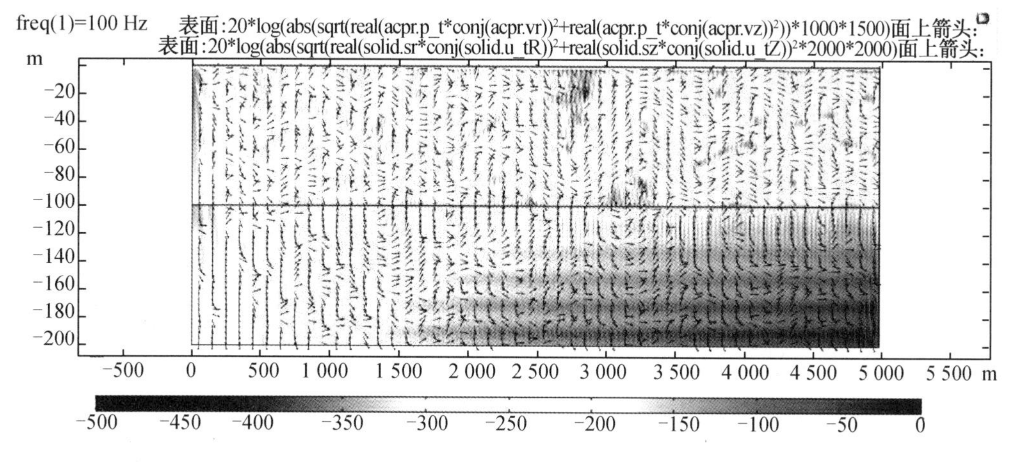


图 D-23 全波导声能流图

**导出海水声能流数据**

1. 点击“结果”→“数据集”→“研究 1/解 1(1)”→“选择”,在“设置”栏中只选择海水层“3”。

2. 右键单击“导出添加数据”,点击“数据 1”,定位至相应“设置”栏。

3. 在“数据”部分的“数据集”中选择“研究 1/解 1(1)”。

4. 在“表达式”部分,“表达式”文本框中输入“20 * log(abs(sqrt(real(acpr. p_t * conj(acpr. vr))^2+real(acpr. p_t * conj(acpr. vz))^2)) * 1000 * 1500)”,“描述”文本框中输入“海水层声能流”。

5. “输出”部分中,“文件类型”选择“文本”,“文件名”通过“浏览”选择要输出的文件夹即可。

6. “要计算的点”为“从数据集获取”,“数据格式”为“电子表格”,“空间维度”设置为“2”。“几何层”为从“数据集获取”,然后点击“导出”。

至此可完成海水声能流数据导出。

**导出海底层声能流数据**

1. 点击“结果”→“数据集”→“研究 1/解 1(1)”→“选择”,在“设置”栏中只选择海水层“2”。

2. 右键单击“导出添加数据”,点击“数据 1”,定位至相应“设置”栏。

3. 在“数据”部分的“数据集”中选择“研究 1/解 1(1)”。

4. 在“表达式”部分中,“表达式”文本框中输入“20 * log(abs(sqrt(real(solid. sr * conj(solid. u_tR))^2+real(solid. sz * conj(solid. u_tZ))^2)) * 2000 * 2000)”,“描述”文本框中输入“海底层声能流”。

5. “输出”部分中,“文件类型”选择“文本”,“文件名”通过“浏览”选择要输出的文件夹即可。

6. “要计算的点”为“从数据集获取”,“数据格式”为“电子表格”,“空间维度”设置为“2”。“几何层”为“从数据集获取”,然后点击“导出”。

至此可完成海底层声能流数据导出。

三维 $N\times 2D$ 全波导声能流图如图 D-24 所示。

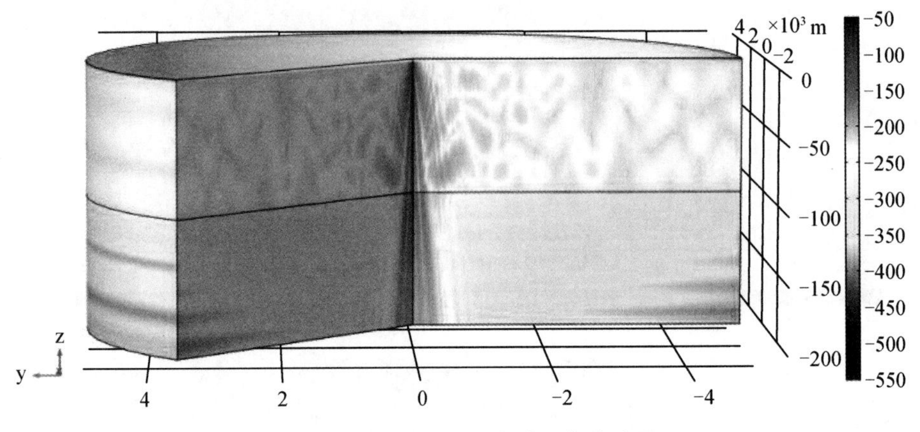


**图 D-24　三维 $N\times 2D$ 全波导声能流图**

讨论

本案例中读者会发现,对于液态和固态的完美匹配层,二者的波长设置不同,但是厚度却相同。这是因为完美匹配层本来就是达到一个吸收的效果,所以厚度偏向更厚设置,而参数的设置为了让完美匹配层和相邻介质的更加接近。

本案例中需要读者学会液-固相互作用模型设置方法,首先是需要选取“声-固相互作用,频域”;其次“固体力学”参数设置与液体也有很大差别,不同层完美匹配设置也有所不同,同时,本案例中采用声能流将液态海水和固态海底联合起来,这样方便读者对海洋中的声传播进行系统讨论;最后就是学会将各种数据从 COMSOL Multiphysics 中导出,导出时一定要注意导出对象和导出格式。

# 案例 E　弹性海底模型下的时域声场计算

## 案例背景

本案例在与案例 D 相同模型基础上对水声场时域计算。与案例 D 设定一致，在三维柱坐标系（$r\theta z$）下建立一种模拟浅海环境的波导模型，模型中设定海水层下是一水平弹性海底，波导模型简图如图 E-1 所示。在柱坐标系下，各 $\theta$ 方向上各二维 $rOz$ 垂直截面间的声能相互耦合忽略，即采用 $N\times2D$ 假设。在 COMSOL Multiphysics 中设置时只需设定其中某一 $rOz$ 二维截面中的参数即可。

对于模型中任一 $rOz$ 截面，截面上下左右四个边界面，上边界设为水面，左边界为柱坐标中心轴，下边界外与右边界外设置完美匹配层。计算时，设定声源位置为柱坐标中心轴，海底为海水层与液态海底层交界面，下边界外与右边界外通过设置完美匹配层模拟声场向无限远处消散。

## 模型参数

声源 $S(t)$ 频率 $f=100$ Hz，海水层声速 $c_w=1\ 500$ m/s，海水层密度 $\rho_w=1\ 000$ kg/m$^3$，海水层深度 $h_w=100$ m；海底层密度 $\rho_b=2\ 000$ kg/m$^3$，纵波声速 $c_p=2\ 400$ m/s，横波声速 $c_s=1\ 500$ m/s；模型水平长度 $r=1\ 500$ m，水深 $z=400$ m，声源位于中心轴深度 $Sz=320$ m 处，PML 层厚度设为信号 6 倍波长，即 $c_w/f\times6$。设定计算时间长度 $T=1$ s。

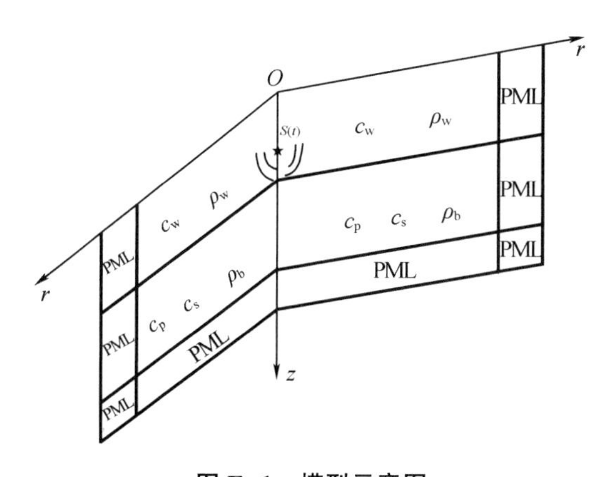


**图 E-1　模型示意图**

## 建模过程指导

在“文件”菜单中选择“新建”，在“新建”窗口中单击“模型向导”。

## 模型向导

1. 在“模型向导”窗口中，单击“二维轴对称”。

2. 在“选择物理场”树中选择“声学”→“声-结构相互作用”→“声-固相互作用,瞬态”。
3. 单击“添加”,再单击“研究”。
4. 在“选择研究”树中选择“一般研究”→“瞬态”,最后单击“完成”。

## 全局定义

### 参数 1

1. 在“模型开发器”窗口的“全局定义”节点下,单击“参数 1”。
2. 在“参数”的“设置”窗口中,定位到参数栏,将表格中的参数逐一输入列表。

参数 1 定义如图 E-2 所示。

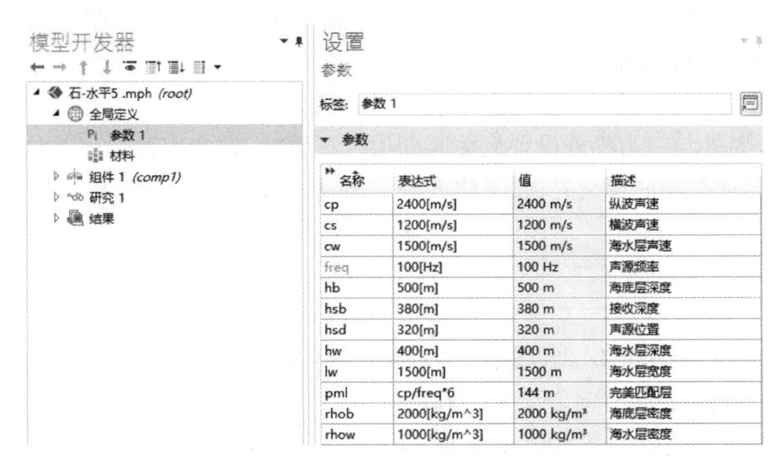


| 名称 | 表达式 | 值 | 描述 |
|---|---|---|---|
| cp | 2400[m/s] | 2400 m/s | 纵波声速 |
| cs | 1200[m/s] | 1200 m/s | 横波声速 |
| cw | 1500[m/s] | 1500 m/s | 海水层声速 |
| freq | 100[Hz] | 100 Hz | 声源频率 |
| hb | 500[m] | 500 m | 海底层深度 |
| hsb | 380[m] | 380 m | 接收深度 |
| hsd | 320[m] | 320 m | 声源位置 |
| hw | 400[m] | 400 m | 海水层深度 |
| lw | 1500[m] | 1500 m | 海水层宽度 |
| pml | cp/freq*6 | 144 m | 完美匹配层 |
| rhob | 2000[kg/m^3] | 2000 kg/m³ | 海底层密度 |
| rhow | 1000[kg/m^3] | 1000 kg/m³ | 海水层密度 |

**图 E-2　参数 1 定义**

### 定义 1

1. 右键单击“全局定义”,在“函数”工具栏中选择“解析”完成添加。
2. 定位到“解析”的“设置”栏,在“函数名称”文本框中输入“riker”。
3. 在函数“表达式”文本框输入“-10 * (1-2 * (pi * freq * (t-0.01))^2) * exp(-(pi * freq * (t-0.01))^2)”。
4. 在“定义”栏的“变元”文本框中输入“t”。
5. 在“单位”栏的“变元”文本框中输入“s”。
6. 在“变元”的“下限”文本框中输入“0”,“上限”文本框中输入“0.45”。
7. 单击“创建绘制”。

riker 子波脉冲如图 E-3 所示。

## 几何 1

### 矩形 1

1. 右键单击“几何 1”,在“几何”工具栏中单击“矩形”。
2. 在“矩形”的“设置”窗口中,定位到“大小和形状”栏。
3. 在“宽度”文本框中输入“lw+pml”,在“高度”文本框中输入“hw+hb+pml”。
4. 定位到“位置”栏,在“r”文本框中输入“0”,在“z”文本中框输入“-hw-hb-pml”。

5. 定位到“层”栏，在“层 1 厚度”文本框中输入“pml”，同时勾选“层在右侧”和“层在地面”。

6. 单击“构建选定对象”。

模型设定如图 E-4 所示。

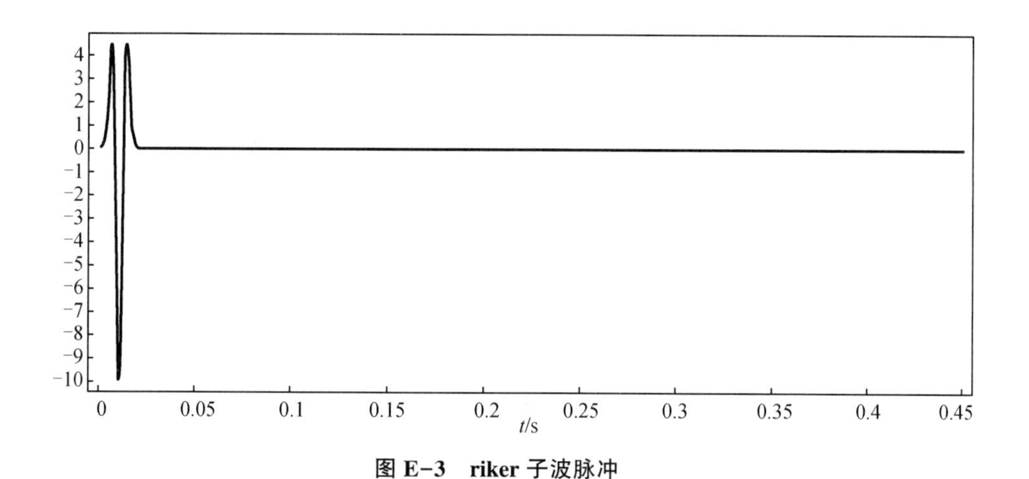


**图 E-3　riker 子波脉冲**

**图 E-4　模型设定**

**线段 1**

1. 在“几何”工具栏中单击“线段”。
2. 在“线段”的“设置”窗口中，定位到“起点”栏。
3. 在“指定”列表中选择“坐标”，在“r”文本框中输入“0”，在“z”文本框中输入“-hw”。
4. 定位到“终点”栏，在“r”文本框中输入“lw+pml”，在“z”文本框中输入“-hw”。
5. 单击“构建选定对象”。

“线段”设定如图 E-5 所示。

**点 1**

1. 在“几何”工具栏中单击“点”。
2. 在“点 1”的“设置”窗口中，定位到“点”栏。
3. 在“r”文本框中输入“0”，在“z”文本框中输入“-hsd”。
4. 单击“构建所有对象”。

声源设定如图 E-6 所示。

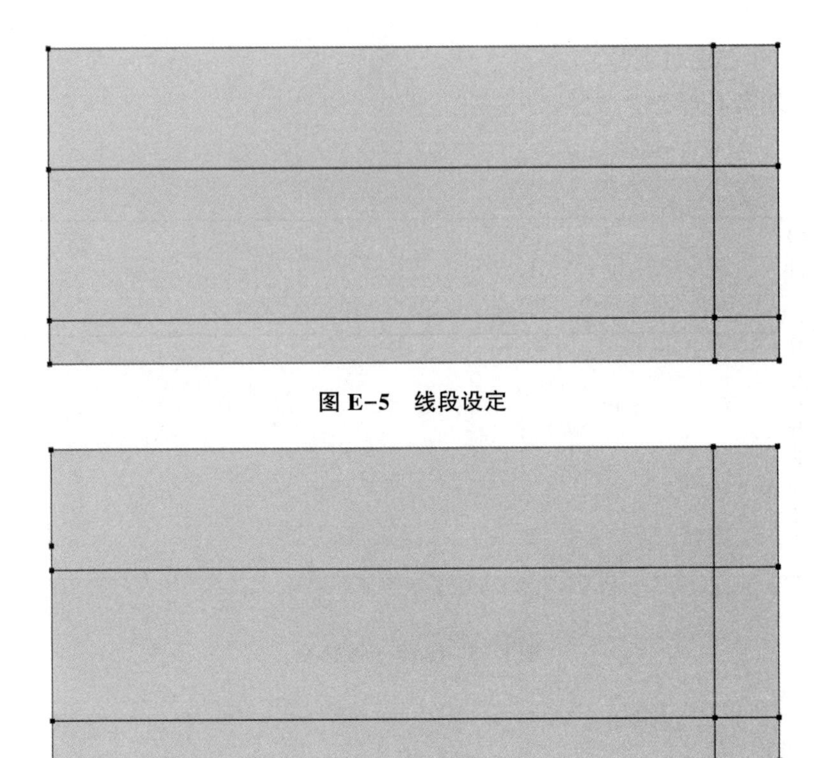

图 E-5　线段设定

图 E-6　声源设定

完美匹配层

**完美匹配层 1**

1. 在“定义”工具栏中单击“完美匹配层”。
2. 选中“完美匹配层 1”,在最右侧图形区域中选中“6”。

海水层完美匹配层设定如图 E-7 所示。

图 E-7　海水层完美匹配层设定

3. 在“类型”栏中选择“圆柱形”。
4. 在“典型波长来自”栏中选择“用户定义”。

5. 在“典型波长”文本框中输入“cw/freq”。

**完美匹配层 2**

1. 在“定义”工具栏中再次单击“完美匹配层”。

2. 选中“完美匹配层 2”,在最右侧图形区域中选中“1、4、5”,海底层完美匹配层设定如图 E-8 所示。

3. 在“类型”栏中选择“圆柱形”。

4. 在“典型波长来自”栏中选择“物理场接口”。

5. 在“物理场接口”中选择“固体力学”。

**图 E-8 海底层完美匹配层设定**

## 压力声学,瞬态

1. 单击“压力声学,瞬态”,定位到“声压级设置”栏。

2. 在“声压级参考压力”列表中选择“使用水的参考压力”。

3. 在“完美匹配层的典型波速 Cref”文本框中输入“cw”。

4. 在“要求求解的最大频率”文本框中输入“freq”。

5. 在右侧图形中选中“3、6”区域。

压力声学物理场设定如图 E-9 所示。

**图 E-9 压力声学物理场设定**

**瞬态压力声学模型 1**

1. 在“瞬态压力声学模型 1”的“设置”窗口中,定位到“瞬态压力声学模型”栏。

2. 在“流体模型”列表中选择“线弹性”。
3. 在“声速列”表中选择“用户定义”,同时在文本框中输入“cw”。
4. 在“密度”列表中选择“用户定义”,同时在文本框中输入“rhow”。

**软声场边界 1**

1. 右键单击“压力声学,瞬态”,在“压力声学,瞬态”工具栏中单击“软声场边界”。
2. 在“软声场边界 1”的“设置”窗口中,定位到“边界选择”栏。
3. 从“选择”列表中选择“手动”,然后在图形区域选中“8、15”边界。
软声场边界设定如图 E-10 所示。

**图 E-10　软声场边界设定**

**添加单极点源**

1. 在“压力声学,瞬态”工具栏中单击“点”→“单极点源”。
2. 在“单极点源 1”的“设置”窗口中,定位到“单极点源”栏。
3. 从“类型”列表中选择“用户定义”,同时在“单极幅值 S”的文本框中输入“riker(t)”。
4. 在图形区域中选中点“4”。

## 固体力学

1. 单击“固体力学”,在“完美匹配层的典型波速 Cref”文本框中输入“cp”。
2. 在右侧图形中选中“1、2、4、5”区域。
海底层物理场设定如图 E-11 所示。

**图 E-11　海底层物理场设定**

**线弹性材料 1**

1. 单击“线弹性材料 1”,定位到“线弹性材料”。
2. 将“线弹性材料指定”改为“压力波和剪切波”速度。
3. 在“压力波速度”栏中输入“用户定义”,并在文本框中输入“cp”。
4. 在“剪切波速度”栏中输入“用户定义”,并在文本框中输入“cs”。
5. 在“密度”栏中输入“用户定义”,并在文本框中输入“rhob”。

网格 1

**自由三角形网格 1**

1. 右键单击“网格 1”,在“网格 1”的工具栏中选择添加“自由三角形网格”两次。
2. 在“自由三角形网格 1”的设置窗口中,定位到“域选择”栏。
3. 在“几何实体层”中选择“域”,然后在“图形”区域中选中“3”。
4. 在“自由三角形网格 1”的工具栏中单击“大小”。
5. 在“自由三角形网格 1”→“大小 1”的设置窗口中,定位到“单元大小”栏,单击“定制”按钮。
6. 在“最大单元大小”文本框中输入“cw/freq/5”。

**自由三角形网格 2**

1. 在“自由三角形网格 2”的设置窗口中,定位到“域选择”栏。
2. 在“几何实体层”中选择“域”,然后在“图形”区域中选中“2”。
3. 在“自由三角形网格 1”的工具栏中单击“大小”。
4. 在“自由三角形网格 1”→“大小 1”的设置窗口中,定位到“单元大小”栏,单击“定制”按钮。
5. 在“最大单元大小”文本框中输入“cs/freq/5”。

**映射 1**

1. 右键单击“网格 1”,在“网格 1”的工具栏中单击“映射”。
2. 在“映射 1”的设置窗口中,定位到“域选择”栏。
3. 在“几何实体层”中选择“域”,然后在“图形”区域中选中“1、4、5、6”。
4. 右键单击“映射 1”,在“映射 1”的工具栏中单击“分布”。
5. 在“映射 1”→“分布 1”的设置窗口中,定位到“分布”栏。
6. 在图形区域中点击线“9、12”。
7. 点击“全部构建”。

网格剖分如图 E-12 所示。

研究 1

**步骤 1:瞬态**

1. 单击“步骤 1:瞬态”。
2. 在“步骤 1:瞬态”的设置窗口中,定位到“研究设置”栏。
3. 将“时间步长”文本框中改为“range(0,0.0005,4)”。

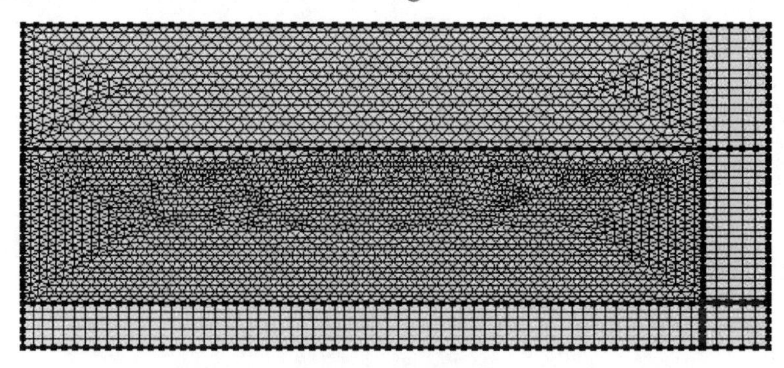

图 E-12　网格剖分

## 结果

### 研究域选择

1. 右键单击“数据集”→“研究 1/解 1（1）”→“选择”。
2. 单击“选择”，在几何实体层栏选择“域”。
3. 在右侧图形中选中域“2、3”。

### 声压

1. 单击“声压”。
2. 定位到“声压级设置”栏中的数据，将“时间”改为“0.1”。
3. 将“颜色图例”中的位置改为“底”。

时域声压场如图 E-13 所示。由于海底层为固体，所以没有声压。

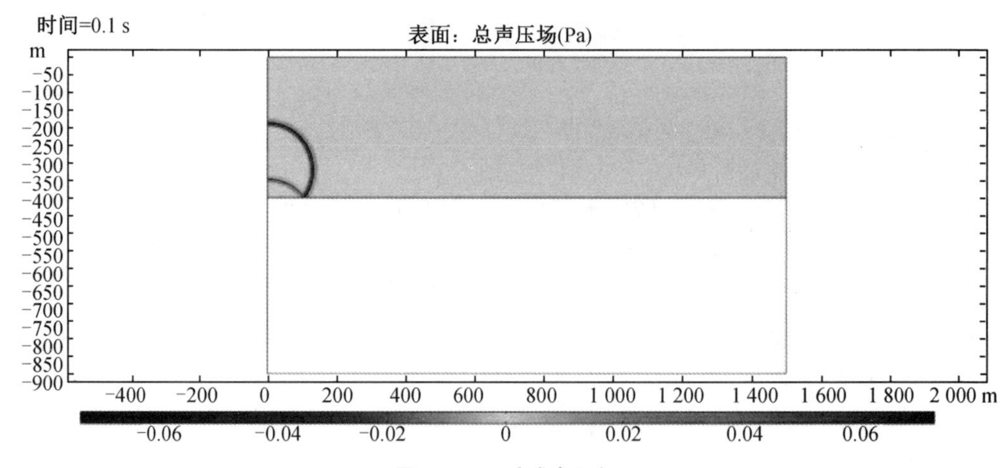


图 E-13　时域声压场

### 时域波形图

1. 右键单击“结果”→“二维绘图组”。
2. 定位到“二维绘图组”的“设置”栏的“数据”，将“时间”改为“0.1、0.2”。
3. 右键单击“二维绘图组”，单击添加两个“表面”。
4. 点击“表面 1”，在设置栏中“表达式”的文本框中输入“actd. p_t”。

5. 点击“表面 1”,在设置栏中“表达式”的文本框中输入“solid. u_ttZ”。

0. 1 s 和 0. 2 s 垂直位移场如图 E-14 和图 E-15 所示。

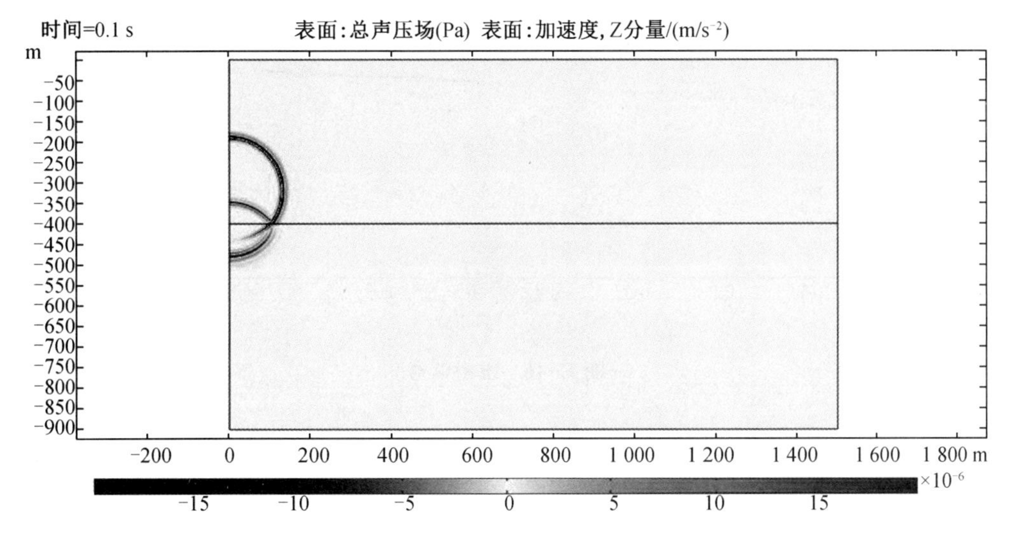


图 E-14 0. 1 s 垂直位移场

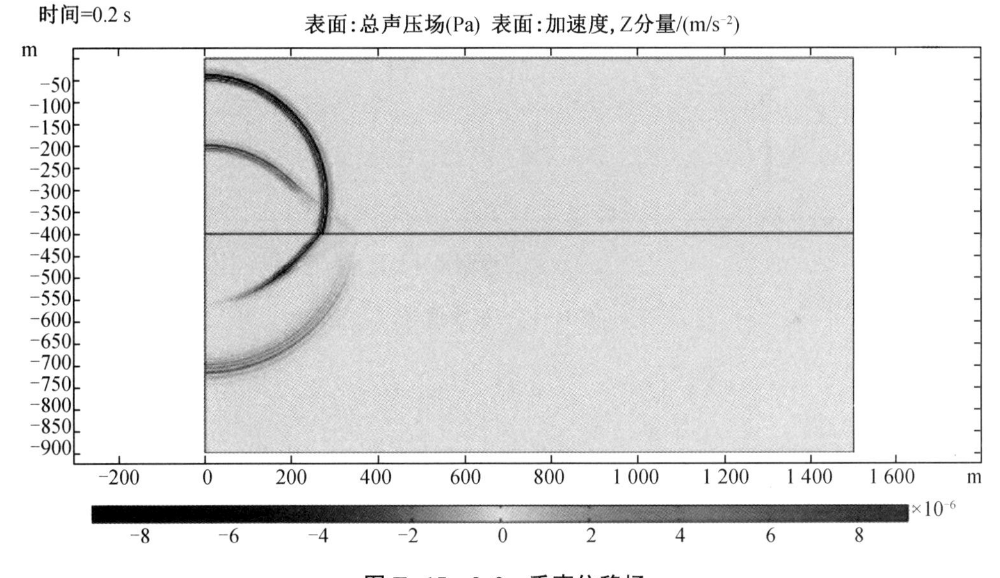


图 E-15 0. 2 s 垂直位移场

**传播损失曲线**

1. 右键单击“数据集”添加“二维截点”。
2. 单击“二维截点 1”,将坐标设置为(0,-hsd)(200,-300)。
3. 右键单击结果添加“一维绘图组”,定位到一维绘图组“设置”栏的数据。
4. 将“数据集”改为“二维截点 1”。
5. 右键单击“一维绘图组”添加“点图”,定位到设置栏的“y 轴数据”。
6. 在“表达式”文本框中输入“actd. p_t”,然后单击“绘制”。

发射信号和接收信号如图 E-16 和图 E-17 所示。

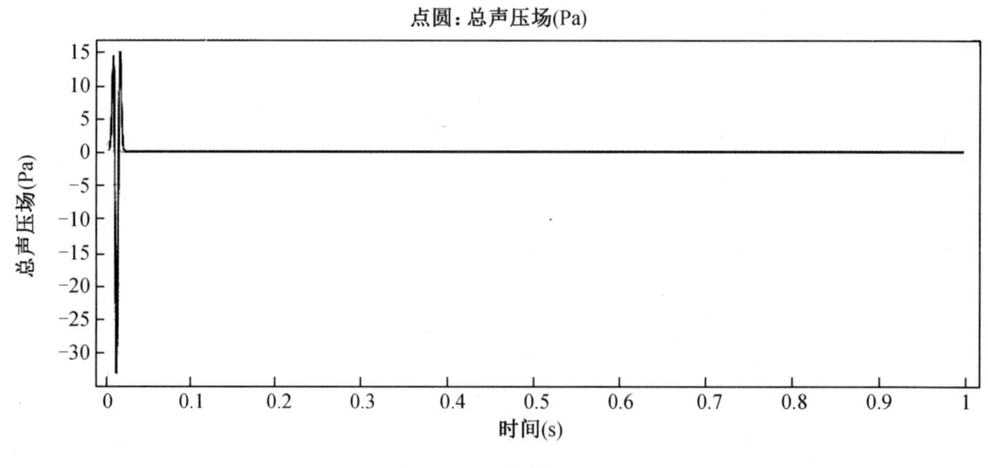


**图 E-16　发射信号**

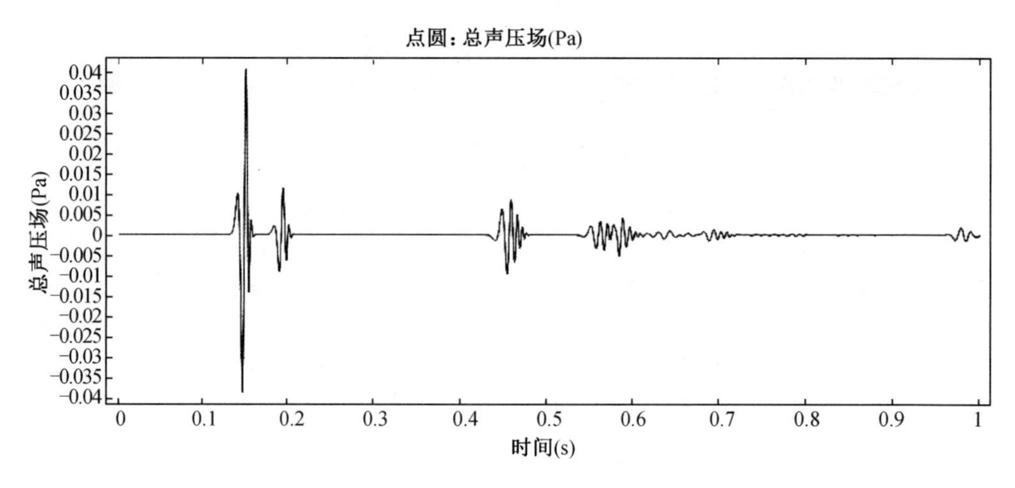


**图 E-17　接收信号**

讨论

本案例的时域声场模型仿真,读者需要学会时域下的建模操作。首先是在进入模型时选择操作域不同,然后是需要设置一个脉冲信号,最后是求解时步长的设置。步长最少应为脉冲信号的周期的 1/5,如果过大则无法解析出完整的波形,如果过小则会产生很大的内存。这一点与频域有很大差别,在频域上一般主要是网格造成内存过大,而时域下是网格和步长两个因素会导致内存过大。

# 案例 F　多层弹性海底模型下的频域声场计算

## 案例背景

本案例在三维柱坐标系($r\theta z$)下建立一种模拟浅海多层海底环境的波导模型,模型中设定海水层下是一多层水平弹性海底,波导模型简图如图 F-1 所示。在柱坐标系下,各 $\theta$ 方向上各二维 $rOz$ 垂直截面间的声能相互耦合忽略,即采用 $N\times 2D$ 假设。在 COMSOL Multiphysics 中设置时只需设定其中某一 $rOz$ 二维截面中的参数即可。

对于模型中任一 $rOz$ 截面,截面上下左右四个边界面,上边界设为水面,左边界为柱坐标中心轴,下边界外与右边界外设置完美匹配层。计算时,设定声源位置为柱坐标中心轴,海底为海水层与多层弹性海底层交界面,下边界外与右边界外通过设置 PML 层模拟声场向无限远处消散。

## 模型参数

实际设置中以一类两层海底模型为例,仿真中设置声源 $S(t)$ 频率 $f$= 100 Hz,海水层声速 $c_w$ = 1 500 m/s,海水层密度 $\rho_w$ = 1 000 kg/m$^3$,海水层深度 $h_1$ = 100 m;下层沉积层厚度 $h_2$ = 20 m,密度 $\rho_{b1}$ = 1 500 kg/m$^3$,纵波声速 $c_{p1}$ = 2 000 m/s,沉积层横波声速 $c_{s1}$ = 1 000 m/s,纵波衰减系数 $\alpha_{p1}$ = 0. 1 dB/$\lambda$,横波衰减系数 $\alpha_{s1}$ = 0. 1 dB/$\lambda$,其中 $\lambda$ 为波长;半无限海底层密度 $\rho_{b2}$ = 2 000 kg/m$^3$,纵波声速 $c_p$ = 3 800 m/s,横波声速 $c_s$ = 1 800 m/s,纵波衰减系数 $\alpha_p$ = 0. 1 dB/$\lambda$,横波衰减系数 $\alpha_s$ = 0. 1 dB/$\lambda$,其中 $\lambda$ 为波长;模型水平长度 $r$ = 5 km,模型垂直深度 $z$ = 200 m,声源位于中心轴深度 $Sz$ = 20 m 处,PML 层厚度设为信号 6 倍波长,即 $c_w/f\times 6$。

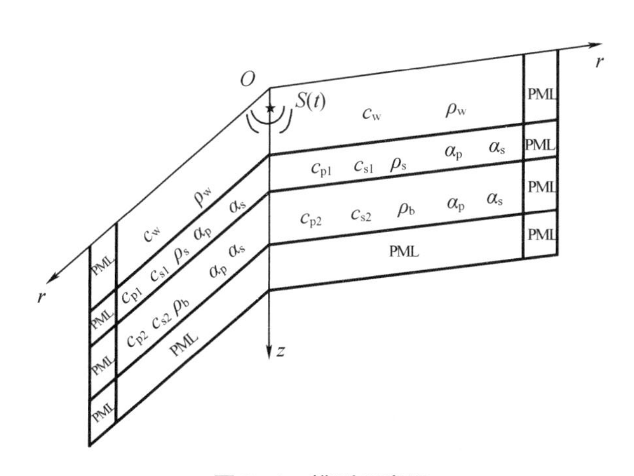


**图 F-1　模型示意图**

## 建模过程指导

在“文件”菜单中选择“新建”,在“新建”窗口中单击“模型向导”。

## 模型向导

1. 在“模型向导”窗口中,单击“二维轴对称”。
2. 在“选择物理场”树中选择“声学”→“声-结构相互作用”→“声-固相互作用,频域”。
3. 单击“添加”,再单击“研究”。
4. 在“选择研究”树中选择“一般研究”→“频域”,最后单击“完成”。

## 全局定义

### 参数 1

1. 在“模型开发器”窗口的“全局定义节”点下,单击“参数 1”。
2. 在“参数”的设置窗口中,定位到“参数”栏,将表格中的参数逐一输入列表。

参数 1 定义如图 F-2 所示。

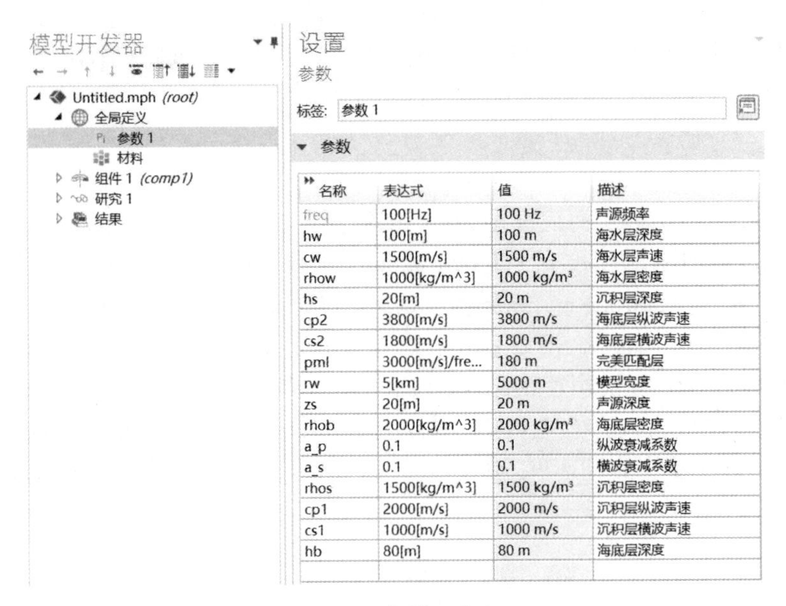


| 名称 | 表达式 | 值 | 描述 |
|---|---|---|---|
| freq | 100[Hz] | 100 Hz | 声源频率 |
| hw | 100[m] | 100 m | 海水层深度 |
| cw | 1500[m/s] | 1500 m/s | 海水层声速 |
| rhow | 1000[kg/m^3] | 1000 kg/m³ | 海水层密度 |
| hs | 20[m] | 20 m | 沉积层深度 |
| cp2 | 3800[m/s] | 3800 m/s | 海底层纵波声速 |
| cs2 | 1800[m/s] | 1800 m/s | 海底层横波声速 |
| pml | 3000[m/s]/fre... | 180 m | 完美匹配层 |
| rw | 5[km] | 5000 m | 模型宽度 |
| zs | 20[m] | 20 m | 声源深度 |
| rhob | 2000[kg/m^3] | 2000 kg/m³ | 海底层密度 |
| a_p | 0.1 | 0.1 | 纵波衰减系数 |
| a_s | 0.1 | 0.1 | 横波衰减系数 |
| rhos | 1500[kg/m^3] | 1500 kg/m³ | 沉积层密度 |
| cp1 | 2000[m/s] | 2000 m/s | 沉积层纵波声速 |
| cs1 | 1000[m/s] | 1000 m/s | 沉积层横波声速 |
| hb | 80[m] | 80 m | 海底层深度 |

**图 F-2　参数 1 定义**

## 几何 1

### 矩形 1

1. 在“几何”工具栏中添加“矩形”。
2. 在“矩形 1”窗口中,定位到“大小和形状”栏。
3. 在“宽度”文本框中输入“rw+pml”,在“高度”文本框中输入“hw+hs+hb+pml”。
4. 在“位置”栏中,“基角 r”文本框中输入“0”,“基角 z”文本框中输入“-hw-hs-hb-pml”。
5. 在“层”栏中,“层 1”文本框中输入“pml”,最后勾选“层在右侧”和“层在底面”。
6. 单击“构建选定对象”。
7. 单击“定义”→“视图 1”→“轴”。

8. 将设置区域的“轴”部分“视图比例”改为“手动”，“y”栏输入“6”。
9. 单击“更新”。
模型构建如图 F-3 所示。

图 F-3　模型构建

**线段 1**

1. 在“几何”工具栏中单击“线段”。
2. 在“线段 1”的设置窗口中，定位到“起点”栏。
3. 在“指定”列表中选择“坐标”，在“r”文本框中输入“0”，在“z”文本框中输入“-hw”。
4. 定位到“终点”栏，在“r”文本框中输入“rw+pml”，在“z”文本框中输入“-hw”。
5. 单击“构建选定对象”。
线段 1 设定如图 F-4 所示。

图 F-4　线段 1 设定

**线段 2**

1. 在“几何”工具栏中单击“线段”。
2. 在“线段 2”的设置窗口中，定位到“起点”栏。
3. 在“指定”列表中选择“坐标”，在“r”文本框中输入“0”，在“z”文本框中输入“-hw-hs”。
4. 定位到“终点”栏，在“r”文本框中输入“rw+pml”，在“z”文本框中输入“-hw-hs”。
5. 单击“构建选定对象”。
线段 2 设定如图 F-5 所示。

图 F-5　线段 2 设定

**点 1**

1. 在“几何”工具栏中单击“点”。
2. 在“点”的设置窗口中，定位到“点”栏。
3. 在“r”文本框中输入“0”，在“z”文本框中输入“-zs”。
4. 单击“构建选定对象”。

声源位置确定如图 F-6 所示。

图 F-6　声源位置确定

## 完美匹配层

**完美匹配层 1**

1. 在“定义”工具栏中添加“完美匹配层”。
2. 选中“完美匹配层 1”，在最右侧图形中选中海水层的完美匹配层所在区域“8”，如图 F-7 所示。
3. 在类“型栏”中选择“圆柱形”。
4. 在“典型波长来自”栏中选择“物理场接口”。
5. “物理场接口”为“压力声学，频域”。

**完美匹配层 2**

1. 在“定义”工具栏中再次单击“完美匹配层”。
2. 选中“完美匹配层 2”，在最右侧图形中选中海底层右侧和下侧完美匹配层所在区域，如图 F-8 所示。

3. 在“类型”栏中选择“圆柱形”。

4. 在“典型波长来自”栏中选择“物理场接口”。

5. “物理场接口”为“固体力学”。

图 F-7 海水层完美匹配层设定

图 F-8 海底层完美匹配层设定

## 压力声学,频域

1. 单击“压力声学,频域”,在右侧图形中选中海水层和相应完美匹配层“3、6”,如图 F-9 所示。

2. 定位到“压力声学,频域”的设置栏。

3. 在“声压级设置”中,将“参考压力”设置为“使用水的参考压力”。

4. 在“完美匹配层的典型波速 Cref”文本框中填入“cw”。

### 压力声学 1

1. 在“压力声学 1”的“设置”窗口中,定位到“压力声学模型”栏。

2. 在“流体模型”列表中选择“线弹性”。

3. 在“声速”列表中选择“用户定义”,同时在文本框中输入“cw”。

4. 在“密度”列表中选择“用户定义”,同时在文本框中输入“rhow”。

图 F-9　海水层物理场设定

**软声场边界 1**

1. 右键单击“压力声学,频域”,再选择添加“软声场边界”。
2. 在“软声场边界 1”的设置窗口中,定位到“域选择”栏。
3. 从“选择”列表中选择“手动”,然后在图形区域选中“上边界”。

软声场边界设定如图 F-10 所示。

图 F-10　软声场边界设定

**添加单极点源**

1. 在“压力声学,频域”的工具栏中选择添加“点”→“单极点源”。
2. 在“单极点源 1”的“设置”栏中,定位“单极点源”栏。
3. 在“类型列表”中选择“用户定义”,同时在“单极幅值 S”的文本框中输入“1”。
4. 在“图形”区域中选中点“5”。

声源点设定如图 F-11 所示。

## 固体力学

单击“固体力学”,在右侧图形区域中选中沉积层、海底层及其完美匹配层,如图 F-12 所示。

图 F-11　声源点设定

图 F-12　海底层物理场设定

**线弹性材料 1**

1. 单击“线弹性材料 1”,定位到的“设置”栏的“线弹性材料”。
2. 将“线弹性材料指定”改为“压力波和剪切波速度”。
3. 在“压力波速度”栏中输入“用户定义”,并在文本框中输入“cp1”。
4. 在“剪切波速度”栏中输入“用户定义”,并在文本框中输入“cs1”。
5. 在“密度”栏中输入“用户定义”,并在文本框中输入“rhos”。

**阻尼 1**

1. 右键单击“线弹性材料 1”,单击“阻尼”。
2. 定位到相应“设置”栏,将“阻尼类型”栏改为“各向同性损耗因子”。
3. 将“各向同性结构化损耗因子”栏改为“用户定义”,并输入“0. 1/54. 58”。

**线弹性材料 2**

1. 右键单击“固体力学”→“材料模型”→“线弹性材料”。
2. 单击“线弹性材料 2”,定位到的“设置”栏的“线弹性材料”。
3. 将“线弹性材料指定”改为“压力波和剪切波速度”。
4. 在“压力波速度”栏中输入“用户定义”,并在文本框中输入“cp2”。
5. 在“剪切波速度”栏中输入“用户定义”,并在文本框中输入“cs2”。
6. 在“密度”栏中输入“用户定义”,并在文本框中输入“rhob”。
7. 在右侧图形区域中选中海底层及其完美匹配层,如图 F-13 所示。

图 F-13　海底层参数设定

**阻尼 1**

1. 右击“线弹性材料 1”,单击“阻尼”。

2. 定位到相应“设置”栏,将“阻尼类型”栏改为各“向同性损耗因子”。

3. 将“各向同性结构化损耗因子”栏改为“用户定义”,并输入“0. 1/54. 58”。

多物理场

单击“声-结构边界 1”,在右侧区域图形中黑色粗线即为压力声学和固体力学的交界面,如图 F-14 所示。

图 F-14　多物理场交界面设定

网格 1

**自由三角形网格 1**

1. 右键单击“网格 1”,添加三次“自由三角形网格”。

2. 在“自由三角形网格 1”的设置窗口中,定位到“域选择”栏。

3. 在“几何实体层”中选择“域”,然后在“图形”区域中选中“3”。

4. 在“自由三角形网格 1”的工具栏中选择添加“大小”。

5. 在“自由三角形网格 1”→“大小 1”的设置窗口中,定位到“单元大小”栏,单击“定制”按钮。

6. 在“最大单元大小”文本框中输入 “cw/freq/6”。

7. 重复操作,"自由三角形网格 2"为区域"2",在"最大单元大小"文本框中输入 "cs1/freq/6";"自由三角形网格 3"为区域"2",在"最大单元大小"文本框中输入 "cs2/freq/6"。

8. 点击"构建选定对象"。

研究域网格剖分如图 F-15 所示。由于 cp>cs,因此网格大小需要采用 cs 的 1/6,如果采用 cp 的 1/6 则无法清晰解析剪切波。

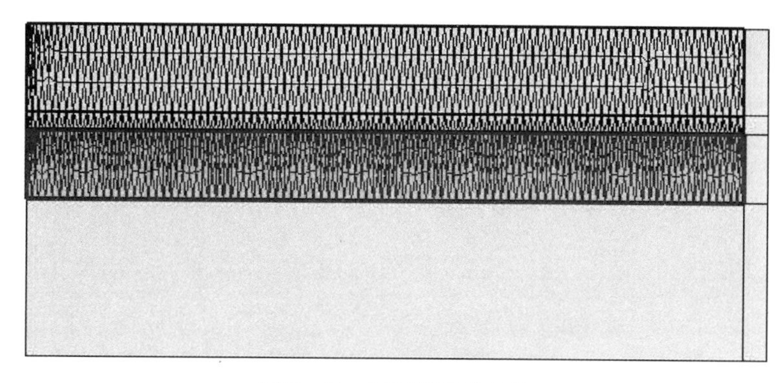

图 F-15　研究域网格剖分

**映射 1**

1. 右键单击"网格 1",在"网格 1"的工具栏中选择添加"映射 1"。
2. 在"映射 1"的设置窗口中,定位到"域选择"栏。
3. 从"几何实体层"中选择"域",然后在"图形"区域中选中"1、5、6、7、8"。
4. 右键单击"映射 1",在"映射 1"的工具栏中单击"分布"。
5. 在"映射 1"→"分布 1"的设置窗口中,定位到"分布"栏。
6. 在"单元数"文本框中输入"8",然后在图形区域中点击线"1、19"。
7. 点击"全部构建"。

完美匹配层映射网格如图 F-16 所示。

**研究 1**

1. 单击"步骤 1:频域"。
2. 在"步骤 1:频域"的设置窗口中,定位到"研究设置"栏。
3. 在"频率"的文本框中输入"freq"。
4. 单击"计算"。

结果

**研究域选择**

1. 右键单击"数据集"→"研究 1/解 1 (1)"→"选择"。
2. 单击"选择",在"几何实体层"栏选择"域"。
4. 在右侧图形中选中域"2、3、4"。

研究域设定如图 F-17 所示。

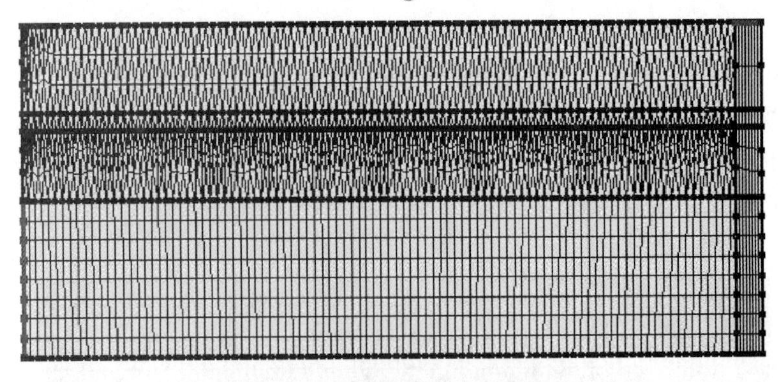

图 F-16　完美匹配层映射网格

图 F-17　研究域设定

**声压级**

1. 单击“声压级”。
2. 定位到“声压级设置”栏中的“颜色图例”,将“位置”改为“底”。

海水层声级如图 F-18 所示。由于沉积层和海底层为固体,所以没有声压。

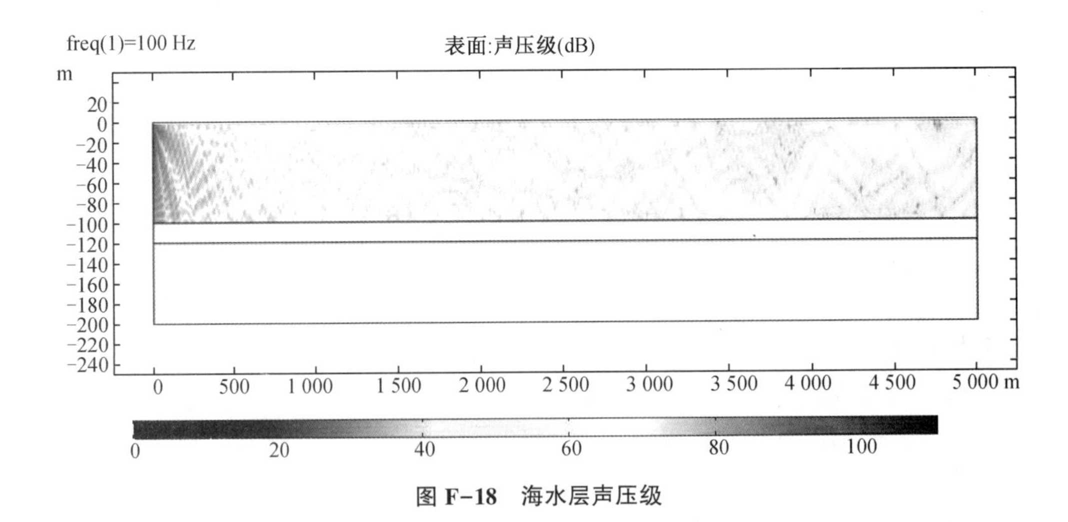


图 F-18　海水层声压级

**海水层传播损失曲线**

1. 右键单击“数据集”添加“二维截线”。

2. 单击“二维截线 1”,在设置栏中的“点 1”坐标设置为(0,-40),“点 2”坐标设置为(rw,-40)。

海水层截线设定如图 F-19 所示。

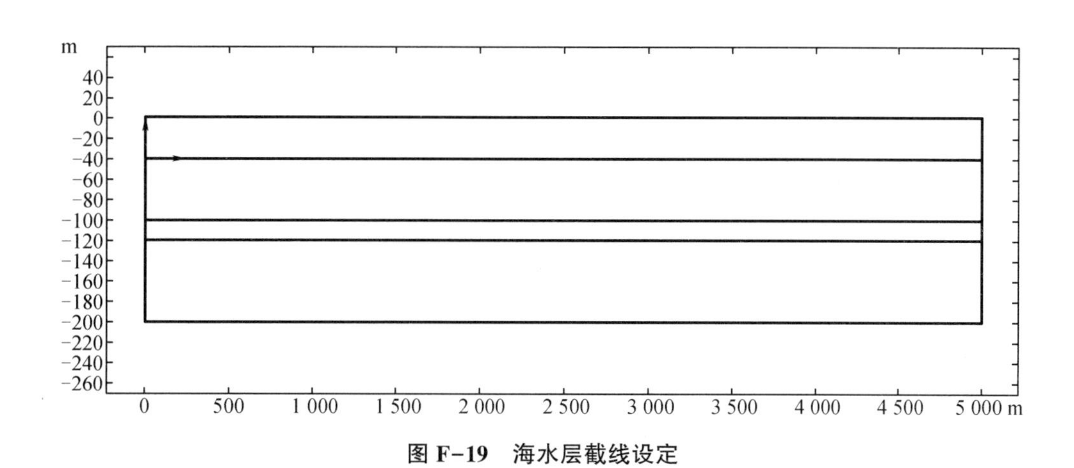


**图 F-19 海水层截线设定**

3. 右键“单击结果”,添加“一维绘图组”,定位到“一维绘图组设置”栏的数据,将“数据集”改为“二维截线 1”。

4. 定位到“设置”栏中的标题,将“标题类型”改为“手动”,在“标题”文本框中输入“传播损失: 20 * log10(abs(acpr. p_t/1))”。

5. 右键单击“一维绘图组”添加“线图”,定位到“设置”栏的“y 轴数据”的“表达式”。

6. 在“表达式”的文本框中输入“20 * log10(abs(acpr. p_t/1))”,然后单击“绘制”。

传播损失曲线如图 F-20 所示。

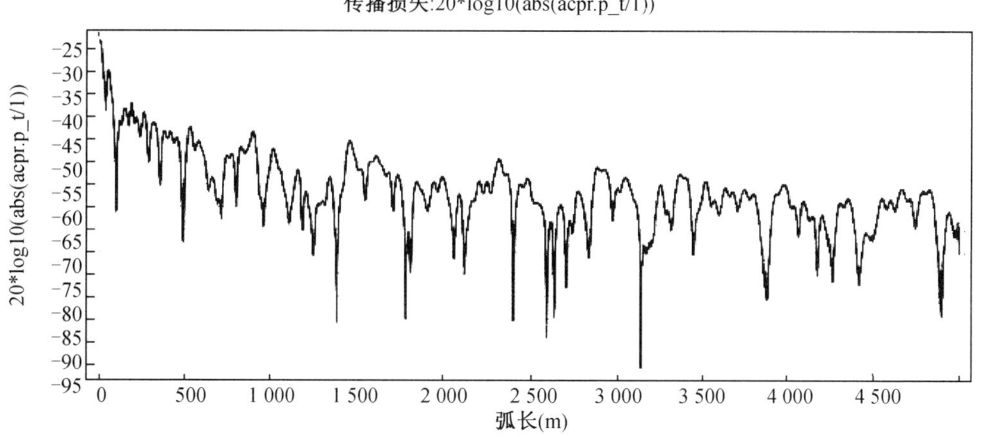


**图 F-20 传播损失曲线**

**海底层加速度**

1. 右键单击“数据集”添加“二维截线”。

2. 单击“二维截线 2”,将“设置”栏中的“点 1”坐标设置为(0,-150),“点 2”坐标设置为(rw,-150),点击“绘制”。海底层截线设定如图 F-21 所示。

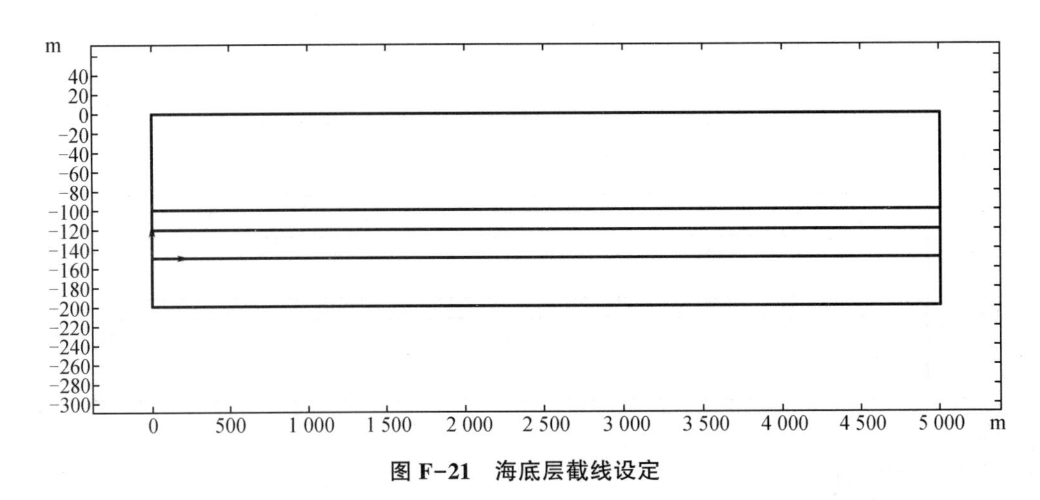


**图 F-21 海底层截线设定**

3. 右键单击“结果”,添加“一维绘图组”,定位到“一维绘图组”设置栏的“数据”,将“数据集”改为“二维截线 2”。

4. 定位到“设置”栏中的“标题”,将“标题类型”改为“手动”,在“标题”文本框中输入“海底层加速度”。

5. 右键单击“一维绘图组”添加“线图”,定位到“设置”栏的“y 轴数据”的“表达式”。

6. 将“表达式”的文本框改为“solid. accR”,然后单击“绘制”。海底层水平加速度如图 F-22 所示。

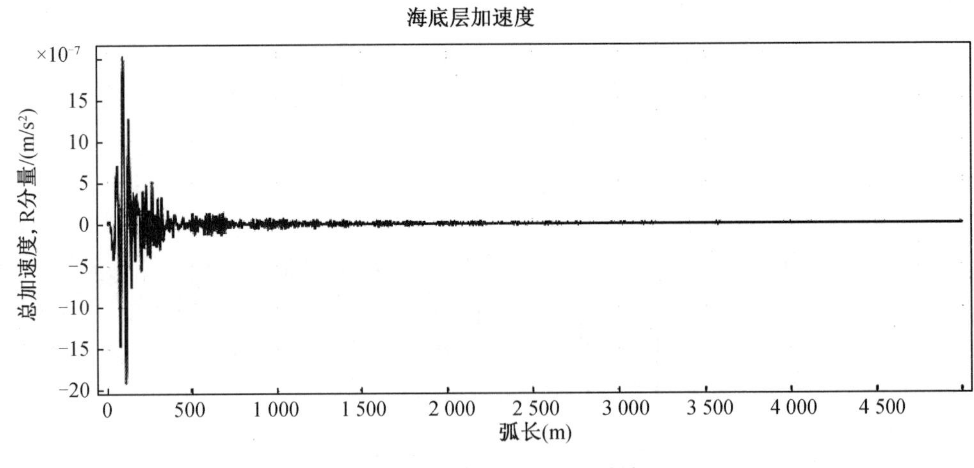


**图 F-22 海底层水平加速度**

7. 在“表达式”的文本框中输入“solid. accZ”,然后单击“绘制”。海底层垂直加速度如图 F-23 所示。

8. 在“一维绘图组”的设置栏的标题文本框中输入“传播损失”。

9. 在“表达式”的文本框中输入“20 * log10(abs(solid. accZ))”,然后单击“绘制”。垂直加速度传播损失如图 F-24 所示。

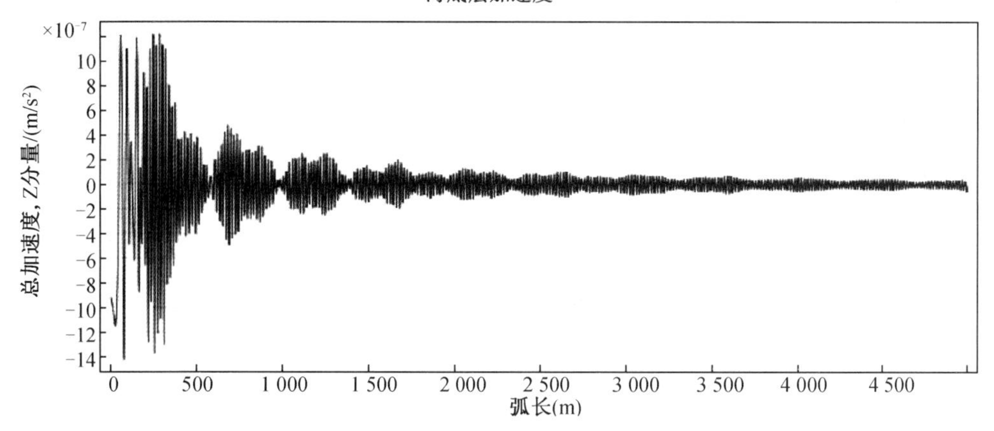


**图 F-23　海底层垂直加速度**

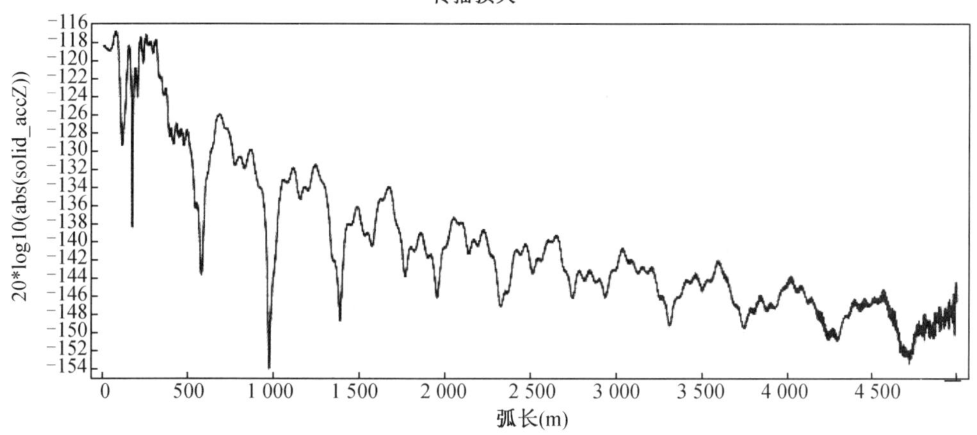


**图 F-24　垂直加速度传播损失**

### 声能流图

1. 右键单击“数据集”→“解”。
2. 右键单击“研究 1/解 1 (2)”→“选择”。
3. 单击“选择”，在“几何实体层”栏中选择“域”，在右侧图形中选中域“2、3、4”。
4. 右键单击“结果”→“二维绘图组”。
5. 单击“二维绘图组 8”，在“设置”栏的“数据集”栏中选择“研究 1/解 1(2)”。
6. 定位到标题中的“标题类型”，设置为“手动”，“标题”文本框中输入“声能流图”。
7. 右键单击“二维绘图组 8”，单击添加两个“表面”和两个“面上箭头”。

### 海水层声能流

1. 单击“表面 1”，在“表达式”文本框中输入“20 * log(abs(sqrt(real(acpr. p_t * conj(acpr. vr))^2+real(acpr. p_t * conj(acpr. vz))^2)) * 1000 * 1500)”。

2. 单击“面上箭头 1”，将“R 分量”设置为“real(acpr. p_t * conj(acpr. vr))”，“Z 分量”设置为“real(acpr. p_t * conj(acpr. vz))”。

3. 定位至“箭头”位置,将“R 栅格”的点数改为“50”,“Z 栅格”的点数改为“50”。

4. 在“箭头长度”栏中选择“归一化”。

5. 在“颜色栏”中选择“黑色”。

6. 在“比例因子”中调节箭头长度。

**沉积层、海底层声能流**

1. 单击“表面 2”,“表达式”改为“20 * log( abs( sqrt( real( solid. sr * conj( solid. u_tR) )^2+ real( solid. sz * conj( solid. u_tZ) )^2) ) * 2000 * 2000)”。

2. 单击“面上箭头 2”。

3. 将“R 分量”设置为“-real( solid. sr * conj( solid. u_tR) )”,“Z 分量”设置为“-real ( solid. sz * conj( solid. u_tZ) )”。

4. 将“R 栅格”的点数改为“50”,“Z 栅格”的点数改为“50”。

5. 在“箭头长度”栏中选择“归一化”。

6. 在“颜色”栏中选择“黑色”。

7. 在“比例因子”中调节箭头长度。

8. 最后点击“绘制”。

全波导声能流传播如图 F-25 所示。

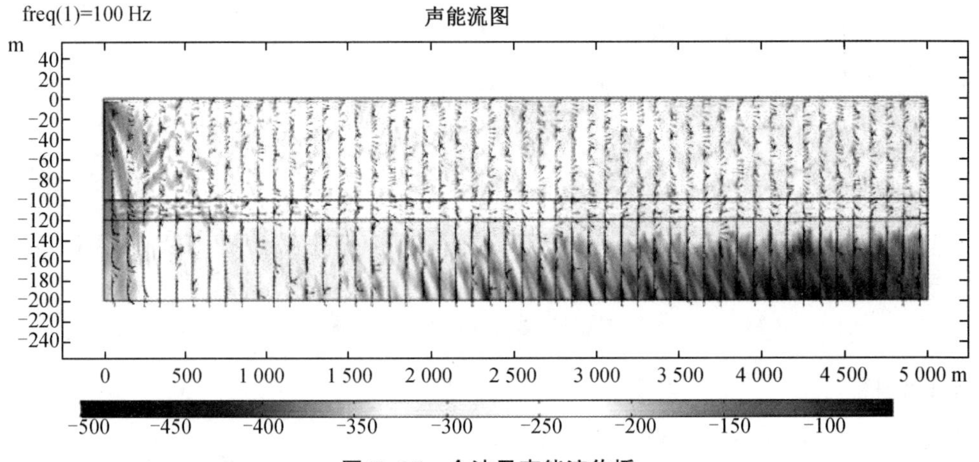


**图 F-25　全波导声能流传播**

**不同声源频率对声传播的影响分析**

图 F-26 所示是改变声源频率,其他仿真条件不变得出结果,图( a) 为声源频率 $f$= 150 Hz,图( b) 为声源频率 $f$= 250 Hz。

对比图中的仿真结果可以看到:在环境参数不变的前提下,随着声源辐射声波频率的提高,波导各介质层中声能流的干涉现象均明显增强且干涉周期缩短,同时声能在海底中的衰减也越快。

图( c) 是声源频率 $f$ 分别为 150 Hz 和 250 Hz 时的传播损失曲线图,从图中曲线走势来看,随着传播距离的增加,声能量在传播过程中损失越快。

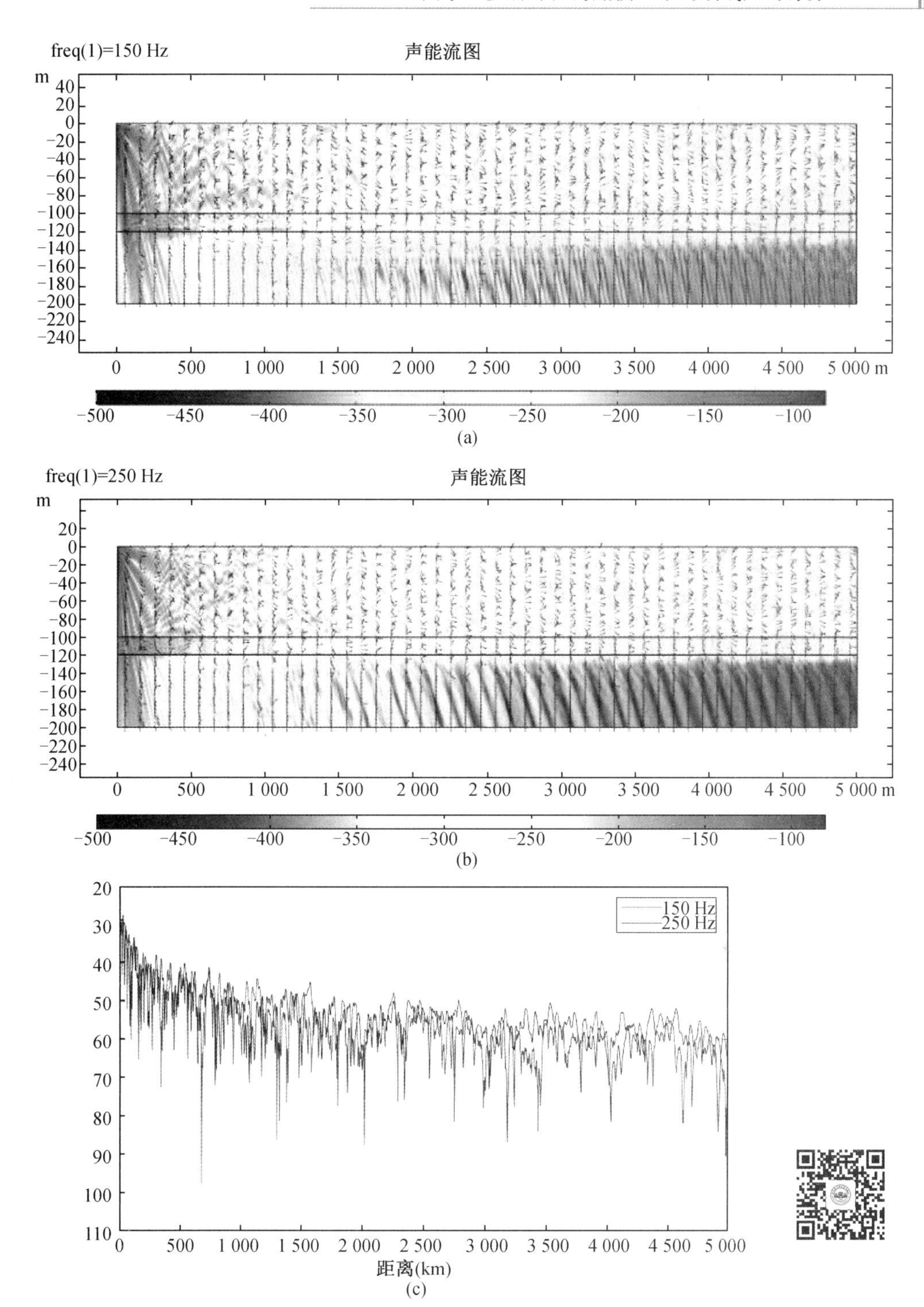


图 F-26　不同声源频率对声传播的影响

**沉积层几何参数对低频声传播的影响分析**

图 F-27 所示是改变沉积层厚度,其他仿真条件不变得出结果,图(a)中沉积层厚度 $h_2=35$ m,图(b)中沉积层厚度 $h_2=50$ m。

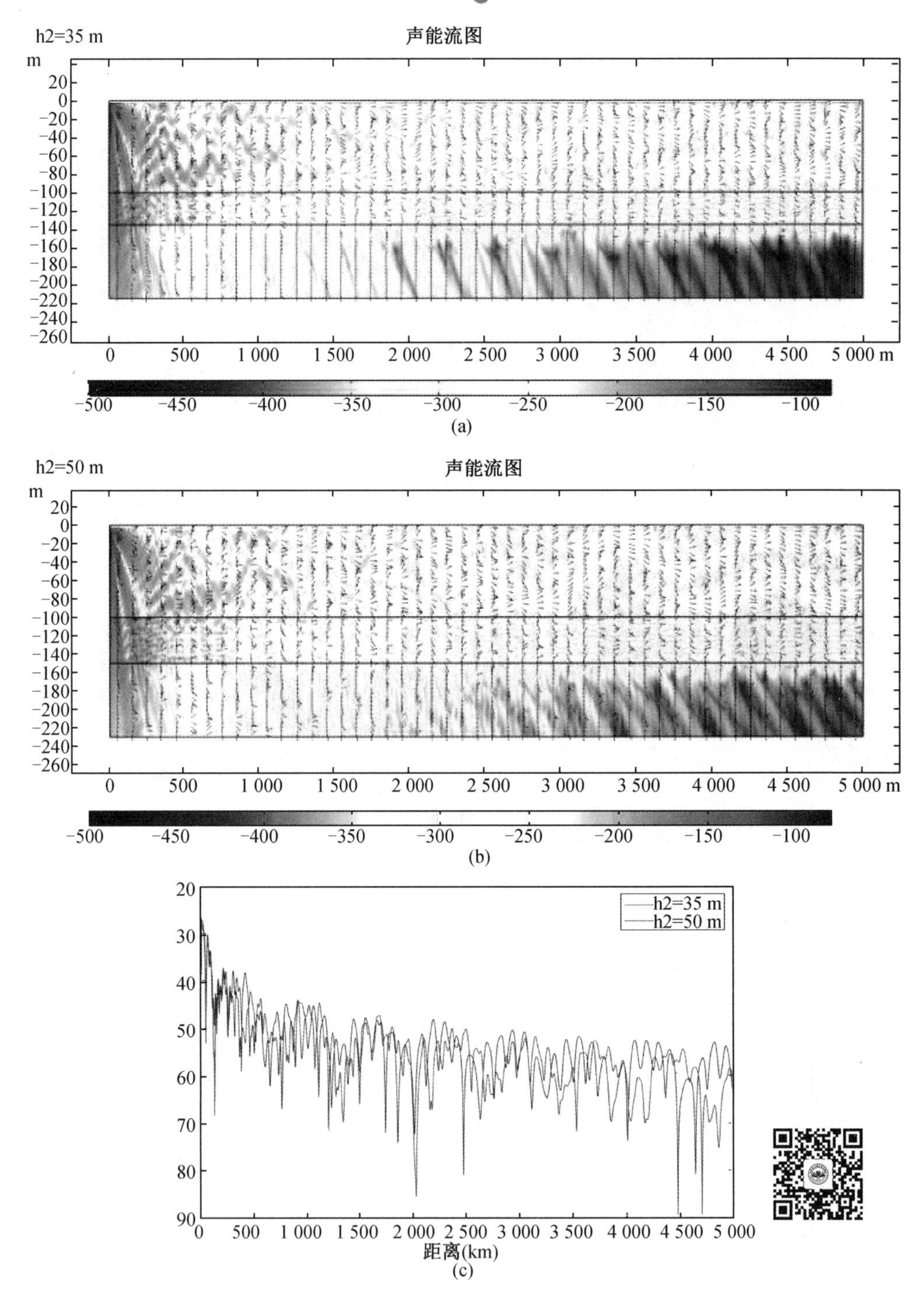

(a)

(b)

(c)

**图 F-27　沉积层厚度对声传播的影响**

图(c)是沉积层厚度分别为 35 m 和 50 m 时的传播损失曲线图,随着传播距离的增加,声能量在传播过程中损失越快。

对比图中的仿真结果可以看到,随着浅海沉积层厚度的增加,低频声能流随着传播距离的衰减速率反而减慢,且随着沉积层厚度的增加,基底中声能流的传播规律逐渐趋向一致。

进一步分析上述仿真结果给出的声能量传播规律,究其原因,主要由于声波所能穿透介质层的厚度有限,平均穿透厚度一般在几个声波长之内。当沉积层厚度一定时,随着辐射声波频率的升高、声波波长减小,声能量穿透沉积层进入海底的部分随之减少,因此形成图中的仿真结果;而当辐射声波频率不变时,增大沉积层的厚度也会对声场产生相似影响,厚度越大声能量传播至海底的部分越少。

**沉积层声学参数对低频声传播的影响分析**

在本书所考虑的理想均匀沉积层中,其声学参数主要包括介质密度 $\rho_{b1}$、纵波声速 $c_{p1}$ 和横波声速 $c_{s1}$,在以下研究沉积层声学参数对水中点声源辐射声波的影响规律时,也主要围绕上述三个声学参数展开。

1. 沉积层密度对低频声传播的影响

图 F-28 所示是改变沉积层密度,其他仿真条件不变时得出的结果,图(a)为沉积层密度 $\rho_{b1}=1\ 200\ \mathrm{kg/m^3}$,图(b)为沉积层密度 $\rho_{b1}=1\ 800\ \mathrm{kg/m^3}$。

图(c)是沉积层密度分别为 1 200 kg/m³ 和 1 800 kg/m³ 时的传播损失曲线图,从图中曲线走势来看随着传播距离的增加,声能量在传播过程中损失得越快。

对比图中的仿真结果可以看到:在流体层声学参数不变的前提下,随着沉积层密度值的增加,沉积层中纵、横波两类阻抗值同时增大,沉积层物理特性越趋近于"硬质"介质,低频声源辐射出的声波越容易被反射到流体层中向远处传播;而随着沉积层密度值的减小,沉积层物理特性越来越"软",低频声源辐射起的声能量越容易在近距离处透射进入沉积层,因而造成低频声能量在传播中的衰减越快。

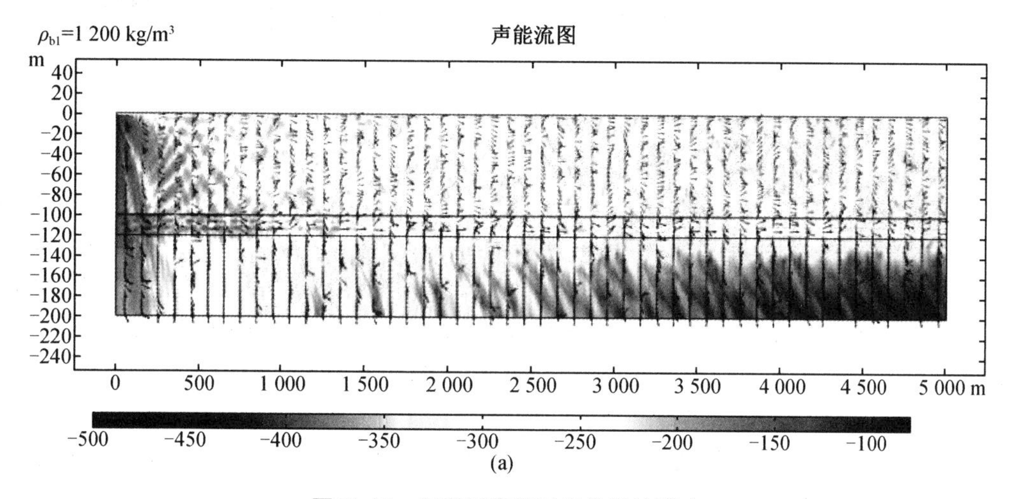


**图 F-28 沉积层密度对声传播的影响**

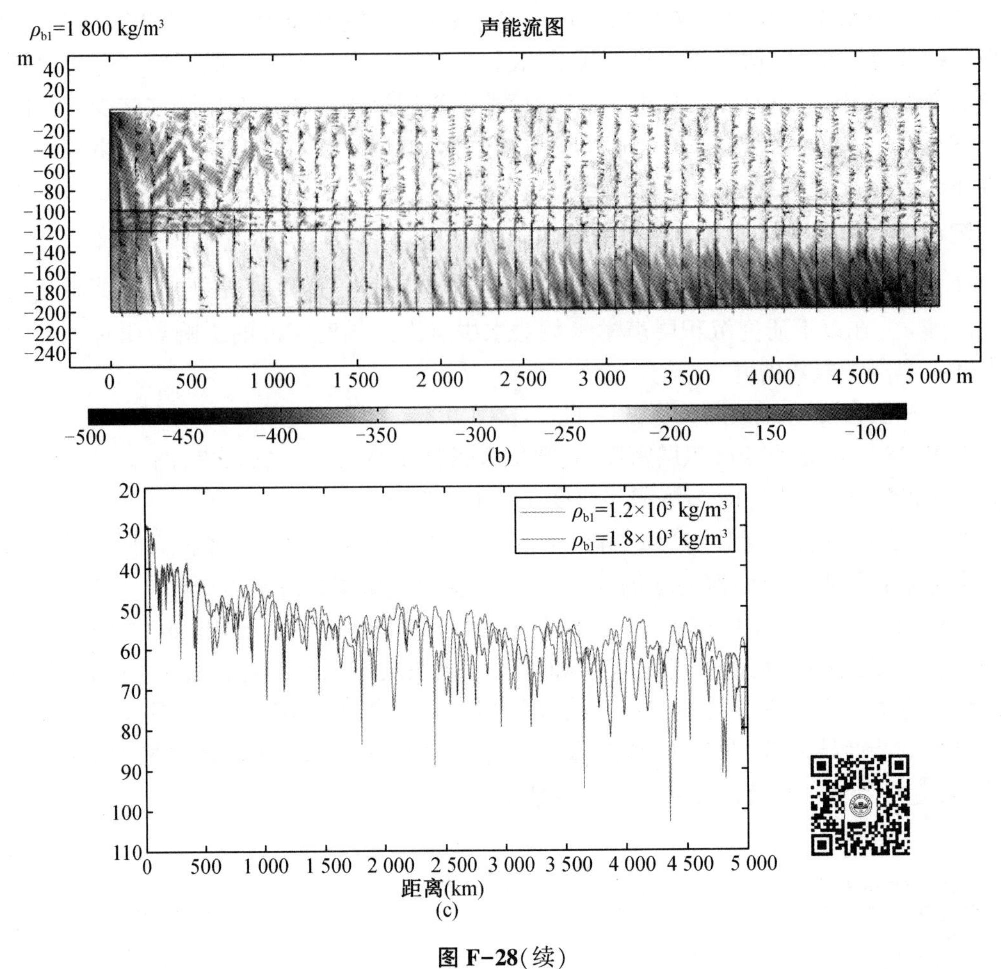


图 F-28(续)

2. 沉积层纵波声速对低频声传播的影响

图 F-29 中讨论了当沉积层纵波声速 $c_{p1}$ 单独变化对低频声传播的影响规律,仿真中考虑横波声速 $c_{s1}$ = 1 000 m/s 不变,图(a)和图(b)分别对应沉积层纵波声速 $c_{p1}$ = 2 500 m/s 和 $c_{p1}$ = 3 000 m/s 时 100 Hz 声波,在其他仿真条件不变情况下各层介质中的声能流分布图。

图(c)是沉积层纵波声速 $c_{p1}$ 分别为 2 500 m/s 和 3 000 m/s 时的传播损失曲线图,从图中曲线走势来看随着传播距离的增加,声能量在传播过程中损失越快。

3. 沉积层横波声速对低频声传播的影响

图 F-30 中讨论了当沉积层横波声速 $c_{s1}$ 单独变化对低频声传播的影响规律,仿真中考虑纵波声速 $c_{p1}$ = 2 000 m/s 不变,图(a)和图(b)分别对应沉积层横波声速 $c_{s1}$ = 800 m/s 和 $c_{s1}$ = 600 m/s 时 100 Hz 声波,在其他仿真条件不变情况下各层介质中的声能流分布图。图(c)是沉积层横波声速 $c_{s1}$ 分别为 800 m/s 和 600 m/s 时的传播损失曲线图,随着传播距离的增加,声能量在传播过程中损失越快。

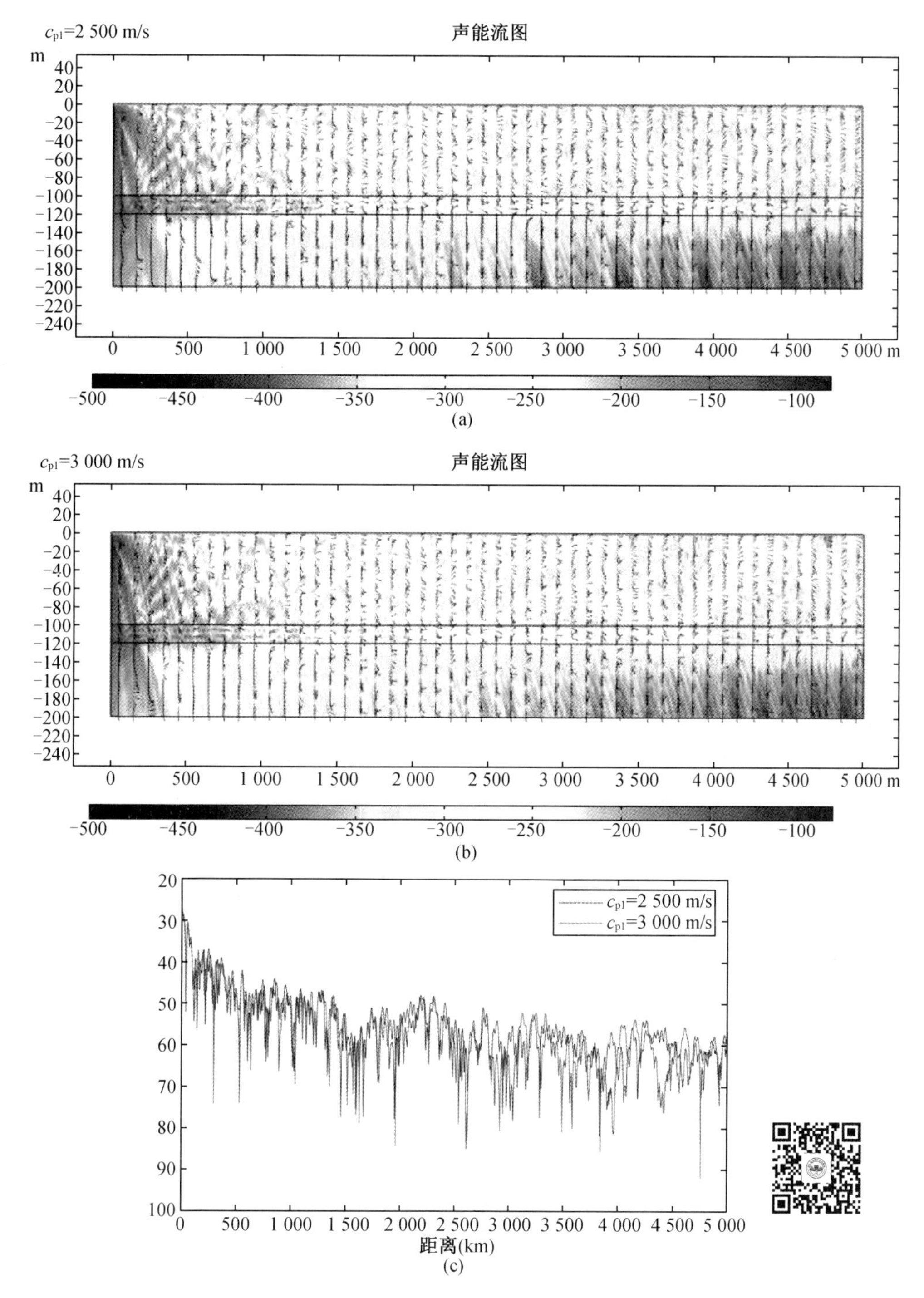


图 F-29 沉积层纵波声速对声传播的影响

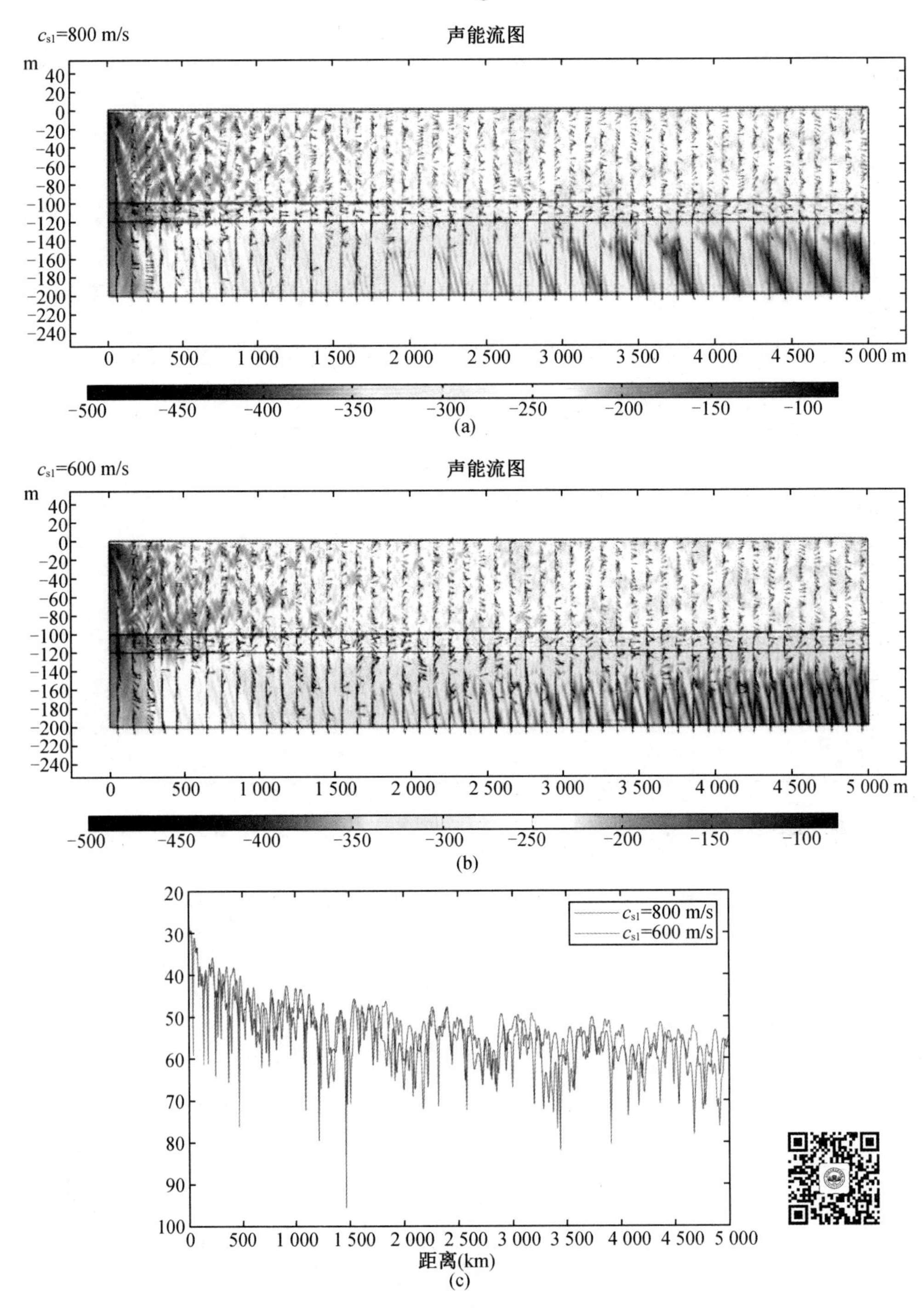


**图 F-30　沉积层横波声速对声传播的影响**

## 讨论

从上述改变纵横声波声速仿真图的对比中可以看到：在沉积层其他声学参数不变的前提下，沉积层中的纵波声速与横波声速的单独改变均会对同一波导中声能流的传播产生显著影响，但二者的影响规律不尽相同。具体来看：在沉积层纵波声速 $c_{p1}$>水中声速>沉积层

横波声速 $c_{s1}$ 的前提下,纵波声速越大,流体层中声能流传播损失越小,越有利于声能流向远处传播;而由于沉积物中存在的横波将带走一部分声能,横波声速越大流体层声源辐射的声能量向沉积层、海底"泄漏"的现象越明显,流体层中声能流传播损失越大。而在原始仿真条件下、无论是沉积层密度 $\rho_{b1}$,还是沉积层中纵波声速 $c_{p1}$ 或横波声速 $c_{s1}$,三者数值的增加均使得沉积层与基底两者间声阻抗特性趋于相似。在这一趋势下,声能量进入沉积层后在沉积层/基底分界面上的反射、透射更加平稳,沉积层、基底中声能量的起伏也趋于稳定。

在流体中各参数与沉积层中声速数值不变的前提下,沉积层密度 $\rho_{b1}$ 值越大,对应的反射系数越大,在相同的入射条件下声能量会更多反射回流体层中,因此分界面上流体层中声能量传播时衰减相对缓慢。

# 案例 G　三维海底山模型下的频域声场计算

## 案例背景

本案例在三维直角坐标系($xOz$)下建立一种模拟浅海海底山环境的波导模型,模型中设定海水层下是一具有圆锥形海底山的弹性海底,波导模型简图如图 G-1 所示。与三维坐标系下不同,在三维直角坐标系下,声场计算时各截面方向的耦合影响不可忽略,在 COMSOL Multiphysics 中设置时需要充分考虑模型各个界面的设置。

对于三维直角坐标下声场模型,设置时需考虑上下左右前后六个边界面,上边界设为水面,下边界面设置为海底,左右前后 4 个边界设置为完美匹配层模拟声场向无限远处消散特性。

## 模型参数

声源 $S(t)$ 频率 $f$=35 Hz,海水层声速 $c_w$=1 500 m/s,海水层密度 $\rho_w$=1 000 kg/m$^3$,海底层密度 $\rho_b$=2 000 kg/m$^3$,海底纵波声速 $c_b$=2 500 m/s,海底层衰减系数 $\alpha_b$=0.1 dB/$\lambda$,其中 $\lambda$ 为波长;模型水平长度 1 200 m($x$ 方向)、水平宽度 1 000 m($y$ 方向)、深度 100 m($z$ 方向),声源深度 $Sz$=−30 m 处,PML 层厚度设为信号 6 倍波长,即 $c_w/f$×6。

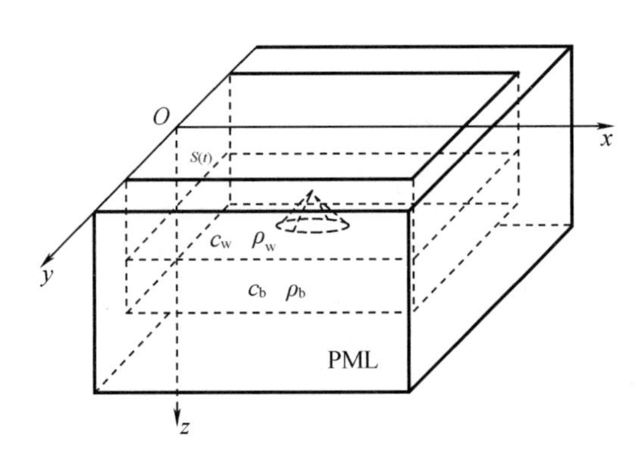


**图 G-1　模型示意图**

## 建模过程指导

在“文件”菜单中选择“新建”,在“新建”窗口中单击“模型向导”。

**模型向导**

1. 在“模型向导”窗口中,单击“三维”。
2. 在“物理场”树中选择“声学”→“压力声学”→“压力声学,频域”。
3. 单击“添加”,再单击“研究”。
4. 在“选择研究”树中选择“一般研究”→“频域”,最后单击“完成”。

## 全局定义

### 参数 1

1. 在“模型开发器”窗口的“全局定义”节点下，单击“参数 1”。
2. 在“参数”的设置窗口中，定位到“参数”栏，将表格中的参数逐一输入到列表中。
参数 1 定义如图 G-2 所示。

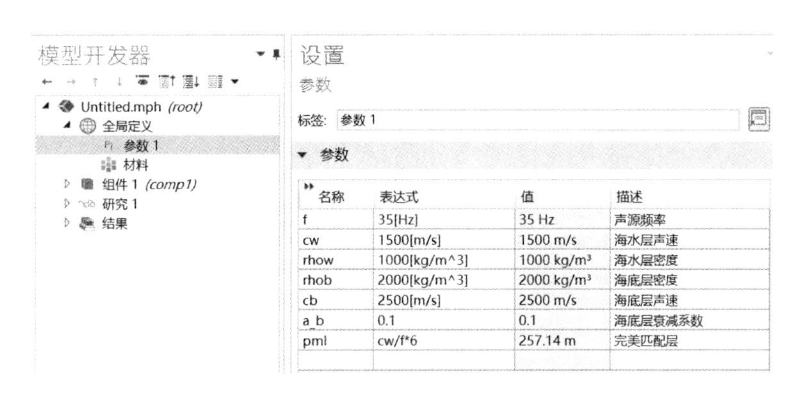


**图 G-2 参数 1 定义**

## 几何 1

### 长方体 1

1. 右键单击“几何 1”，在“几何”工具栏中单击“长方体”。
2. 在“长方体 1”的设置窗口中，定位到“大小和形状”栏。
3. 在“宽度”文本框中输入“1200+pml”，在“深度”文本框中输入“1000+pml＊2”，在“高度”文本框中输入“100”。
4. 位置栏中，在“x”文本框中输入“0”，在“y”文本框中输入“-500-pml”，在“z”文本框中输入“-100”。
5. 定位到层栏，在层 1 厚度文本框中输入“pml”。
6. 在“层位置”栏中勾选“右”“前”“后”。
7. 单击“构建选定对象”。

海水层模型构建如图 G-3 所示。

### 长方体 2

1. 右键单击“几何 1”，在“几何”工具栏中单击“长方体”。
2. 在“长方体 2”的设置窗口中，定位到“大小和形状”栏。
3. 在“宽度”文本框中输入“1200+pml”，在“深度”文本框中输入“1000+pml＊2”，在“高度”文本框中输入“50+pml”。
4. 位置栏，在“x”文本框中输入“0”，在“y”文本框中输入“-500-pml”，在“z”文本框中输入“-100-50-pml”。
5. 定位到层栏，在层 1 厚度文本框中输入“pml”。
6. 在“层位置”栏中勾选“右”“前”“后”“底”。

7. 单击“构建选定对象”。

全部模型构建如图 G-4 所示。

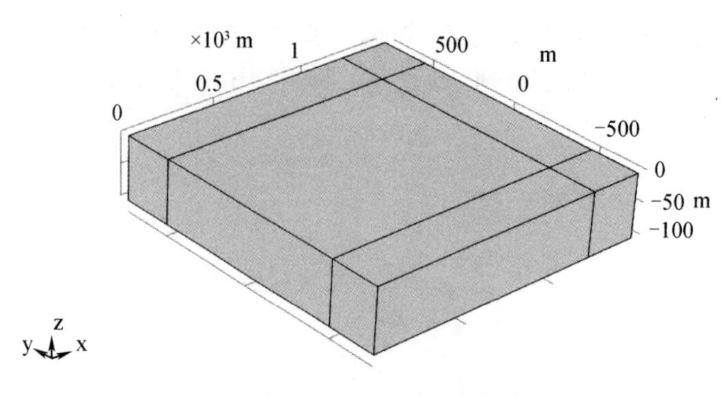


图 G-3 海水层模型构建

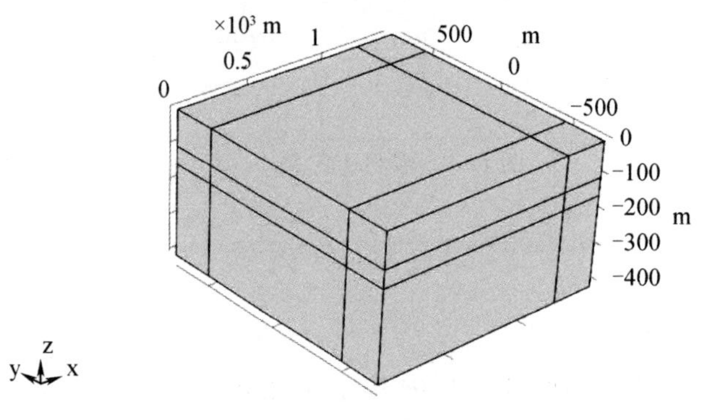


图 G-4 全部模型构建

**点 1**

1. 右键“单击几何 1”→“更多体素”→“点”。

2. 在“点 1”的设置窗口中,定位到“点”栏。

3. 在“x”和“y”文本框中输入“0”,在“z”文本框输入“-30”。

4. 单击“构建所有对象”。

**偏心圆锥 1**

1. 右键单击“几何 1”→“更多体素”→“偏心圆锥”。

2. 在“偏心圆锥 1”的设置窗口中,定位到“大小和形状”栏。

3. 在“a 半轴”文本框中输入“250”,在“b 半轴”文本框中输入“250”。

4. 在“高度”文本框中输入“50”,“比率”文本框中输入“0. 01”。

5. 定位到“位置”栏,在“x”文本框中输入“600”,“y”文本框中输入“0”,“z”文本框中输入“-100”。

6. 单击“构建所有对象”。

声源和海底山设定如图 G-5 所示。

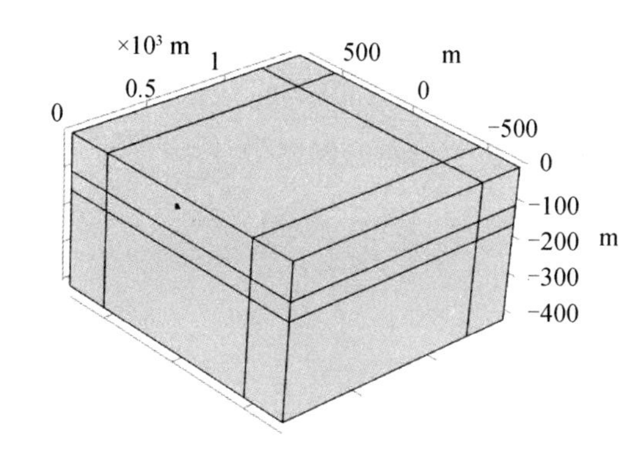


图 G−5 声源和海底山设定

7. 定位到最右侧图形区域,点击"场景光"和"透明",如图 G−6 所示。

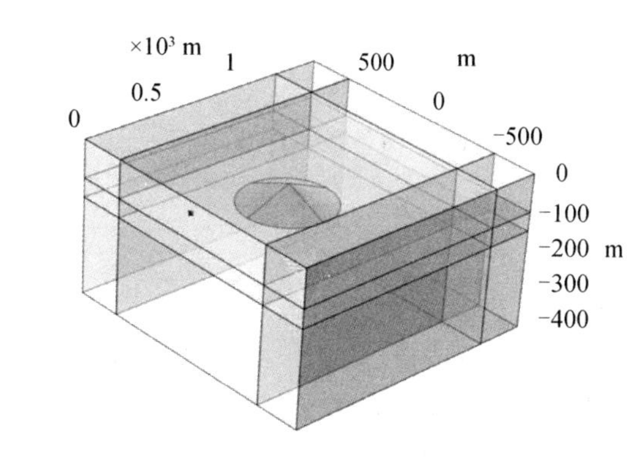


图 G−6 声源和海底山设定(透明)

完美匹配层

**完美匹配层 1**

1. 在"定义"工具栏中单击"完美匹配层"。
2. 选中"完美匹配层 1",在最右侧图形区域中选中"3、9、13、16、19",如图 G−7 所示。

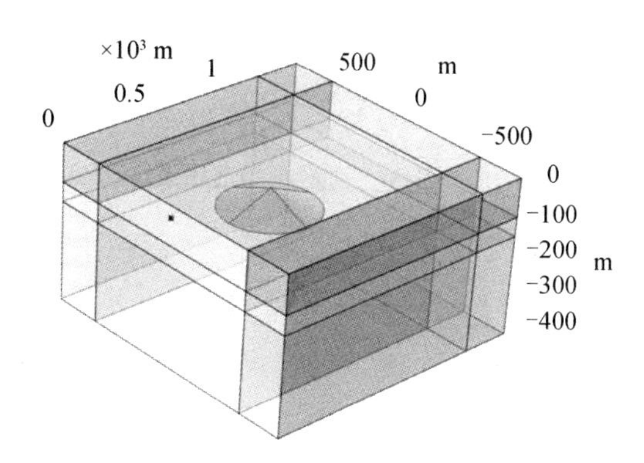


图 G−7 海水层 PML 设定

**完美匹配层 2**

1. 在“定义”工具栏中再次单击“完美匹配层”。

2. 选中“完美匹配层 2”，在最右侧图形区域中选中“1、2、4、7、8、11、12、14、15、17、18”，如图 G-8 所示。

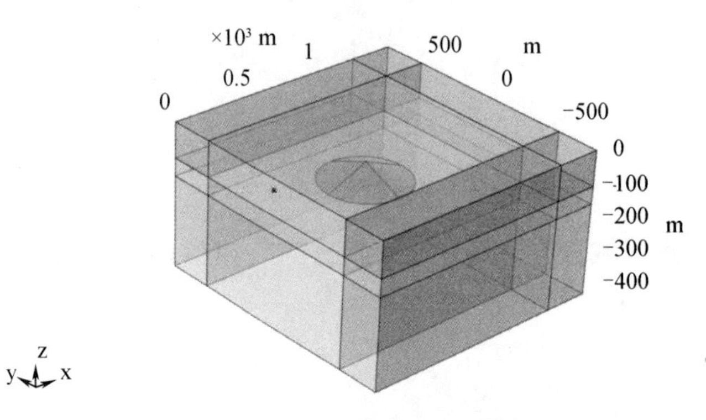


**图 G-8　海底 PML 设定**

压力声学，频域

1. 单击“压力声学，频域”，定位到“声压级设置”栏。
2. 在“声压级参考压力”列表中选择“使用水的参考压力”。
3. 在“完美匹配层的典型波速 Cref”文本框中输入“cw”。
4. 在右侧图形中选中所有区域，如图 G-9 所示。

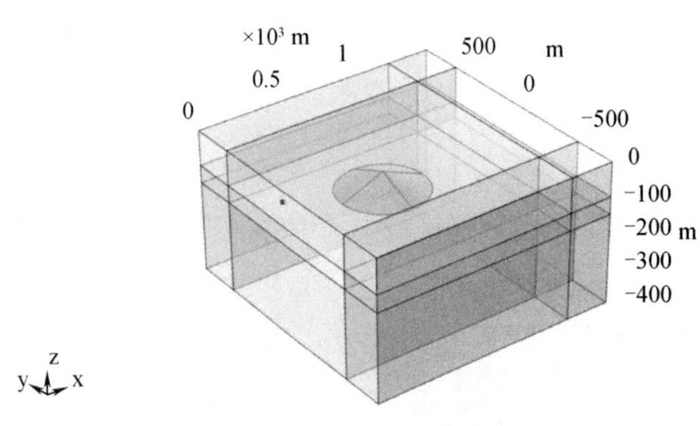


**图 G-9　海水层物理场设定**

**压力声学 1**

1. 单击“压力声学 1”，定位到“设置”栏的压力声学模型。

2. 将“流体模型”改为“线弹性”，在“声速”文本框中添加“cw”，“密度”文本框中添加“rhow”。

**软声场边界 1**

1. 右键单击“压力声学，频域”，在“压力声学，频域”的工具栏中单击“软声场边”界。

2. 在“软声场边界 1”的设置窗口中，定位到“域选择”栏。

3. 从“选择”列表中选择“手动”,然后在“图形”区域选中“20”边界。

软声场边界设定如图 G-10 所示。

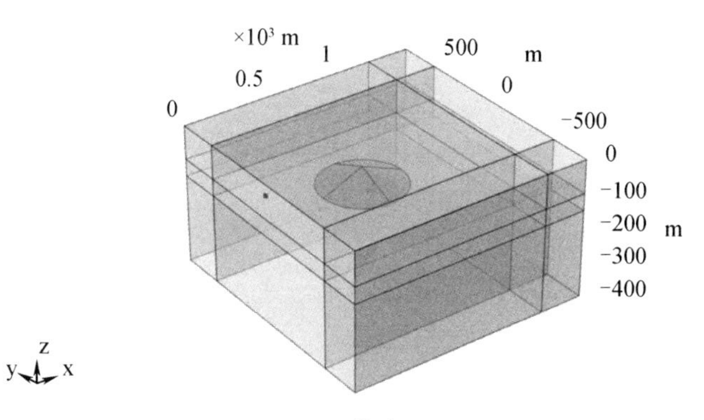


图 G-10　软声场边界设定

**添加单极点源**

1. 在“压力声学,频域”的工具栏中单击“点”→“单极点源”。

2. 在“单极点源 1”的设置窗口中,定位“单极点源”栏。

3. 在“类型”列表中选择“用户定义”,同时在“单极幅值 S”的文本框中输入“1”。

4. 在图形区域中选中点“9”。

**压力声学 2**

1. 在“压力声学,频域”的工具栏中单击“压力声学”。

2. 单击“压力声学 2”,定位到“设置”栏的压力声学模型。

3. 将“流体模型”改为“用户定义的衰减”。在“声速”文本框中添加“cb”,“密度”文本框中添加“rhob”。“衰减类型”设置为“衰减系数 dB 每波长”,文本框中为“0. 1”。

网格 1

**自由四面体网格 1**

1. 右键单击“网格 1”,在“网格 1”的工具栏中单击“自由四面体网格”。

2. 在“自由四面体网格 1”的设置窗口中,定位到“域选择”栏。

3. 从“几何实体层”中选择“域”,然后在图形区域中选中“6”。

4. 右键单击“自由四面体网格 1”→“大小”,在“大小”的设置窗口中,定位到“单元大小”栏。

5. 单击“定制”按钮,勾选“最大单元大小”方框,在“最大单元大小”文本框中输入“cw/freq/5”。

**自由四面体网格 2**

1. 再次右键单击“网格 1”,在“网格 1”的工具栏中单击“自由四面体网格”。

2. 在“自由四面体网格 2”的设置窗口中,定位到“域选择”栏。

3. 从“几何实体层”中选择域,然后在图形区域中选中“5、10”。

4. 右键单击“自由四面体网格 2”→“大小”。

5. 单击“大小 1”,在“大小”的设置窗口中,定位到“单元大小”栏。
6. 单击“定制”按钮。
7. 定位到“单元大小参数”栏。
8. 勾选“最大单元大小”方框,在“最大单元大小”文本框中输入“cb/freq/5”。
研究域网格剖分如图 G-11 所示。

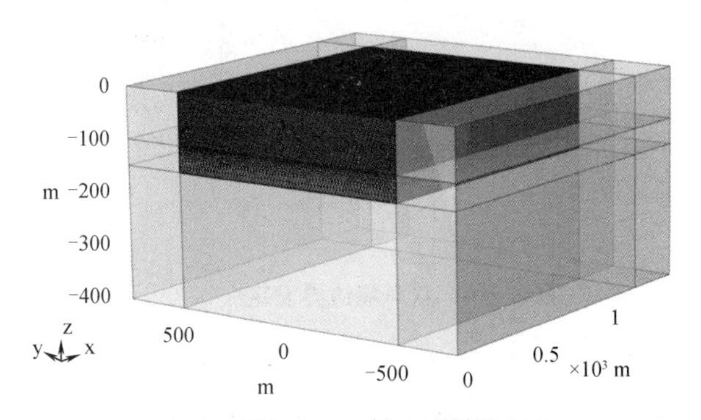


图 G-11 研究域网格剖分

### 扫掠 1

1. 右键单击“网格 1”,在“网格 1”的工具栏中单击“扫掠”。
2. 在“扫掠 1”的设置窗口中,定位到“域选择”栏。
3. 从“几何实体层”中选择“域”,然后在图形区域中选中“2、3、4、8、9、15、16”。
4. 定位到“源面”栏,单击“激活”按钮。
5. 在右侧图形区域中选择“15、16、18、25、28、53、56”。
6. 定位到“目标面”栏,单击“激活”按钮。
7. 在右侧图形区域中选择“5、8、13、32、33、77、78”。
8. 右键单击“扫掠 1”,在“扫掠 1”的工具栏中单击“分布”。
9. 在“扫掠 1”→“分布 1”的设置窗口中,定位到“分布”栏。
10. 定位到“分布栏”,在“单元数”文本框中输入“8”。
11. 点击“全部构建”。
PML 扫掠网格(1)如图 G-12 所示。

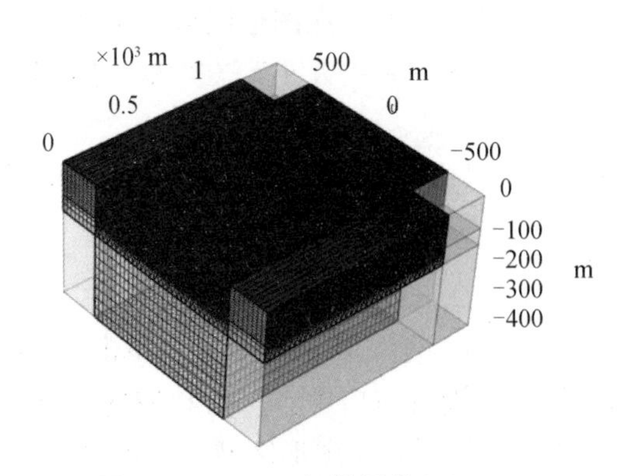


图 G-12 PML 扫掠网格(1)

**扫掠 2**

1. 右键单击“网格 1”,在“网格 1”的工具栏中单击“扫掠”。
2. 在“扫掠 2”的设置窗口中,定位到“域选择”栏。
3. 在“几何实体层”中选择“域”,然后在图形区域中选中“1、7、11、12、13、14、17、18、19”。
4. 点击“全部构建”。

PML 扫掠网格(2)如图 G-13 所示。

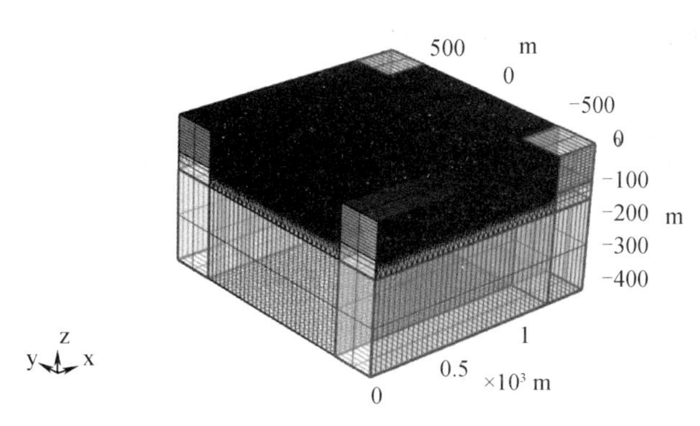


**图 G-13 PML 扫掠网格(2)**

研究 1

步骤 1:频域

1. 在“步骤 1:频域”的设置窗口中,定位到研究“设置”栏。
2. 在“频率”的文本框中输入“range(25,10,45)”。
3. 单击“计算”。

结果

**研究域选择**

1. 右键单击“数据集”→“研究 1/解 1 (1)”→“选择”。
2. 单击“选择”,在“几何实体层”栏选择“域”。
3. 在右侧图形中选中域“6、10”。
4. 右键单键“数据集”,添加两个“截面”,两个“三维截线”。
5. 定位到“截面 1”的设置栏的平面数据,将平面改为 xy 平面,z 坐标的文本框中填写“-50”。
6. 定位到“截面 2”的设置栏的平面数据,将平面改为 xz 平面,y 坐标的文本框中填写“0”。
7. 定位到“三维截线 1”的设置栏的线数据,点 1 坐标(0,0,-40);点 2 左边(1200,0,-40)。
8. 定位到“三维截线 1”的设置栏的线数据,点 1 坐标(600,-500,-40);点 2 左边(600,500,-40)。

**三维平面传播损失伪彩图**

1. 右键单击“结果”,添加两个“二维绘图组”,一个“一维绘图组”。

2. 点击“二维绘图组 4”,定位到设置栏的“数据”,“数据集”选择“截面 1”,“颜色图例”中的“位置”改为“底”。

3. 右键单击“二维绘图组 4”,添加“表面”,然后定位到“表面”的设置栏。

4. 在“表达式”文本框中填写“20 * log10( abs( acpr. p_t) )”,范围中勾选“手动控制颜色范围”,最小值为-55,最大值为-25。

5. 点击“绘制”。

25 Hz、35 Hz 和 45 Hz 水平传播损失图如图 G-14、图 G-15 和图 G-16 所示。

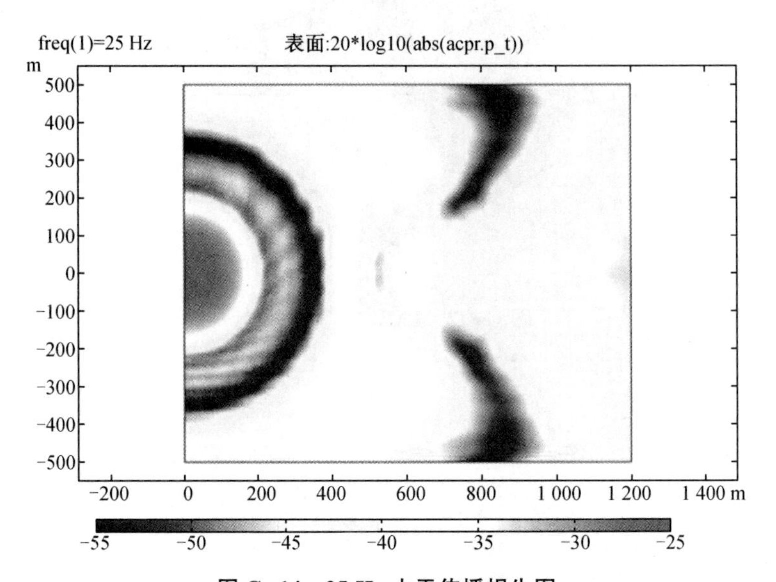


**图 G-14　25 Hz 水平传播损失图**

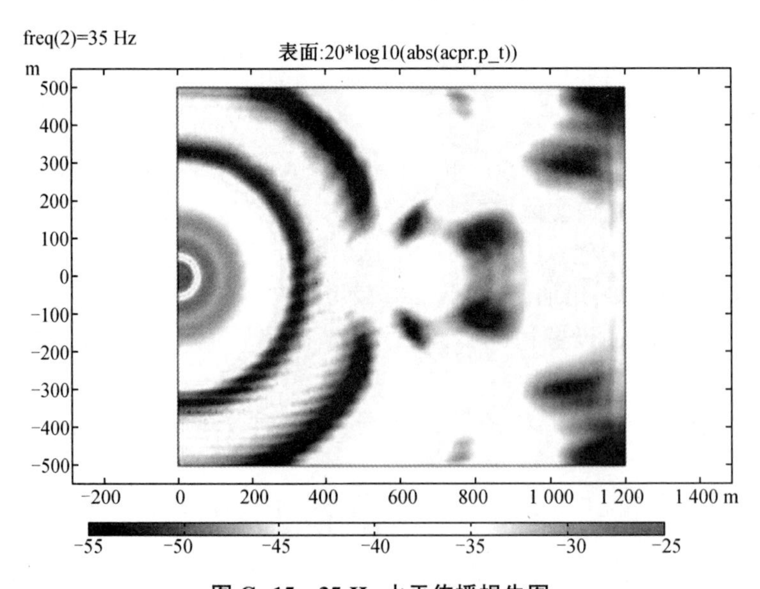


**图 G-15　35 Hz 水平传播损失图**

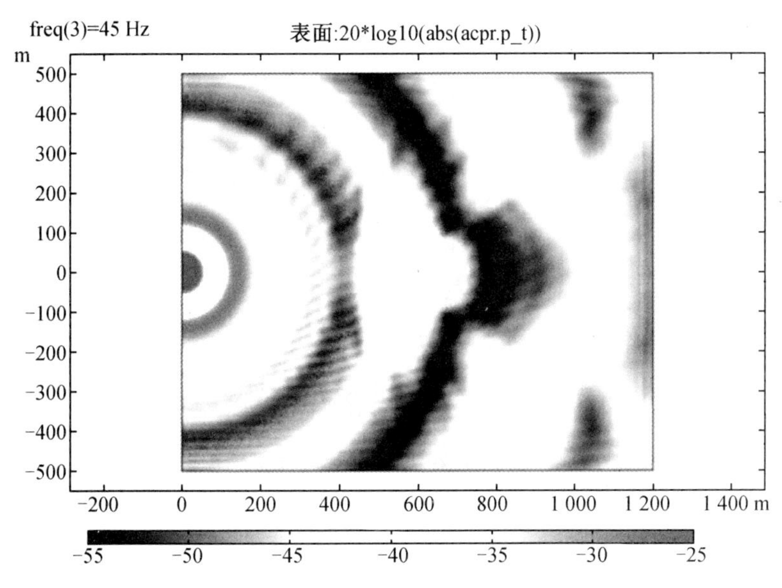


图 G-16 45 Hz 水平传播损失图

**垂直切面传播损失伪彩图**

1. 点击“二维绘图组 5”,定位到设置栏的数据,数据集选择“截面 2”。绘图设置中的视图选择为“二维视图 3”,“颜色图例”中的“位置”改为“底”。

2. 将“二维绘图 3”→“轴”,“视图比例”设置为 x∶y=1∶2。

3. 右键单击“二维绘图组 5”,添加“表面”,然后定位到“表面”的设置栏。

4. 在“表达式”文本框中填写“20 * log10( abs( acpr. p_t) )”,范围中勾选“手动控制颜色范围”,最小值为-80,最大值为 0。

5. 点击“绘制”。

25 Hz、35 Hz 和 45 Hz 垂直传播损失图如图 G-17、图 G-18 和图 G-19 所示。

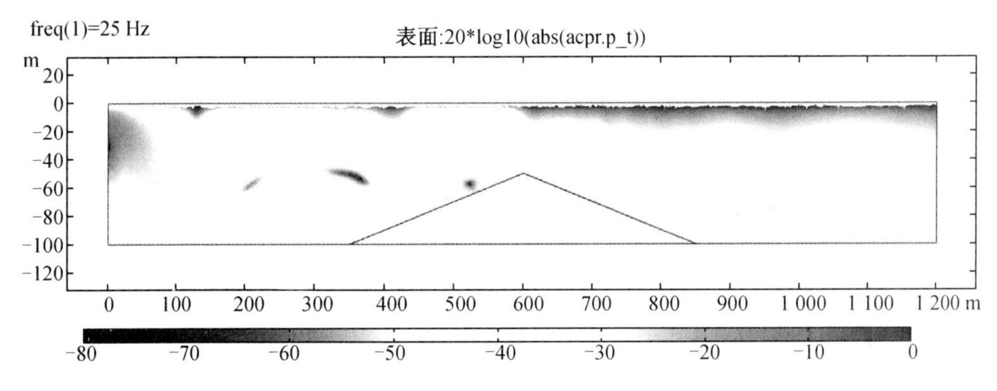


图 G-17 25 Hz 垂直传播损失图

**传播损失曲线对比图**

1. 右键单击“结果”,添加“一维绘图组”,定位至“一维绘图组”的设置栏。

2. 数据中的“数据集”选择为“三维截线 1”;图例中勾选“显示图例”,x 和 y 的位置都为 1。将标题的“标题类型”改为“手动”,输入“三维截线 1TL”。

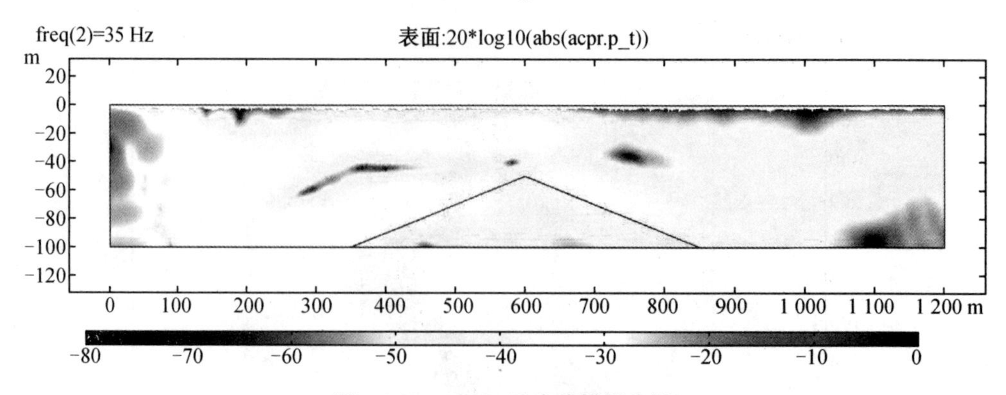


**图 G-18　35 Hz 垂直传播损失图**

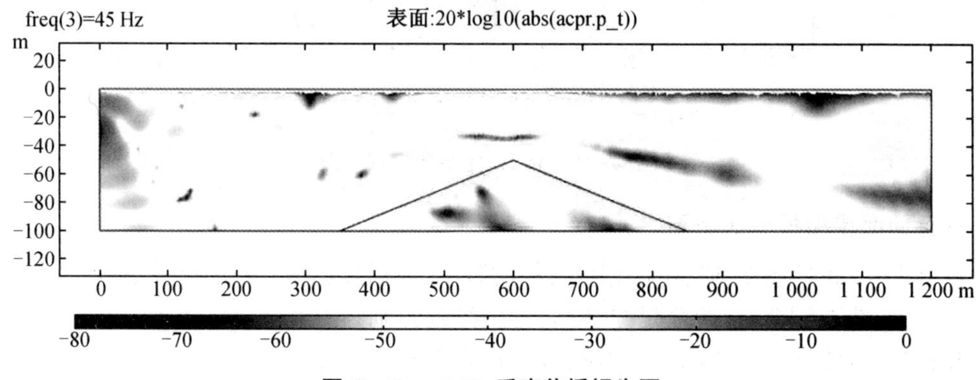


**图 G-19　45 Hz 垂直传播损失图**

3. 右键单击“一维绘图组”添加线图，定位至线图的设置栏。

4. 在 y 轴数据的“表达式”栏填写“20 * log10(abs(acpr. p_t))”；图例中勾选“显示图例”。

5. 点击“绘制”，如图 G-20 所示。

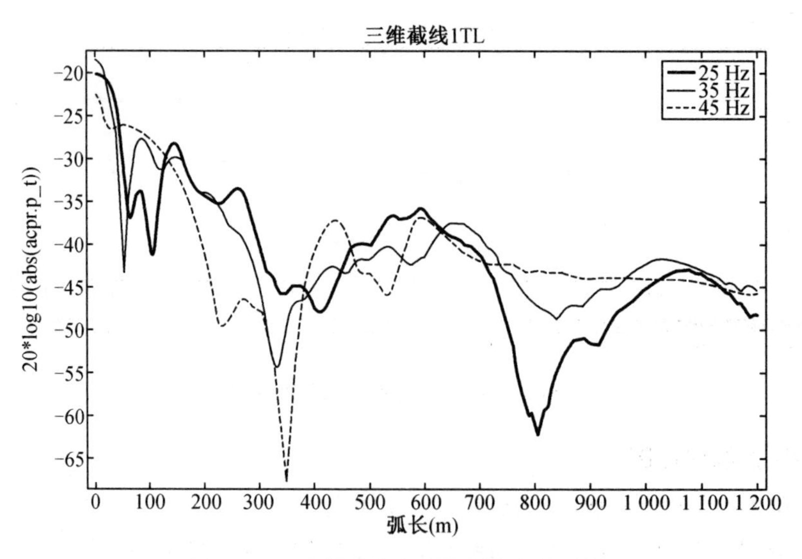


**图 G-20　声源轴方向传播损失曲线对比**

6. 将数据中的“数据集”选择为“三维截线 2”；将标题的“标题类型”改为“手动”，输入“三维截线 2TL”

7. 点击“绘制”，如图 G-21 所示。

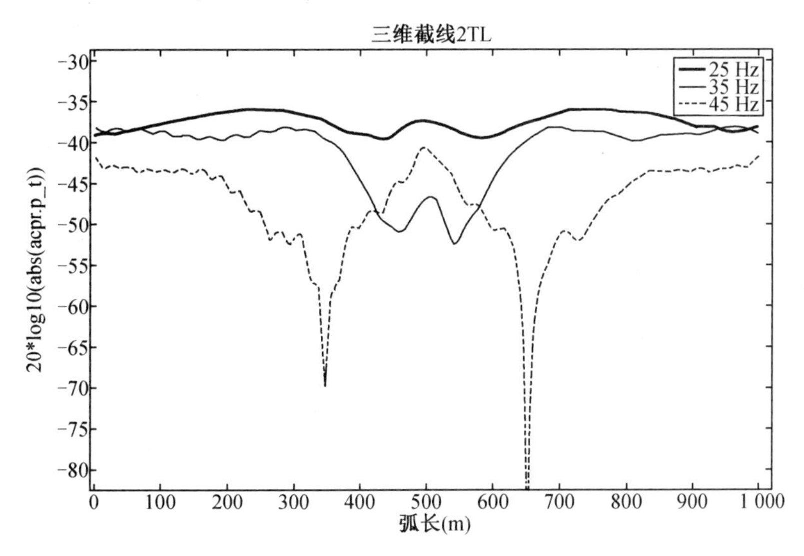


**图 G-21 垂直声源轴方向传播损失曲线对比**

讨论

由三维水平传播损失伪彩图可以看出，随着频率的增加，后向散射的面积变大；从垂直切面伪彩图也可以看出，频率越低，会有更多的声波透射入海底山内，这一点在传播损失曲线图中也可以验证，500 m 处的传播损失 25 Hz>30 Hz>45 Hz。总体上，频率越高，波长越短，因此声波的穿透能力就越弱，更多的声波被限制在海水层内传播，因此传播损失曲线振荡幅度就会越大，即海底山对声传播的影响就会越明显。

# 案例 H　深海环境下的射线声场计算

## 案例背景

本案例将开始射线声学模型的学习，射线声学的模型设置与压力声学有很大差别。由于射线声学固有的高频近似性导致其结果不够精确，导致目前射线声学并不是特别受欢迎。但是射线的传播轨迹可以帮助我们更好地理解一些异常声传播现象背后的物理机制，因此本书也对利用 COMSOL 进行射线声学仿真的方法进行简单介绍。

## 模型参数

如图 H-1 所示，声源 $S(t)$ 频率 $f=100$ Hz，海水宽度 $r_w=100$ km，海水层深度 $h_w=5$ km，声源深度 $z_s=1$ km，海水层密度 $\rho_w=1\ 000\ \mathrm{kg/m^3}$，海底层声速 $c_b=1\ 700$ m/s，海底层密度 $\rho_b=2\ 000\ \mathrm{kg/m^3}$。

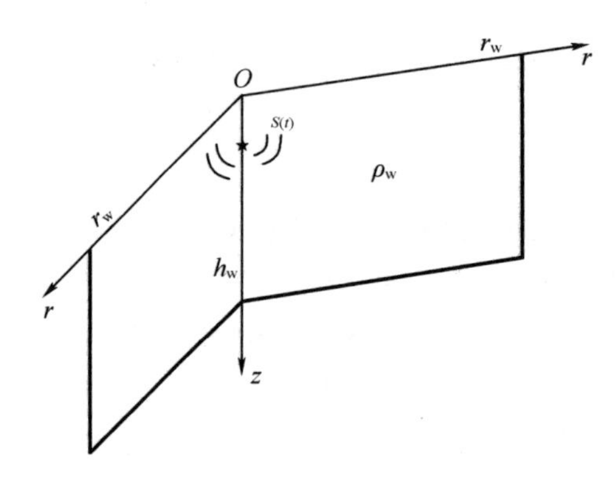


**图 H-1　模型示意图**

## 建模过程指导

在“文件”菜单中选择“新建”，在“新建窗”口中单击“模型向导”。

**模型向导**

1. 在“模型向导”窗口中，单击“二维轴对称”。
2. 在“选择物理场”树中选择“声学”→“几何声学”→“射线声学”。
3. 单击“添加”，再单击“研究”。
4. 在“选择研究”树中选择“所选物理场接口的预设研究”→“射线追踪”，最后单击“完成”。

## 全局定义

**参数 1**

1. 在“模型开发器”窗口的“全局定义节”点下，单击“参数 1”。

2. 在“参数”的设置窗口中，定位到“参数”栏，将表格中的参数逐一输入列表。参数 1 定义如图 H-2 所示。

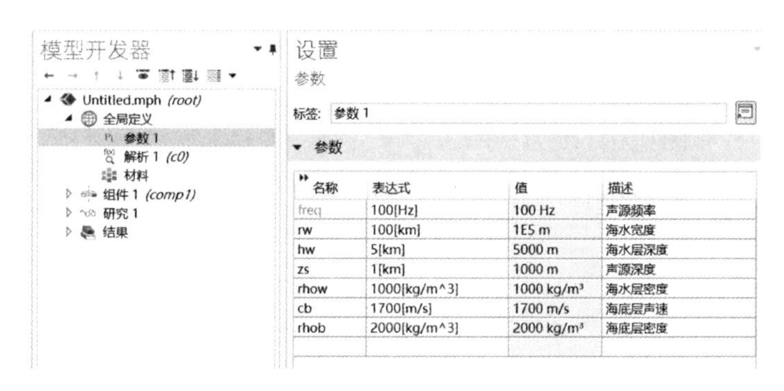


| 名称 | 表达式 | 值 | 描述 |
| --- | --- | --- | --- |
| freq | 100[Hz] | 100 Hz | 声源频率 |
| rw | 100[km] | 1E5 m | 海水宽度 |
| hw | 5[km] | 5000 m | 海水层深度 |
| zs | 1[km] | 1000 m | 声源深度 |
| rhow | 1000[kg/m^3] | 1000 kg/m³ | 海水层密度 |
| cb | 1700[m/s] | 1700 m/s | 海底层声速 |
| rhob | 2000[kg/m^3] | 2000 kg/m³ | 海底层密度 |

**图 H-2　参数 1 定义**

**解析 1**

1. 右键单击“全局定义”，在“函数”工具栏中选择“解析”。

2. 在“函数名称”栏中输入“c0”。

3. 在函数“表达式”文本框中输入“1500 * ( 1. 0+0. 00737 * ( ( 2 * ( abs( z ) -1200 )/1200) -1+exp( -( 2 * ( abs( z ) -1200 )/1200) ) ) )”。

4. 在“定义”栏的“变元”文本框中输入“z”。

5. 在“单位”栏的“变元”文本框中输入“m”，“函数”文本框中输入“m/s”。

6. 在“变元”的“下限”文本框中输入“-5000”，“上限”文本框中输入“0”。

7. 单击“创建绘制”，如图 H-3 所示。

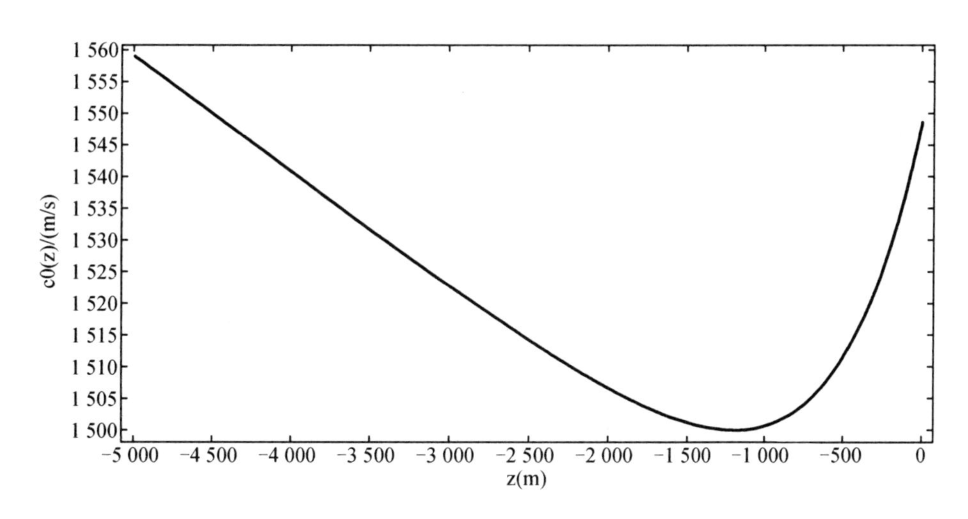


**图 H-3　Munk 声速剖面**

几何 1

**矩形 1**

1. 右键单击“几何 1”，在“几何”工具栏中单击“矩形”。

2. 在“矩形”的设置窗口中,定位到“大小和形状”栏。
3. 在“宽度”文本框中输入“rw”,在“高度”文本框中输入“hw”。
4. 定位到“位置”栏,在“r”文本框中输入“0”,在“z”文本框中输入“-hw”。
5. 单击“构建选定对象”。
6. 单击“定义”→“视图 1”→“轴”。
7. 中间区域的“视图比例”改为“手动”,“y”栏输入“10”。
8. 单击“更新”,修改视图比例。

模型构建如图 H-4 所示。

**图 H-4　模型构建**

## 射线声学

1. 单击“射线声学”,定位到“强度计算”栏。
2. 在“强度计算”列表中选择“计算变折射率介质中的强度和功率”。
3. 在“声压级参考”声压列表中选择“使用水的参考声压”。

### 介质属性 1

1. 单击“介质属性 1”,定位到“压力声学模型”栏。
2. 在“流体模型”列表中选择“海洋衰减”。
3. 在“声速”列表中选择“用户定义”,同时在文本框中输入“c0(z)”。
4. 在“密度”列表中选择“用户定义”,同时在文本框中输入“rhow”。

### 壁 1

1. 单击“壁 1”,定位到“壁条件”栏。
2. 从“壁条件”列表中选择“镜面反射”。
3. 在“计算反射强度”列表中选择“反射系数”。
4. 在“反射系数 R”文本框中输入“-1”。

### 壁 2

1. 右键单击“射线声学”→“壁”。
2. 单击“壁 2”,定位到“壁条件”栏。
3. 在“壁条件”列表中选择“冻结”。

4. 在右侧图形区域中单击“右边界”。

半无限边界设定如图 H-5 所示。

图 H-5 半无限边界设定

**壁 3**

1. 右键单击“射线声学”→“壁”。
2. 单击“壁 3”,定位到“壁条件”栏。
3. 在“壁条件”列表中选择“镜面反射”。
4. 在“计算反射强度”列表中选择“流体-流体界面”。
5. 在“声速,相邻流体”文本框中输入“cb”。
6. 在“密度,相邻流体”文本框中输入“rhob”。
7. 在“衰减系数,相邻流体”文本框中输入“0”。
8. 在右侧图形区域中单击“下边界”。

海底边界设定如图 H-6 所示。

图 H-6 海底边界设定

**从轴上的栅格释放 1**

1. 右键击“射线声学”→“从轴上的栅格释放”。
2. 单击“从轴上的栅格释放 1”,定位到“初始坐标”。

3. 在“$q_{z,0}$”文本框中输入“-1000”。
4. 从“射线方向矢量”列表中选择“锥形”。
5. 在“波矢空间射线数”文本框中输入“40”。
6. 在“锥轴 r”文本框中输入“1”,“z”文本框中输入“0”。
7. 在“锥角”文本框中输入“25[deg]”。

网格 1

**自由三角形网格 1**

1. 右键单击“网格 1”,在“网格 1”的工具栏中单击“自由三角形网格”。
2. 在“自由三角形网格”的设置窗口中,定位到“域选择”栏。
3. 在“几何实体层”中选择“域”,然后在图形中选中整个区域。
4. 在“自由三角形网格 1”的工具栏中单击“大小”。
5. 在“自由三角形网格 1”→“大小 1”的设置窗口中,定位到“单元大小”栏。
6. 从“预定义”列表中选择“极细化”。
7. 单击“全部构建”。

网格剖分如图 H-7 所示。

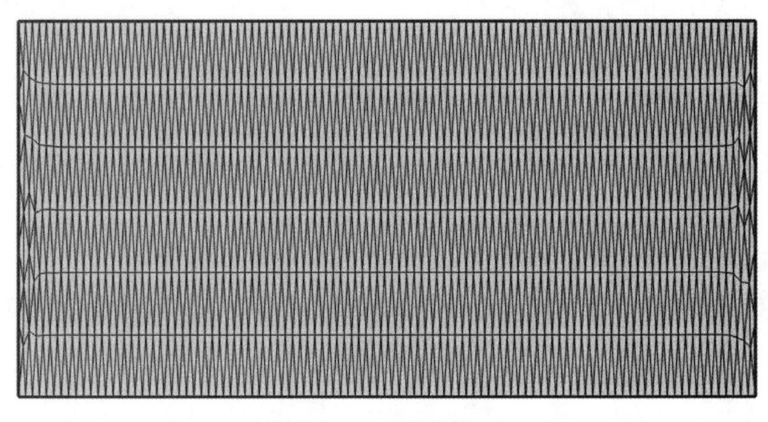

**图 H-7 网格剖分**

研究 1

1. 单击“步骤 1:射线追踪”。
2. 在“步骤 1:射线追踪”的设置窗口中,定位到“研究设置”栏。
3. 在“时间单位”的文本框中输入“s”。
4. 在“时间步长”文本框中输入“range(0,0.1,80)”。
5. 单击“计算”。

结果

1. 单击“射线轨迹”→“射线轨迹 1”→“颜色表达式 1”,定位到“表达式”栏。
2. 在“表达式”文本框中输入“rac.LI”。
3. 勾选“手动控制颜色范围”。

4. 在“最小值”文本框中输入“40”,在“最大值”文本框中输入“150”。
5. 勾选“手动控制数据范围”。
6. 在“最小值”文本框中输入“40”,在“最大值”文本框中输入“150”。
7. 单击“绘制”。

Munk 声线传播轨迹如图 H-8 所示。

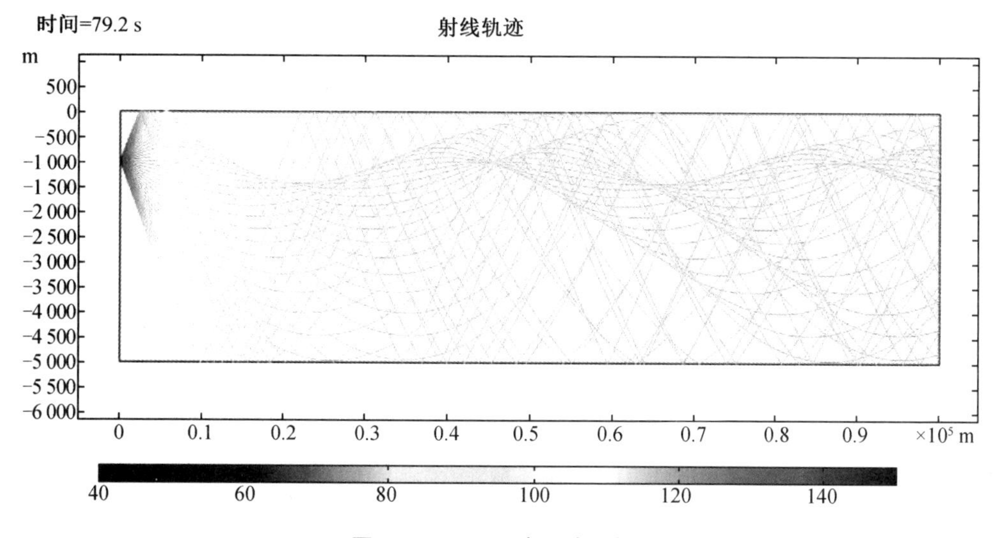


图 H-8　Munk 声线传播轨迹

此外,笔者还计算了一个普通海水射线声学模型,除了将 Munk 声速剖面公式换成 1 500 m/s,其他的设置和案例 G 完全一样。均匀海水声线传播轨迹如图 H-9 所示。

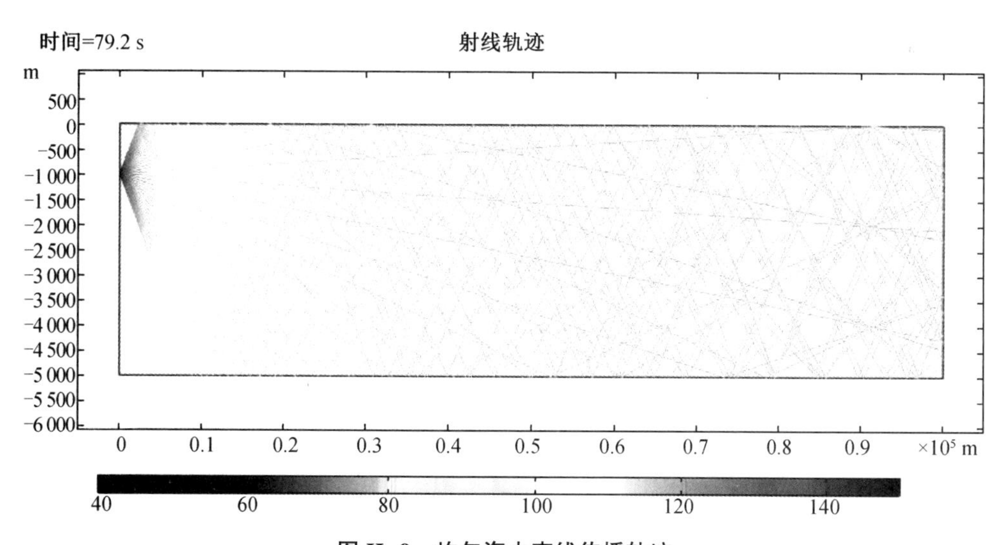


图 H-9　均匀海水声线传播轨迹

## 讨论

图 H-8 中可以明显看到声源发出的声线掠射角不是很大的声线汇聚在 1 500 m 上下

传播,即声道轴位于水下 1 500 m 处,而在均匀海水层声速的图 H-9 中并没有这一现象,声线的传播没有表现出一定的规律。COMSOL Multiphysics 在计算这一模型时,总用时仅为 14 s。由此可见,射线声学对大尺度、高频模型的计算优势非常大。但是随着国际上水声学的研究重点转向低频问题,射线法的应用越来越少。近年来,国内一部分学者多用射线声学来解释一些水声物理现象。

# 案例Ⅰ　浅海海底山环境下的射线声场计算

## 案例背景

本案例采用三维射线声学模型下部的锥形体来模拟实际海底山。

## 模型参数

如图Ⅰ-1所示，声源$S(t)$频率$f$= 15 Hz，模型长度$l_w$ = 4 000 m，模型宽度$b_w$ = 2 000 m，模型高度$h_w$ = 200 m，海水层声速$c_w$ = 1 500 m/s，海水层密度$\rho_w$ = 1 000 kg/m$^3$。

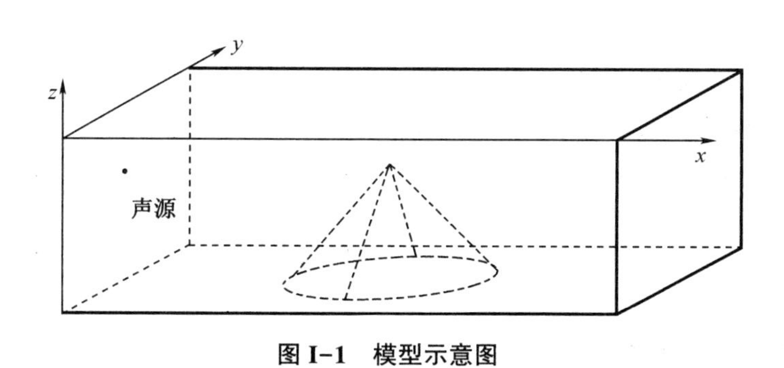


图Ⅰ-1　模型示意图

## 建模过程指导

在“文件”菜单中选择“新建”，在“新建”窗口中单击“模型向导”。

## 模型向导

1. 在“模型向导”窗口中，单击“三维”。
2. 在“选择物理场”树中选择“声学”→“几何声学”→“射线声学”。
3. 单击“添加”，再单击“研究”。
4. 在“选择研究”树中选择“所选物理场接口的预设研究”→“射线追踪”，最后单击“完成”。

## 全局定义

**参数 1**

1. 在“模型开发器”窗口的“全局定义节”点下，单击“参数 1”。
2. 在“参数”的设置窗口中，定位到“参数”栏，将表格中的参数逐一输入到列表中。

参数1定义如图Ⅰ-2所示。

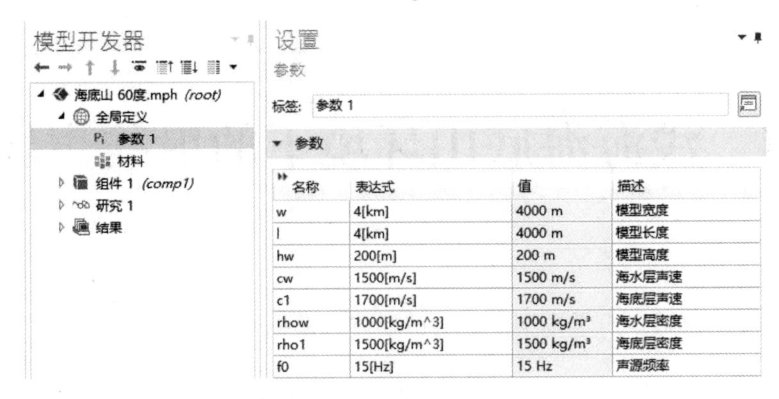


| 名称 | 表达式 | 值 | 描述 |
|---|---|---|---|
| w | 4[km] | 4000 m | 模型宽度 |
| l | 4[km] | 4000 m | 模型长度 |
| hw | 200[m] | 200 m | 模型高度 |
| cw | 1500[m/s] | 1500 m/s | 海水层声速 |
| c1 | 1700[m/s] | 1700 m/s | 海底层声速 |
| rhow | 1000[kg/m^3] | 1000 kg/m³ | 海水层密度 |
| rho1 | 1500[kg/m^3] | 1500 kg/m³ | 海底层密度 |
| f0 | 15[Hz] | 15 Hz | 声源频率 |

**图 I-2　参数 1 定义**

几何 1

**长方体 1**

1. 右键单击“几何 1”,在“几何”工具栏中单击“长方体”。

2. 在“长方体 1”的设置窗口中,定位到“大小和形状”栏。

3. 在“宽度”文本框中输入“lw”,在“深度”文本框中输入“bw”,在“高度”文本框中输入“hw”。

4. 定位到“位置”栏,在“x”文本框中输入“0”,在“y”文本框中输入“0”, 在“z”文本框中输入“-200”。

5. 单击“构建选定对象”。

海水层模型构建如图 I-3 所示。

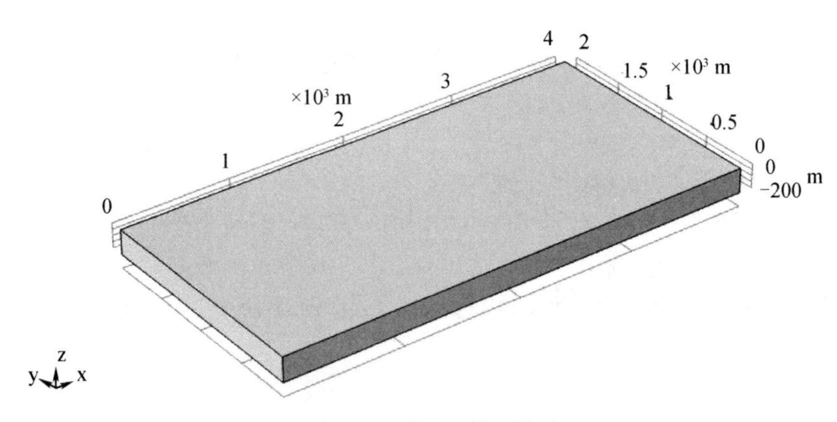


**图 I-3　海水层模型构建**

**圆锥体 1**

1. 右键单击“几何 1”,在“几何”工具栏中单击“圆锥体”。

2. 在“圆锥体 1”的设置窗口中,定位到“大小和形状”栏。

3. 在“底半径”文本框中输入“1000”,在“高度”文本框中输入“60”,在“顶半径”文本框中输入“0”。

4. 定位到“位置”栏,在“x”文本框中输入“2000”,在“y”文本框中输入“1000”, 在“z”

文本框中输入“-200”。

5. 单击构建“选定对象”。
6. 单击“定义”→“视图 1”→“相机”。
7. 中间区域的“视图比例”改为“手动”,“z”栏输入“5”。
8. 单击“更新”,修改视图比例。

海底山设定如图 I-4 所示。

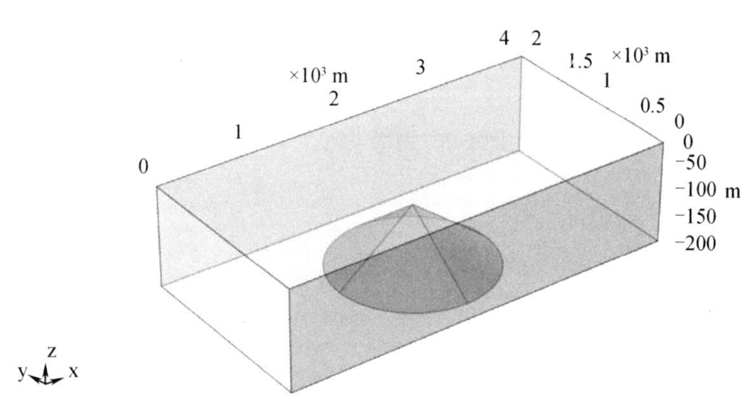


图 I-4 海底山设定

### 射线声学

1. 单击“射线声学”,定位到“强度计算栏”。
2. 在“强度计算”列表中选择“计算变折射率介质中的强度和功率”。
3. 在“声压级参考声压”列表中选择“使用水的参考声压”。

**介质属性 1**

1. 单击“介质属性 1”,定位到“压力声学模型”栏。
2. 在“流体模型”列表中选择“海洋衰减”。
3. 在“声速”列表中选择“用户定义”,同时在文本框中输入“cw”。
4. 在“密度”列表中选择“用户定义”,同时在文本框中输入“rhow”。
5. 定位到“模型输入”栏,在“实用盐度 SP”文本框中输入“0. 035”,“深度”文本框中输入“-hw”。

**壁 2**

1. 右键单击“射线声学”→“壁”。
2. 单击“壁 2”,定位到“壁条件”栏。
3. 选中模型的海水面,如图 I-5 所示。
4. 从“壁条件”列表中选择“镜面反射”。
5. 在“计算反射强度”列表中选择“反射系数”。
6. 在“反射系数 R”文本框中输入“-1”。

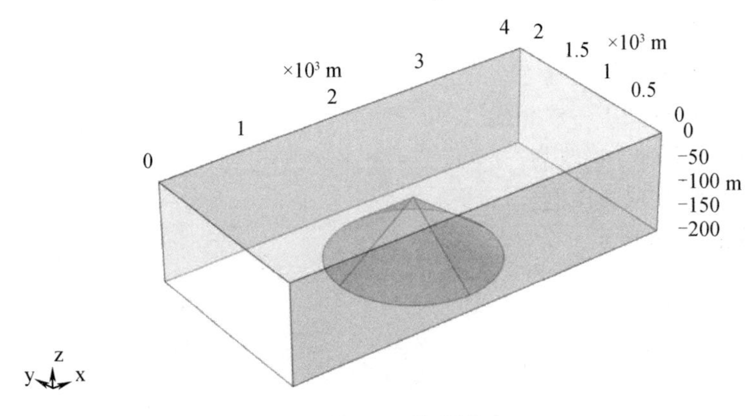


图 I-5　海面设定

**壁 3**

1. 右键单击“射线声学”→“壁”。
2. 单“击壁 3”,定位到“壁条件”栏。
3. 在“壁条件”列表中选择“镜面反射”。
4. 在“计算反射强度”列表中选择“流体-流体界面”。
5. 在“声速,相邻流体”文本框中输入“c1”。
6. 在“密度,相邻流体”文本框中输入“rho1”。
7. 在“衰减系数,相邻流体”文本框中输入“0.0061”。
8. 在右侧图形区域选中模型底部和整个锥面,如图 I-6 所示。

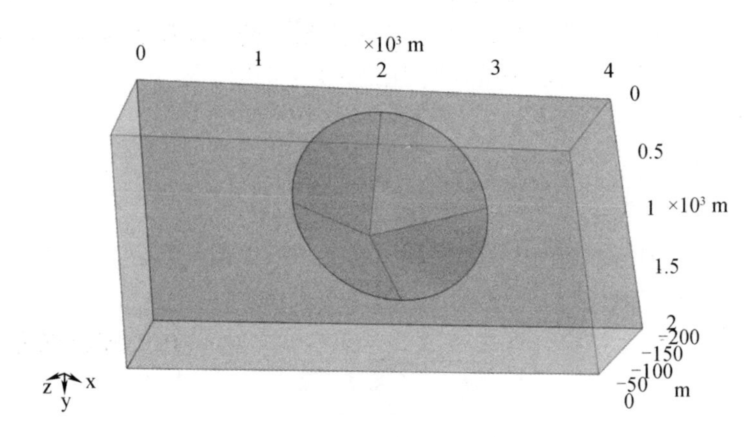


图 I-6　海底表面设定

**射线属性 1**

单击“射线属性 1”,在“射线频率”文本框中输入“freq”。

**从栅格释放 1**

1. 右键单击“射线声学”→“从栅格释放”。
2. 单击从“栅格释放 1”,定位到“初始坐标”。
3. 在“$q_{y,0}$”文本框中输入“1000”,在“$q_{z,0}$”文本框中输入“-100”。
4. 在“射线方向矢量”列表中选择“半球”。

5. 在“波矢空间射线数”文本框中输入“10”。
6. 在“半球轴”文本框中输入“x :y :z = 1 :0. 2 :0”。

## 网格 1

### 自由四面体网格 1

1. 右键单击“网格 1”,在“网格 1”的工具栏中单击“自由四面体网格”。
2. 在“自由四面体网格 1”的设置窗口中,定位到“域选择”栏。
3. 在“几何实体层”中选择“域”,然后在图形中选中整个区域。
4. 在“自由四面体网格 1”的工具栏中单击“大小”。
5. 在“自由四面体网格 1”→“大小 1”的设置窗口中,定位到“单元大小”栏。
6. 在“预定义”列表中选择“极细化”。
7. 单击“全部构建”。

研究域网格剖分如图 I-7 所示。

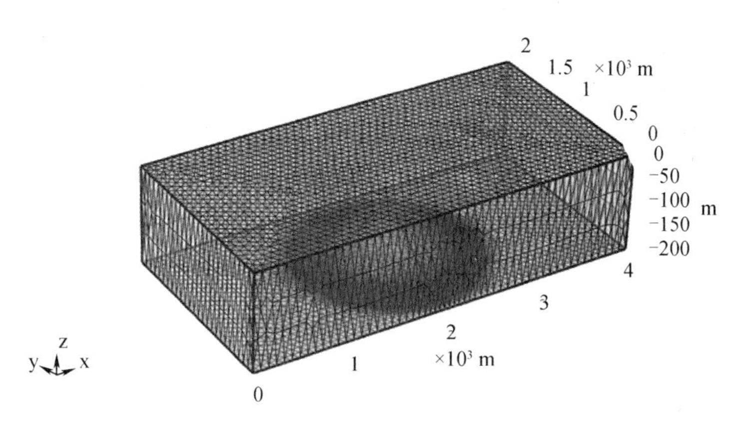


图 I-7 研究域网格剖分

## 研究 1

1. 单击“步骤 1:射线追踪”。
2. 在“步骤 1:射线追踪”的设置窗口中,定位到“研究设置”栏。
3. 在“时间单位”文本框中输入“s”。
4. 在“时间步长”文本框中输入“range(0,0. 01,10)”。
5. 单击“计算”。

## 结果

1. 单击“射线轨迹”→“射线轨迹 1”→“颜色表达式 1”,定位到“表达式”栏。
2. 在“表达式”文本框中输入“rac. Lp”。
3. 单击“绘制”。

海底山下声线传播轨迹如图 I-8 所示。

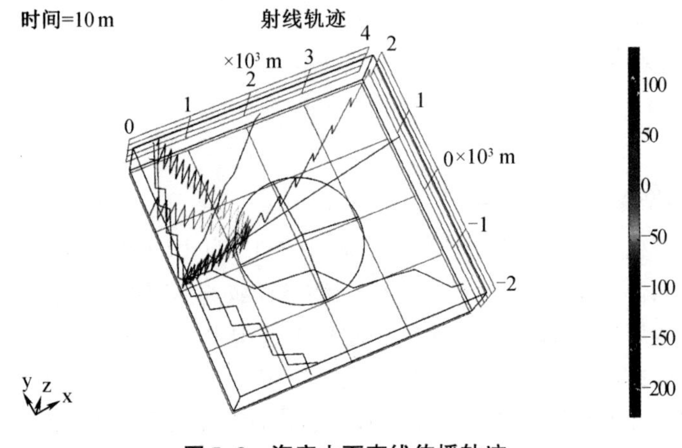


图 I-8　海底山下声线传播轨迹

## 讨论

由图 I-8 的声线传播轨迹可以看出,没有经过海底山的声线,其传播方向不发生变化;经过海底山的声线,有略微改变传播方向的,也有明显发生偏转的,甚至向后偏转,也有跨度较大直接越过海底山的声线。这一现象表明了海底山下的声场具有三维水平折射与散射效应,而其三维效应的强度和声线与海底山作用的位置、夹角、高度等因素密切相关。

# 案例 J　孤立子内波对声线传播的影响

## 案例背景

孤立子内波又叫作非线性内波，通常具有非线性、大振幅、短周期的特点。孤立子内波又携带巨大的能量，会对水下声呐、海洋工程、海洋捕捞、石油钻井等海面、海底设施构成重大威胁。

本案例采用二维模型仿真孤立子内波对声线的影响，海面为绝对软边界，海底为绝对硬边界，海水中存在负梯度温跃层。为了便于讨论孤立子内波对声线轨迹的影响，本案例忽略海底反射等因素。

## 模型参数

如图 J-1 所示，声源 $S(t)$ 频率 $f=100$ Hz，海水宽度 $r_w=2\ 000$ m，海水层深度 $z_w=100$ m，海水层声速 $c_{w1}=1\ 500$ m/s，海水层声速 $c_{w2}=1\ 400$ m/s，海水层密度 $\rho_w=1\ 000$ kg/m$^3$，温跃层位于水下 20~40 m，内波中心位于 800 m 处。

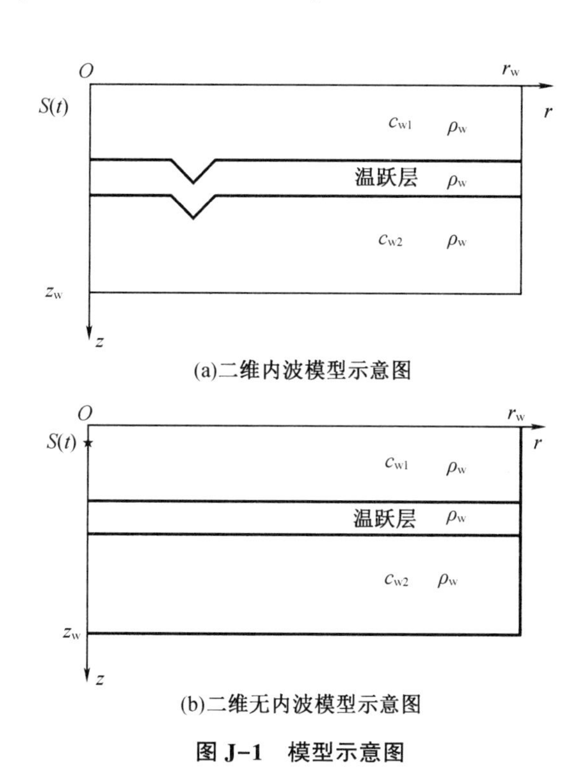


**图 J-1　模型示意图**

## 建模过程指导

在“文件”菜单中选择“新建”，在“新建”窗口中单击“模型向导”。

## 模型向导

1. 在“模型向导”窗口中,单击“二维轴对称”。
2. 在“选择物理场”树中选择“声学”→“几何声学”→“射线声学”。
3. 单击“添加”,再单击“研究”。
4. 在“选择研究”树中选择“所选物理场接口的预设研究”→“射线追踪”,最后单击“完成”。

## 全局定义

### 参数 1

1. 在“模型开发器”窗口的“全局定义”节点下,单击“参数 1”。
2. 在“参数”的设置窗口中,定位到“参数”栏,将表格中的参数逐一输入到列表中。

参数 1 定义如图 J-2 所示。

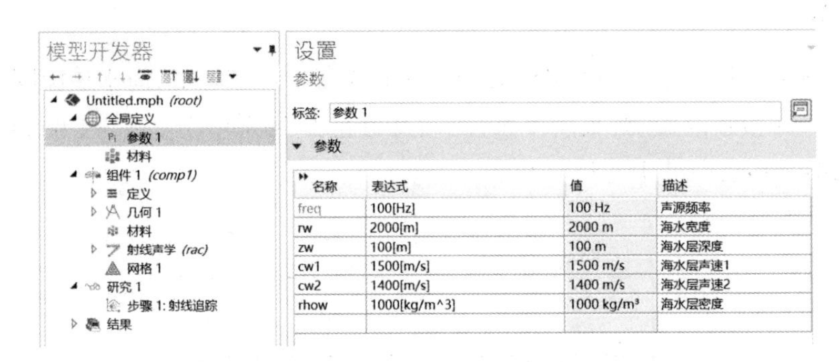


**图 J-2 参数 1 定义**

## 组件

### 插值 1

1. 右键单击“定义”,在“函数”工具栏中选择“插值”。
2. 单击“插值 1”,在“数据源”列表中选择“文件”。
3. 单击“浏览”按钮,添加有内波的数据,单击“导入”按钮。
4. 在“函数名称”文本框中输入“cw”。
5. 单击“绘制”按钮。

声速分布如图 J-3 所示。

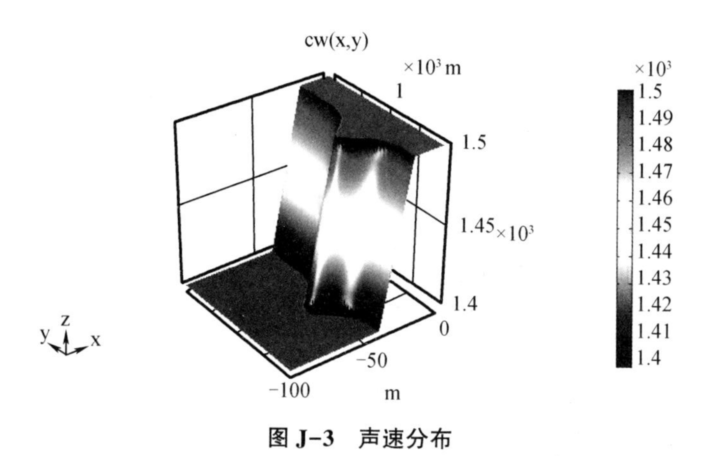


图 J-3 声速分布

## 几何 1

### 矩形 1

1. 右键单击“几何 1”,在“几何”工具栏中单击“矩形”。
2. 在“矩形”的设置窗口中,定位到“大小和形状”栏。
3. 在“宽度”文本框中输入“2000”,在“高度”文本框中输入“100”。
4. 定位到“位置”栏。在“r”文本框中输入“0”,在“z”文本框中输入“-100”。
5. 单击“构建选定对象”。
6. 单击“定义”→“视图 1”→“轴”。
7. 中间区域的“视图比例”改为“手动”,“y”栏输入“5”
8. 单击“更新”,修改视图比例。

模型构建如图 J-4 所示。

图 J-4 模型构建

## 射线声学

### 介质属性 1

1. 单击“介质属性 1”,定位到“声速”栏。
2. 在“声速”列表中选择“用户定义”,同时在文本框中输入“cw(z,r)”。

### 壁 1

1. 单击“壁 1”,定位到“壁条件”栏。
2. 在“壁条件”列表中选择“冻结”。

3. 在“主射线条件”列表中选择“无”。

**射线属性 1**

1. 单击“射线属性 1”,定位到“射线频率”栏。
2. 在“射线频率”文本框中输入“freq”。

**从栅格释放 1**

1. 右键单击“射线声学”→从“栅格释放”。
2. 单击从“栅格释放 1”,定位到“初始坐标”。
3. 在“$q_{z,0}$”文本框中输入“-5”。
4. 在“射线方向矢量”列表中选择“锥形”。
5. 在“波矢空间射线数”文本框中输入“35”。
6. 在“锥轴 r”文本框中输入“1”,“z”文本框中输入“-0.08”。
7. 在“锥角”文本框中输入“pi/45”。

网格 1

单击“网格 1”,并且单击“全部构建”。
研究域网格剖分如图 J-5 所示。

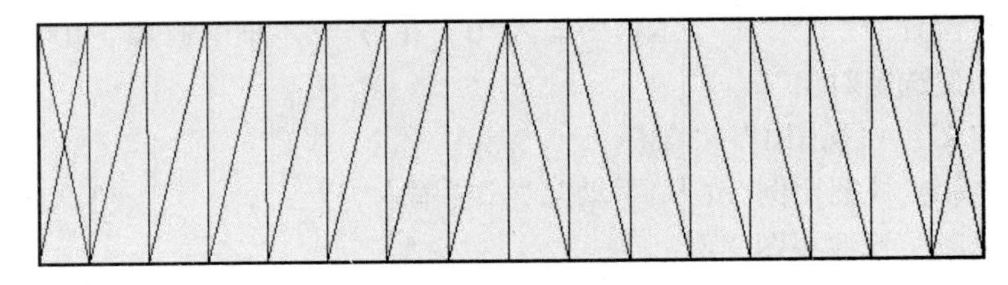

**图 J-5　研究域网格剖分**

研究 1

1. 单击“步骤 1:射线追踪”。
2. 在“步骤 1:射线追踪”的设置窗口中,定位到“研究设置”栏。
3. “时间单位”文本框中改为“s”。
4. “时间步长”文本框中改为“range(0,0.01,2)”。
5. 单击“计算”。

结果

1. 单击“射线轨迹”,定位到“时间”栏。
2. 在“时间”文本框中输入“2”。
3. 在绘图设置栏中勾选“将隐藏设置传播到较低维度”和“绘制数据集的边”。
4. 单击“射线轨迹 1”,定位到“标题”栏。
5. 在“标题类型”列表中选择“手动”。
6. 在“标题”文本框中输入“内波射线轨迹”。
7. 单击“绘制”按钮。

内波影响下的射线轨迹如图 J-6 所示。二维无内波模型建模过程同上，无内波影响下的射线轨迹如图 J-7 所示。

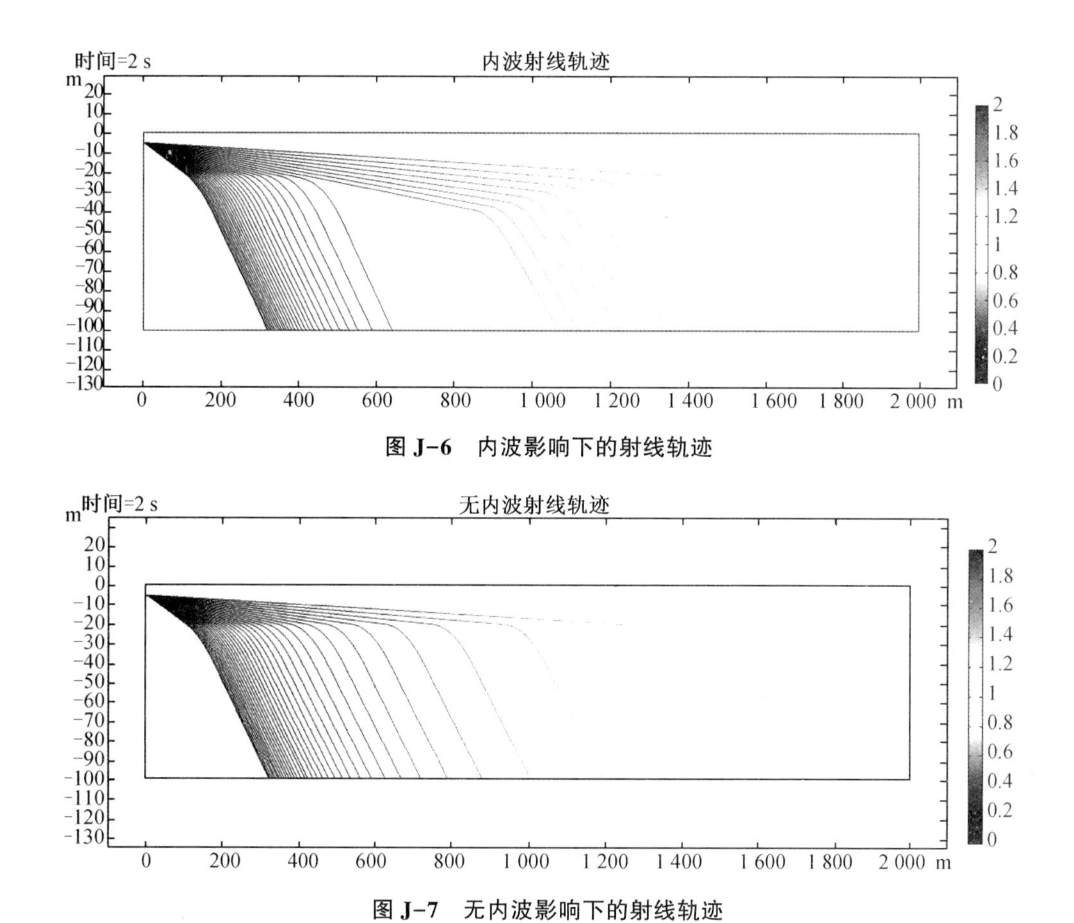


**图 J-6　内波影响下的射线轨迹**

**图 J-7　无内波影响下的射线轨迹**

## 讨论

由图 J-6 和图 J-7 的对比可以看出，孤立子内波明显使声线的传播轨迹发生偏转。孤立子内波主要影响的是 800 m 附近的区域，相较于无内波情况下的射线轨迹，800 m 附近的声线明显更加稀疏，而 1 000 m 附近的声线却更加密集。因此可以认为，孤立子内波会使其作用区域的能量减少，内波后方区域的能量则会增加。

# 参考文献


[1] WILLIAM B J Z,中仿科技. COMSOL Multiphysics 有限元法多物理场建模与分析[M]. 北京:人民交通出版社,2007.

[2] 程学磊,崔春义,孙世娟. COMSOL Multiphysics 在岩土工程中的应用[M]. 北京:中国建筑工业出版社,2014.

[3] 付君宇. 海洋声传播问题的有限元算法研究[D]. 哈尔滨:哈尔滨工程大学,2016.

[4] 曾攀. 有限元分析及应用[M]. 北京:清华大学出版社,2004.

[5] JENSEN F B, KUPERMAN W A, PORTER M B, et al. Computational ocean acoustics [M]. 2nd ed. New York:Springer,2011.

[6] KUO J T, TENG Y C, PECHOLCS P, et al. A note on the influence of the elasticity on wave propagation in an acoustic/elastic coupled medium[J]. Computers and Mathematics with Applications,1985,11(7-8):887-896.

[7] MURPHY J E, CHINBING S A . A finite-element model for ocean acoustic propagation and scattering[J]. The Journal of the Acoustical Society of America, 1989, 86(4): 1478-1483.

[8] KAMPANIS N A, DOUGALIS V A . A finite element code for the numerical solution of the helmholtz equation in axially symmetric waveguides with interfaces [J]. Journal of Computational Acoustics,2011,7(2):83-110.

[9] ATHANASSOULIS G A, BELIBASSAKIS K A, MITSOUDIS D A, et al. Coupled mode and finite element approximations of underwater sound propagation problems in general stratified environments[J]. Journal of Computational Acoustics,2008,16(1):83-116.

[10] ISAKSON M J, YARBROUGH R A, WILSON P S. Fite-element modeling of long range, range-dependent acoustic propagation in shallow water[J]. The Journal of the Acoustical Society of America,2007,122(5):3074.

[11] VENDHAN C P, DIWAN G C, BHATTACHARYYA S K . Finite-element modeling of depth and range dependent acoustic propagation in oceanic waveguides[J]. Journal of the Acoustical Society of America,2010,127(6):3319-3326.

[12] 潘文峰,尤云祥,缪国平. 二维海洋波导中 Helmholtz 方程外问题数值解的有限元方法[J]. 上海交通大学学报,2006(11):2003-2008.

[13] ETTER P C. 水声建模与仿真[M]. 3 版. 蔡志明,译. 北京:电子工业出版社,2005.

[14] WOEZEL J L, EWING M, PEKERIS C L. Theory of propagation of explosive sound in shallow water[J]. Geol. Soc. Am. Mem. ,1948,27:1-117.

[15] 郭圣明. 过渡区域的声场求解[D]. 哈尔滨:哈尔滨工程大学,1997.

[16] STICKLER D C. Normal mode program with both the discrete and branch line contribution [J]. Acoust. Soc. Am. 1975,57(4):856-864.

[17] JENSEN F B, KUPERMAN W A, PORTER M B, et al. Computational ocean acoustics

[M]. New York:Springer-Verlag,2000.

[18] PORTER M B. The KRAKEN normal mode program[R]. Washington D. C. :Naval Research Laboratory,1992.

[19] JENSEN F B,FERLA M C. SNAP:the SACLANTCEN normal-mode acoustic propagation model:SM -121[R]. Italy:SACLANT ASW Research Centre,1979.

[20] PIERCE A D. Extension of the method of normal modes to sound propagation in an almost stratified medium[J]. Acoust. Soc. Am. ,1995,37 (1):19-27.

[21] MILDER C M. Ray and wave invaians for SORAR channel propagation [J]. Acoust. Soc. Am. ,1969,46(5B):1259-1263.

[22] ABAWI A T,KUPERMAN W A,COLLINS M D. The coupled mode parabolic equation. [J]. Acoustic. Soc. Am. ,1997,102(1):233-238.

[23] 彭朝晖,李风华. 基于 WKBZ 理论的耦合简正波-抛物方程理论[J]. 中国科学( A 辑),2001,31(2):165-172.

[24] 张仁和,何怡,刘红. 水平不变海洋声道中的 WKBZ 简正波方法[J]. 声学学报,1994, 19(1):1-12.

[25] 张仁和,李风华. 浅海声传播的波束位移射线简正波理论[J]. 中国科学( A 辑), 1999,29(3):241-25.

[26] 张仁和,刘红,何怡. 水平缓变声道中的 WKBZ 绝热简正波理论[J]. 声学学报,1994, 19(6):408-417.

[27] 彭朝晖. 张仁和. 三维耦合简正波-抛物方程理论及算法研究[J]. 声学学报,2005,30 (2):97-102.

[28] EWING W M,JARDETZKY W S,PRESS F. Elastic waves in layered media[J]. 1958, 80,(1):128-129.

[29] DINAPOLI F R,DEAVENPORT R L. Theoretical and numerical Green's function field solution in a plane multilayered medium[J]. Acoust. Soc. Am. ,1980,67(1):92-105.

[30] SCHMIDT H. SAFARI Seismo-acoustic fast field algorithm for range independent environments: User's guide:SR-113-UU[R]. Italy:SACLANT ASW Reseach Centre,1987.

[31] GOH J T,SCHMIDT H. A hybrid coupled wave-number integration approach to range-dependnet seismo-acoustic modeling[J]. Acoust. Soc. Am. ,1996,106(3):1409-1420.

[32] TAPPERT F D. The parabolic approximation method,in Wave propagation and underwater [M]. New York:Springer-Verlin,1977.

[33] LEE D,PIERCE A D. Parabolic equation development in recent ecade[J]. Comp. Acoust. ,1995,3(2):95-173.

[34] LEE D,PIERCE A D,SHANG E C. Parabolic equation development in the twentieth century[J]. Comp. Acoust. ,2000,8(4):527-637.

[35] 朴胜春. 抛物方程方法中海底边界条件处理的改进研究[D]. 哈尔滨:哈尔滨工程大学,1999.

[36] COLLINS M D. A higher-order parabolic equation for wave propagation in an ocean overlying an elastic bottom[J]. Acoust. Soc. Am. ,1989,86(4):1459-1464.

[37] LEE D,MCDANIEL S T. Wave field computations on the interface: an ocean acoustic

model[J]. Mathematical Modeling,1983,4(5):473-488.

[38] LEE D,MCDANIEL S T. Ocean acoustic propagation by finite difference methods[J] Comp. Math. Applic. ,1987,14(5):305-423.

[39] LEE D,SCHULTZ M H. Numerical ocean acoustic propagation in three dimensions[M]. Kuala Lumpur:World Scientific Publishing,1996.

[40] SHANG E C,LEE D. A numerical treatment of the fluid/elastic interfaces under range-dependent environments[J]. Acoust. Soc. Am. ,1989,85(2):654- 660.

[41] NAGEM R J,LEE D,CHEN T. Modeling elastic wave propagation in the ocean bottom [J]. Math. Modeling and Scientific Computing,1995,2(4):1-10.

[42] LEE D,RESASCO C,NAGEM R,et al. An irregular interface model for coupled fluid/elastic parabolic equations[J]. Applicable Analysis,2000,75(1-2):183-198.

[43] TONY W H,SHEU S C,CHEN C F,et al. A space marching scheme for underwater wave propagation in fluid/solid media[J]. Comput. Acoust. ,1999,7(3):185-206.

[44] NAGEM R J,LEE D. Coupled 3D wave equation with irregular fluid/elastic interface: theoretical development[J]. Journal of Computational Acoustics,2002,10(4):421-444.

[45] 王丹溪. 在多层无界区域中 Helmholtz 方程的数值解法及其应用[D]. 杭州:浙江大学,2006.

[46] 李军. 有限元法数值模拟浅海声场的研究[D]. 北京:北京大学,2005.

[47] 刘宗伟,孙超,郭国强. 浅海低频声信道的有限元模型分析[C]//中国声学学会. 泛在信息社会中的声学:中国声学学会 2010 年全国会员代表大会暨学术会议论文集. 《声学技术》编辑部(Editorial Office of Technical Acoustics),2010:114-115.